高等教育艺术设计专业“十四五”校企合作融媒体系列教材

Photoshop 项目式教程

主　编　易　健　林齐斌　柴梦竹

副主编　吴秋琅　刘玮婷　许悦珊　甘　娜

华中科技大学出版社
http://press.hust.edu.cn
中国·武汉

内容简介

本书从实践对 Photoshop 的要求出发，用实践中具有代表性的案例来讲解 Photoshop 的基本知识及操作应用。编者还精心录制了配套的教学视频，建立了强大的互联网交互学习平台，以使读者在生动有趣且实用的例子中全面掌握 Photoshop 的基本知识及实践应用技巧。对于暂时没有掌握的知识，读者可以随时调用网络资源重新学习，不断巩固和加强所学知识，真正领会市场对 Photoshop 的需求。

本书共分为十章，对一些实践中常用的工具、命令，除了借助有针对性的案例进行说明外，也有比较详细的理论介绍，这使读者在课堂学习或自学中既能懂得工具、命令的功能作用，又能面对具体的实践应用选用对应的工具、命令。

本书注重市场需求，结合广大在校学生及社会上 Photoshop 爱好者的特点编写，图文并茂，实例生动、丰富，适合广大学生、设计师、印前专业人士、建筑师及其他 Photoshop 爱好者等学习、参考使用。

图书在版编目(CIP)数据

Photoshop 项目式教程/易健，林齐斌，柴梦竹主编. —武汉：华中科技大学出版社，2023.8(2024.8重印)
ISBN 978-7-5680-9495-5

Ⅰ.①P… Ⅱ.①易… ②林… ③柴… Ⅲ.①图像处理软件-教材 Ⅳ.①TP391.413

中国国家版本馆 CIP 数据核字(2023)第 151492 号

Photoshop 项目式教程 易 健 林齐斌 柴梦竹 主编
Photoshop Xiangmushi Jiaocheng

策划编辑：江 畅
责任编辑：刘姝甜
封面设计：孢 子
责任监印：朱 玢
出版发行：华中科技大学出版社(中国·武汉) 电话：(027)81321913
武汉市东湖新技术开发区华工科技园 邮编：430223
录 排：武汉创易图文工作室
印 刷：武汉科源印刷设计有限公司
开 本：889 mm×1194 mm 1/16
印 张：17.5
字 数：580 千字
版 次：2024 年 8 月第 1 版第 2 次印刷
定 价：59.00 元

前言
Preface

Photoshop 是目前世界上较流行的图形图像处理软件之一，不仅具有强大的图形图像设计功能，而且在图像润饰方面功能也非常强大。网页设计师、平面设计师、室内设计师、动漫设计师等在进行设计制作时离不开它，人们在日常生活中进行照片处理时也经常使用它。

为了能够使读者快速地掌握 Photoshop 的知识点及实践应用，本书在介绍 Photoshop 基本概念和基本操作的同时，配以大量的生动有趣且实用的案例；更重要的是，本书提供了配套的教学视频，建立了强大的互联网交互学习平台，力求理论教学与实践应用相结合，以使读者在学习中就能积累一定量的实战经验。

本书的主要特色体现在以下几个方面。

(1)本书有配套的视频讲解，建立了强大的互联网交互学习平台，读者可随时找到老师手把手指导学习。

(2)在内容全面的基础上力求重点突出：对一些在实践应用中经常用到的工具、命令进行重点介绍，如对画笔工具、图章工具、色彩调整命令、路径等，不但有比较详细的理论讲解，还有生动实用的例子说明。

(3)实例颇具代表性且生动有趣：所编写的案例不仅具有代表性，是对所讲理论的进一步“解说”，而且实用、生动，具有吸引力。

(4)实用性强：本书为专业人士心血之作，经验、技巧尽在其中；本书不是泛泛而谈基本知识点，更不是仅形式化地举几个例子进行说明；本书不但告诉读者在设计实践中如何使用 Photoshop，而且使读者学后懂得怎样进行照片的修改、色彩处理等。

本书共分为十章。第一章介绍一些关于 Photoshop 的基本知识，包括 Photoshop 的工作界面、图像大小、工作环境自定义、文件的基本操作及文件操作辅助工具等；第二章介绍选区的创建、编辑及基本应用等；第三章主要讲解色彩基本知识、色彩模式和色彩的调整等内容；第四章全面、系统地讲述“图层”面板的使用方法、图层混合模式及图层样式和应用等；第五章主要介绍图像绘图工具的应用和图像的批处理方法等；第六章全面讲解 Photoshop 文字的输入方法、文字工具的基本应用等；第七章主要介绍路径、形状的类型、功能及路径、形状与选区之间的转换等；第八章全面阐述通道和蒙版的作用，以及建立、调整、管理通道和蒙版的方法与技巧等内容；第九章介绍滤镜基本知识及滤镜特殊效果的表现技法等；第十章通过一些具有代表性的综合实例，进一步有针对性地讲解 Photoshop 实践操作和具体运用。

本书以市场对 Photoshop 的真正需求为核心，通过项目教学法，结合流行的互联网交流平台和 Photoshop 本身知识结构及其在实践中的具体运用介绍相关知识，尤其是实例极具实用性、代表性和吸引力，打破传统的

学习与实用相脱节或一味地追求表现技法的模式，重在使学与用相结合，力求与广大读者产生共鸣，诚望能成为读者满意的教材或参考资料！

本书通俗易懂，图文并茂，理论讲解与视频教学同步，比传统的教材更方便教与学。任务来源于工程实际或生活过程，极具亲和力。本书配有教学视频、素材、效果图等。

由于时间仓促，再加上编者水平有限，书中缺点和错误之处在所难免，恳请广大读者批评指正。

编者

2023 年 5 月

工程文件及素材下载

目录
Contents

第一章　快速掌握 Photoshop　/1

1.1　Photoshop 工作界面　/2
1.2　图像处理基础知识　/4
1.3　图像文件格式　/7
1.4　自定义工作环境　/9
1.5　文件的基本操作　/12
1.6　文件的调整　/14
1.7　文件操作辅助工具　/16
1.8　项目实训　/18

第二章　选区创建与编辑　/22

2.1　选择工具　/23
2.2　选择工具基本应用——简易蘑菇绘制　/30
2.3　选区的调整　/32
2.4　快速蒙版　/35
2.5　项目实训　/36

第三章　图像颜色与色彩调整　/40

3.1　色彩基本知识　/41
3.2　常用色彩工具　/43
3.3　前景色/背景色　/47
3.4　色彩修饰菜单命令的分类　/47
3.5　色彩修饰的基本操作方法　/48
3.6　项目实训　/62

第四章　图层的应用　/67

4.1　“图层”面板　/68
4.2　图层基本操作　/69
4.3　蒙版图层　/75

4.4　图层组及嵌套图层组　/75
4.5　图层混合模式　/76
4.6　图层样式　/78
4.7　项目实训　/81

第五章　图像绘图应用和批处理　/87

5.1　图像绘图应用　/88
5.2　图像批处理　/98
5.3　项目实训　/105

第六章　文本的创建与编辑　/112

6.1　文字的基本操作　/113
6.2　文字图层的转换　/121
6.3　沿路径绕排文字　/122
6.4　创建异形轮廓段落文本　/124
6.5　项目实训　/125

第七章　路径与形状　/132

7.1　绘制路径的工具　/133
7.2　编辑路径的工具　/135
7.3　“路径”控制面板　/136
7.4　形状工具　/140
7.5　项目实训　/141

第八章　通道与蒙版的应用　/152

8.1　通道　/153
8.2　蒙版　/158
8.3　项目实训　/162

第九章　滤镜的使用　/174

9.1　滤镜的种类　/175
9.2　滤镜的使用方法　/176
9.3　智能滤镜　/178
9.4　Photoshop 内置滤镜　/179
9.5　项目实训　/203

第十章　综合项目实训 /210

10.1　综合项目实训1——人物局部替换效果制作 /211
10.2　综合项目实训2——“笑迎新春”招贴设计 /213
10.3　综合项目实训3——斑驳墙面文字效果 /217
10.4　综合项目实训4——UI图标设计与制作 /222
10.5　综合项目实训5——数码照片综合合成 /229
10.6　综合项目实训6——西红柿绘制 /233
10.7　综合项目实训7——制作奶茶吧菜单 /239
10.8　综合项目实训8——包装效果图 /246
10.9　综合项目实训9——UI界面制作 /251
10.10　综合项目实训10——噪点插画绘制 /263

第一章

快速掌握Photoshop

Photoshop 是较常用的数字艺术设计软件之一，集图像处理、图形设计、插画及印前处理等为一体。随着数码相机的普及，越来越多的摄影爱好者开始使用 Photoshop 来修饰和处理照片，从而极大地扩展了 Photoshop 的应用领域和范围，使 Photoshop 成为一款大众性的软件。

本章将带领大家进入梦幻的 Photoshop 神秘世界，初步了解一下 Photoshop 的基本知识和基本操作，如 Photoshop 的工作界面、图像大小、分辨率以及新建文件、更改图像大小、自定义工作环境等操作。

1.1 Photoshop 工作界面

根据 Photoshop 软件的安装说明安装好 Photoshop 后，即可运行。选择"开始"→"所有程序"→Adobe Photoshop 程序，或双击桌面上的快捷图标，都可以进入 Photoshop 的工作界面。Photoshop 的工作界面一般包括标题栏、菜单栏、属性栏、工具箱、图像窗口、状态栏以及各类浮动面板（控制面板）等，如图 1-1 所示，以下将具体介绍。

图 1-1　Photoshop 的工作界面

1.1.1　菜单栏

利用 Photoshop 丰富的菜单命令，可以完成新建文件、保存文件、复制、粘贴、显示控制面板等基本操作，也可以进行调整图像大小、增加图层、删除图层等操作。

在 Photoshop 中，菜单栏共有 12 个主菜单，如图 1-2 所示，单击每个主菜单选项都会弹出其下拉菜单，在其中陈列着 Photoshop 的大部分命令选项，通过这些菜单几乎可以实现 Photoshop 的全部功能。在弹出的下拉菜单中，有些命令后面带有符号，表示选择该命令后会弹出相应的子菜单命令，供用户做更详细的选择；有一些命令显示为灰色，表示该命令正处于不可选的状态，只有在满足一定条件之后才能使用。

Ps 文件(F) 编辑(E) 图像(I) 图层(L) 文字(Y) 选择(S) 滤镜(T) 3D(D) 视图(V) 增效工具 窗口(W) 帮助(H)

图 1-2　菜单栏

1.1.2　属性栏

我们选择任意工具，就会出现相应的工具属性栏（也称选项栏），如图 1-3 所示。在属性栏中，用户可以根据需要设置工具箱中各种工具的属性，使工具在使用时变得更加灵活，有利于提高工作效率。

图 1-3　属性栏

1.1.3　工具箱

工具箱位于窗口的最左侧，它提供了 70 多种工具。利用这些工具，可以让用户选择、绘画、编辑或查看图像，用户还可以选取前景色和背景色、创建快速蒙版以及更改画面显示模式等。大多数的工具都有相关的画笔和选项面板，用户可限定该工具的绘画和编辑效果。图 1-4 所示为 Photoshop 的工具箱。

在工具箱中可以看到，许多工具图标的右下角有一个小三角形，这表示该工具是一个工具组，尚有隐藏工具未显示，只需在该工具按钮处单击并按住鼠标左键不放或右击，稍后就会出现隐藏的工具，如图 1-5 所示。

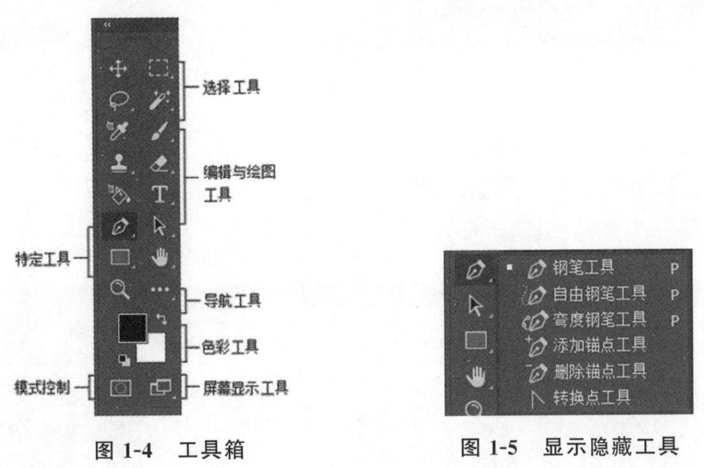

图 1-4　工具箱　　图 1-5　显示隐藏工具

1.1.4　图像窗口

图像窗口也称为工作区，用来显示图像文件，便于用户进行编辑、浏览和描绘图像等操作。图像窗口一般会显示正在处理的图像文件，在标题栏上有相应的文件名称、文件格式、显示比例和色彩模式等信息，如果准备切换图像窗口，可以选择相应的标题名称。在键盘上按下“Ctrl＋Tab”快捷键可以按照顺序切换窗口；在键盘上按下“Ctrl＋Shift＋Tab”快捷键可以按照相反的顺序切换窗口。

1.1.5　状态栏

Photoshop 中的状态栏位于打开的图像文件窗口的底部，用来显示当前操作的状态信息，例如图像的文件大小、文档尺寸等；单击状态栏中的向右箭头按钮，会弹出快捷菜单命令，在弹出的菜单中可以设置显示文档大小、文档配置文件、文档尺寸、测量比例等，如图 1-6 所示。

1.1.6　控制面板

控制面板也称为浮动面板，如图 1-7 所示，常位于窗口的最右边，在默认的状态下，它都是以面板组的形式放置在界面上的，若要选择同一组中的其他面板，则用鼠标单击相应的面板标签即可。在编辑图像或进行平面

图 1-6　状态栏

设计的过程中，若觉得窗口中的面板位置不合适，可对其进行拖动。方法很简单，只要按住鼠标左键并拖动面板标题栏即可。另外，在工作窗口中，可通过按键盘上的 Tab 键来隐藏或显示工具箱和浮动面板，这样既可以节省空间，也便于用户在需要的时候进行随意的操作。

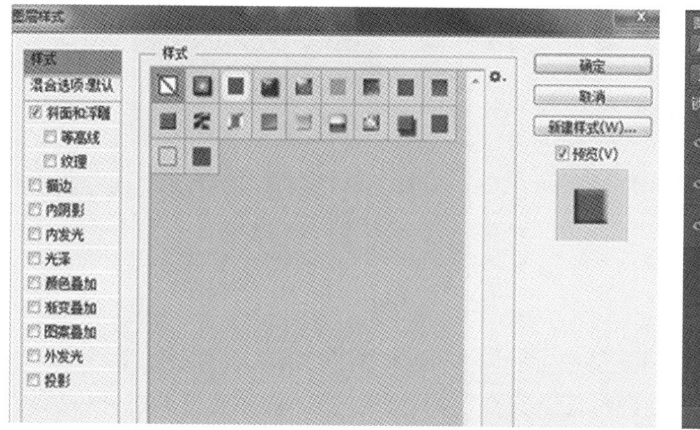
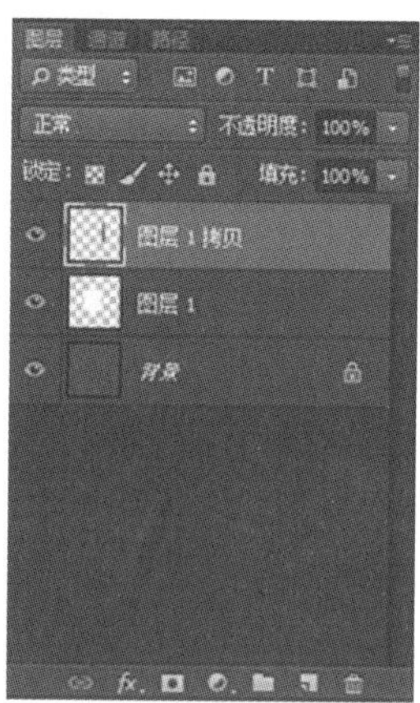

图 1-7　控制面板

1.2 图像处理基础知识

1.2.1　图像类型

计算机中显示的图像一般可以分为两大类：矢量图和位图。在 Photoshop 和 ImageReady 中，一般可以处理这两种类型的图形。在实际操作应用中，Photoshop 用于位图的情况比较多见。了解这两类图像的异同，对于创建、编辑和导入图片有很大帮助。

1. 矢量图

矢量图使用直线和曲线来描述图像，这些图像的元素是一些点、直线、矩形、多边形、圆和弧线等，它们都是通过数学公式计算获得的。图 1-8 所示的是使用设计软件 CorelDRAW 所绘制的矢量图及其部分被放大的效果(清晰度不受影响)。

图 1-8 矢量图及其部分被放大的效果

矢量图可通过公式计算获得，所以矢量图文件一般较小。矢量图最大的优点是无论放大、缩小还是旋转等均不会失真，可采用高分辨率印刷；最大的缺点是难以表现色彩层次丰富的逼真图像效果。Illustrator、CorelDRAW 等是常见的矢量图形设计软件。

2. 位图

位图图像一般称为栅格图像。在处理位图图像时，我们所编辑的是像素，而不是对象或形状。位图图像是连续色调图像(如照片或数字绘画)最常用的电子媒介，因为它可以表现阴影和颜色的丰富层次。它的最大优点是色彩比较丰富，过渡自然，所以常用于要求比较高的图形印刷。

屏幕上缩放位图图像时，可能会丢失细节，因为位图图像与分辨率有关。位图图像中包含固定数量的像素，每个像素都分配有特定的位置和颜色值，分辨率越高图像越清晰，相应文件也越大，所占硬盘空间也越大，计算机处理起来速度也就越慢。

如果在打印位图图像时采用的分辨率过低，位图图像可能会呈锯齿状，因为分辨率过低会增加每个像素的大小。图 1-9 所示的是位图图像及其部分被放大的效果(放大后变得模糊，呈现锯齿状效果)。Photoshop 是具有代表性的位图图像设计软件。

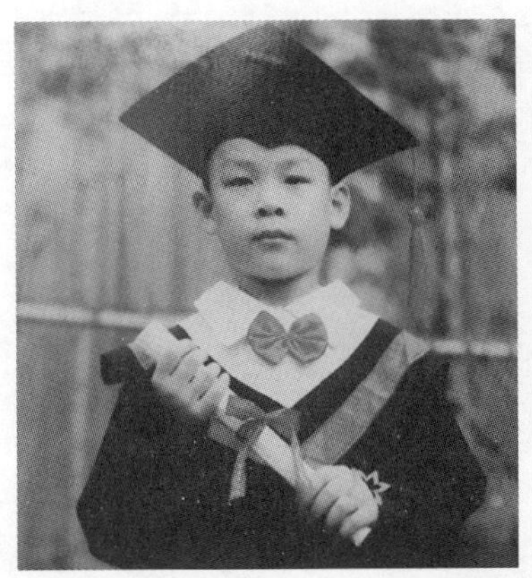
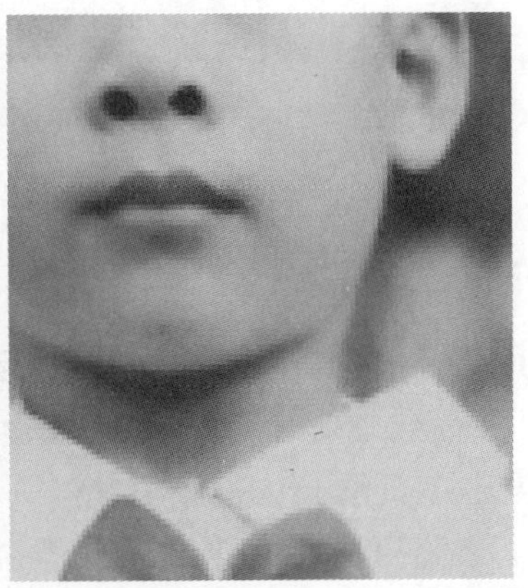

图 1-9 位图图像及其部分被放大的效果

1.2.2 图像大小和分辨率

在对图像的质量有一定要求或对设计好的作品进行打印输出等情况下，图像大小和分辨率就显得比较重要。图像以多大尺寸在屏幕上显示取决于多种因素，如图像的像素大小、显示器大小及显示器分辨率设置等。

1. 图像的像素大小

位图图像在高度和宽度方向上的像素总量称为图像的像素大小。图像在屏幕上的显示尺寸由图像的像素大小和显示器的大小与设置决定。在制作用于联机分发的图像时，根据像素大小指定图像大小非常有用。注意：更改像素大小不仅会影响屏幕上图像的大小，还会影响图像品质和打印特性，即影响打印尺寸或图像分辨率。

2. 图像分辨率

在 Photoshop 中，图像中每单位长度上的像素数目称为图像的分辨率，其单位为像素/英寸(1 英寸≈2.54 厘米)或像素/厘米。在 Photoshop 中，图像的分辨率可以根据自己需要进行更改。在相同尺寸的两幅图像中，高分辨率的图像包含的像素比低分辨率的图像包含的像素多。例如，一幅尺寸为 1 英寸×1 英寸的图像，其分辨率为 72 像素/英寸，包含 5184 像素(72×72＝5184)。同样的尺寸，分辨率为 300 像素/英寸的图像则包含 90 000 像素。由此可见，同样尺寸而分辨率高的图像将更能清晰地表现图像的内容。

3. 文件大小

文件大小是图像文件的数字大小，以千字节(kB)、兆字节(MB)或千兆字节(GB)为度量单位。文件大小与图像的像素大小成正比。图像中包含的像素越多，在给定的打印尺寸上显示的细节也就越丰富，但需要的磁盘存储空间也会增多，而且编辑和打印的速度可能会更慢。在图像品质(保留所需要的所有数据)和文件大小难以两全的情况下，图像分辨率成了它们之间的折中办法。

4. 显示器分辨率

显示器分辨率为显示器上每单位长度显示的像素或点的数量，通常以点/英寸(dpi)来表示。显示器分辨率取决于显示器的大小及其像素设置。例如，一幅大图像(尺寸为 800×600 像素)在 15 英寸显示器上显示时几乎会占满整个屏幕，而同样还是这幅图像，在更大的显示器上所占的屏幕空间比例就会比较小，而每个像素看起来会比较大。

图像数据可直接转换为显示器像素。这意味着当图像分辨率比显示器分辨率高时，在屏幕上显示的图像比其指定的打印尺寸大。

在制作用于联机显示的图像时，像素大小变得格外重要。应该控制图像大小，确保图像在较小的显示器上显示时不会占满整个屏幕，从而给 Web 浏览器窗口控件留出一些显示空间。

1.2.3 打印输出

打印文件是指让 Photoshop 应用程序将图像发送到打印机上打印出照片。Photoshop 可以将图像发送到多种打印设备上，以便直接在纸上打印图像或将图像转换为胶片的正片或负片图像。在后一种情况中，可使用胶片创建主印版，以便通过机械印刷机印刷。

打印机分辨率以所有激光打印机(包括照排机)产生的每英寸的油墨点数(dpi)为度量单位。

喷墨打印机产生细微的油墨喷雾，而不是真正的墨点；不过，大多数喷墨打印机大致的分辨率均为 300～720 dpi。许多喷墨打印机驱动程序提供简化的打印机设置，以选择更高品质的打印。要确定打印机的最优分辨率，要查看打印机文档。

在开始商业印刷的工作流程之前，需要与输出文件的人员进行联系，以了解他们希望我们做什么。例如，他们可能不希望我们将图像转换为 CMYK 模式，因为他们有时需要使用特定设置。

1. 准备使图像文件达到预期打印效果的一些可能方案

（1）始终在 RGB 模式下工作，并确保使用 RGB 工作空间配置文件嵌入图像文件。

（2）在完成图像编辑之前，要在 RGB 模式下工作，适当时候，将图像转换为 CMYK 模式并进行其他的颜色和色调调整，尤其要检查图像的高光和暗调区域；使用“色阶”“曲线”“色相/饱和度”命令进行校正，这些调整的幅度应该非常小，最后将 CMYK 文件发送到专业打印机上。

（3）将 RGB 或 CMYK 图像置入 Adobe InDesign、Adobe Illustrator 或 Adobe PageMaker 中。一般情况下，在商业印刷机上打印的大多数图像不是直接从 Photoshop 打印的，而是从页面排版程序（如 Adobe InDesign）或打印智能程序（如 Adobe Illustrator）中打印的。

2. 在处理预定用于商业印刷的图像时要记住的几个问题

（1）如果知道打印机的印刷特性，则可以指定高光和暗调输出以保留某些细节。适当设置图像的色调和颜色可能会输出更多信息。

（2）可以在桌面打印机上打印图像以便预览最终打印的图像的效果，但桌面打印机和商业印刷机之间存在差异。桌面打印机上打印的图像效果可能与最终的印刷效果看起来不是很一致。一般情况下，专业颜色校样提供的最终打印图像预览效果更精确。

（3）如果具有来自印刷厂的配置文件，则可以使用“校样设置”命令选取它，然后使用“校样颜色”命令查看并校样。此方法将在显示器上提供最终打印图像的预览。

1.3 图像文件格式

Photoshop 支持 20 多种文件格式，而且通过增效工具模块，还可以支持更多的格式。深入了解图像文件格式非常重要，因为在运用 Photoshop 的过程中，经常会碰到采用什么样的文件格式的问题。文件格式不同，文件效果一般也大不相同。

一般来说，用于印刷时常采用 TIFF、EPS 等格式，用于网络时一般可供选择的有 GIF、JPEG、PNG 等格式。下面介绍几种比较常见的图像文件格式。

1. PSD/PSB 文件格式

PSD 格式是 Photoshop 默认的文件格式，而且是除大型文档格式(PSB)之外支持大多数 Photoshop 功能的文件格式。采用 PSD 格式可以保存图像中的辅助线、Alpha 通道和图层，从而为再次调整、修改图像提供方便。

PSB 格式是 Photoshop 的大型文档格式，可支持分辨率高达 300 000 像素的超大图像文件。它支持 Photoshop 所有的功能，可以保持图像中的通道、图层样式和滤镜效果不变，但只能在 Photoshop 中打开。如果要在 Photoshop 中创建一个 2 GB 以上的文件，可以使用该格式。

2. JPG/JPEG 文件格式

JPG/JPEG 格式是互联网上较为常用的图像格式之一，支持 CMYK、RGB 和灰度颜色模式，但不支持 Alpha 通道。与 GIF 格式不同，JPG/JPEG 保留 RGB 图像中的所有颜色信息，通过有选择地“丢弃”数据来压缩文件大小。JPG/JPEG 图像在打开时自动解压缩。压缩级别越高，得到的图像品质越低；压缩级别越低，得到的图像品质越高（JPEG 使用有损压缩）。在大多数情况下，最佳品质选项产生的结果与原图像几乎无分别。

3. GIF 文件格式

GIF 格式是互联网上极为常用的图像格式之一。GIF 格式最大特点是能够创建具有动画效果的图像，在 Flash 尚未出现之前，GIF 文件格式是互联网上动画文件的“霸主”，几乎所有动画图像都需要保存为 GIF 文件格式。

GIF 格式保留索引颜色图像中的透明度，但不支持 Alpha 通道，是使用 8 位颜色并在保留图像细节(如艺术线条、徽标或带文字的插图)的同时有效地压缩图像实色区域的一种文件格式。由于 GIF 文件只有 256 种颜色，因此，将原 24 位图像优化成为 8 位的 GIF 文件时会导致颜色信息丢失。

4. TIFF 文件格式

TIFF 文件格式用于在应用程序和不同的计算机平台之间交换文件。换而言之，就是使用该文件格式保存的图像可以在 PC、Mac 等不同的操作平台上打开，而且不会存在差异。它是一种灵活的位图图像格式，几乎所有的绘画、图像编辑和页面排版应用程序均支持此文件格式，而且几乎所有的桌面扫描仪都可以产生 TIFF 图像。新版本的 Photoshop 支持以 TIFF 格式存储大型文档。但是，大多数其他应用程序和旧版本的 Photoshop 不支持文件大小超过 2 GB 的文档。

TIFF 格式支持具有 Alpha 通道的 CMYK、RGB、Lab、索引颜色和灰度图像，并支持无 Alpha 通道的位图模式图像。Photoshop 可以在 TIFF 文件中存储图层；但是，如果在另一个应用程序中打开该文件，则只有拼合图像是可见的。Photoshop 也能够以 TIFF 格式存储注释和透明度等。

5. BMP 文件格式

BMP 格式是 DOS 和 Windows 兼容计算机上的标准 Windows 图像格式。BMP 格式支持 RGB、索引颜色、灰度和位图颜色模式，但不能保存 Alpha 通道。

6. EPS 文件格式

EPS 文件格式可以同时包含矢量图形和位图图形，并且几乎所有的图形、图表和页面排版程序都支持该格式。EPS 格式用于在应用程序之间传递 PostScript 语言所编译的图片。当在 Photoshop 中打开包含矢量图形的 EPS 文件时，Photoshop 将矢量图形转换为位图图像。

EPS 格式支持 Lab、CMYK、RGB、索引颜色、双色调、灰度和位图颜色模式，但不支持 Alpha 通道。若要打印 EPS 文件，必须使用 PostScript 打印机。

7. PDF 文件格式

PDF 文件格式是一种灵活的、跨平台、跨应用程序的文件格式。基于 PostScript 成像模型，PDF 文件能精确地显示并保留字体、页面版式及矢量和位图图像。另外，PDF 文件可以包含电子文档搜索和导航功能(如电子链接)。PDF 支持 16 位/通道的图像。

由于具有很好的文件传输及文件信息保留功能，PDF 文件格式已经成为无纸办公的首选文件格式。使用 Acrobat 等软件对 PDF 文件进行注解或批复等编辑，对于异地协同作业有很大帮助。

8. PNG 文件格式

PNG 文件格式是作为 GIF 的无专利替代品开发的，用于无损压缩和显示 Web 上的图像。与 GIF 不同，PNG 支持 24 位图像并产生无锯齿状边缘的背景透明度；但某些 Web 浏览器不支持 PNG 图像。PNG 格式支持无 Alpha 通道的 RGB、索引颜色、灰度和位图模式的图像。PNG 可保留灰度和 RGB 图像中的透明度。

9. RAW 文件格式

RAW 格式是一种灵活的文件格式，用于在应用程序与计算机平台之间传递图像。RAW 支持具有 Alpha 通道的 RGB、CMYK 和灰度模式，以及 Alpha 通道的多通道、Lab 模式、索引和双色调模式。

10. TGA 格式

TGA 是 Targa 的缩写词。TGA 格式与 TIF 格式相同，都可用来处理高质量的色彩通道图像。TGA 格式支持 32 位图像，它吸收了广播电视标准的优点，包括 8 位 Alpha 通道。另外，这种格式使 Photoshop 软件和 UNIX 工作站相互交换图像文件成为可能。

1.4 自定义工作环境

Photoshop 安装成功后，会创建一个预置文件，记录首选项的设置信息。但这些默认的设置往往并不是最优设置，用户可以按照个人习惯或出于使自己的硬件资源最佳化的目的，修改首选项中的各项信息，定制个性化 Photoshop 工作环境，自由设置界面颜色、工作区面板等。

Photoshop 允许用户自定义其工作界面，以适应不同用户的要求。用于自定义的命令选项在“编辑”菜单的“首选项”子菜单以下的“常规”选项(或者按“Ctrl+K”快捷键)中，如图 1-10 所示。

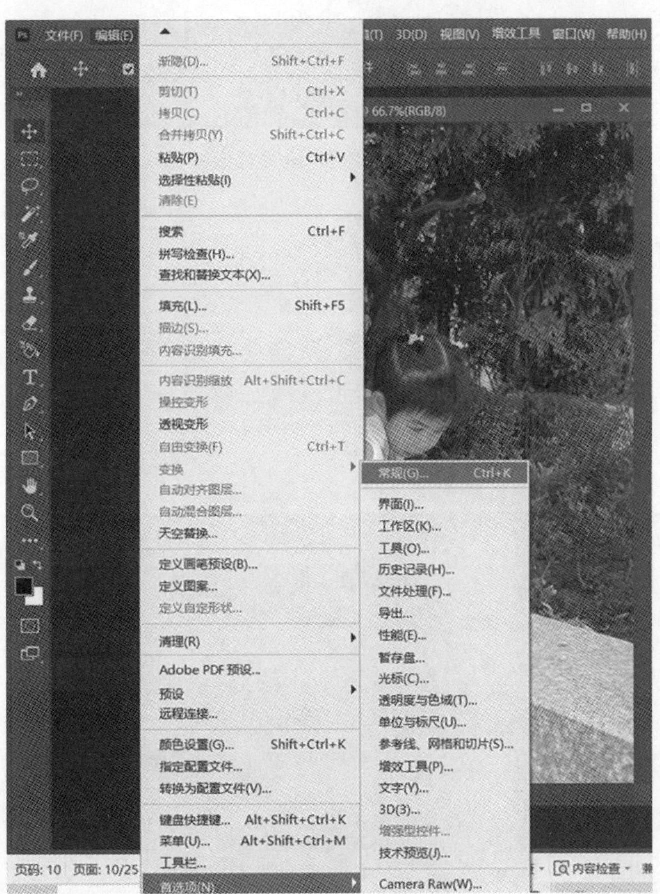

图 1-10　用于自定义的命令选项

1.4.1 “界面”设置

Photoshop 提供了四种界面颜色选项，可通过“编辑”→“首选项”→“界面”进行选择，一般使用默认的深灰色就好了，也可以设置界面字体大小、UI 缩放等参数，分辨率高的屏幕建议使用 200%的 UI 缩放，大家也可以按照自己的喜好设置。“界面”设置对话框如图 1-11 所示。

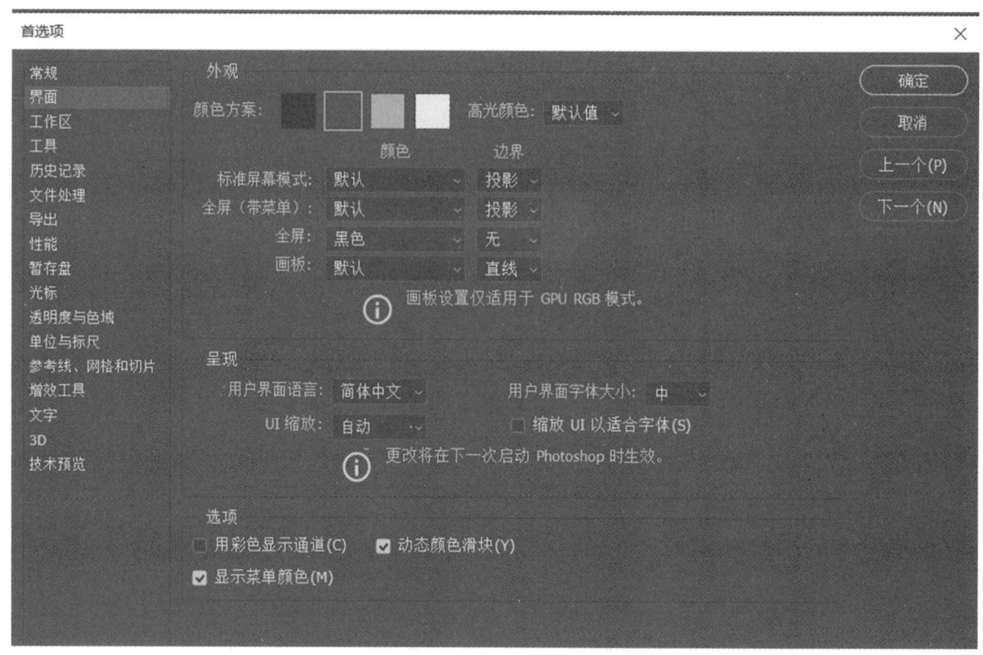

图 1-11 “界面”设置对话框

1.4.2 “文件处理”设置

打开“编辑”→“首选项”→“文件处理”菜单，可以设置“自动存储恢复信息的间隔”，如果在文件没有保存的情况下电脑自动关机，下次进入可以恢复到最近一次自动保存的状态，非常实用。“文件处理”设置对话框如图 1-12 所示。

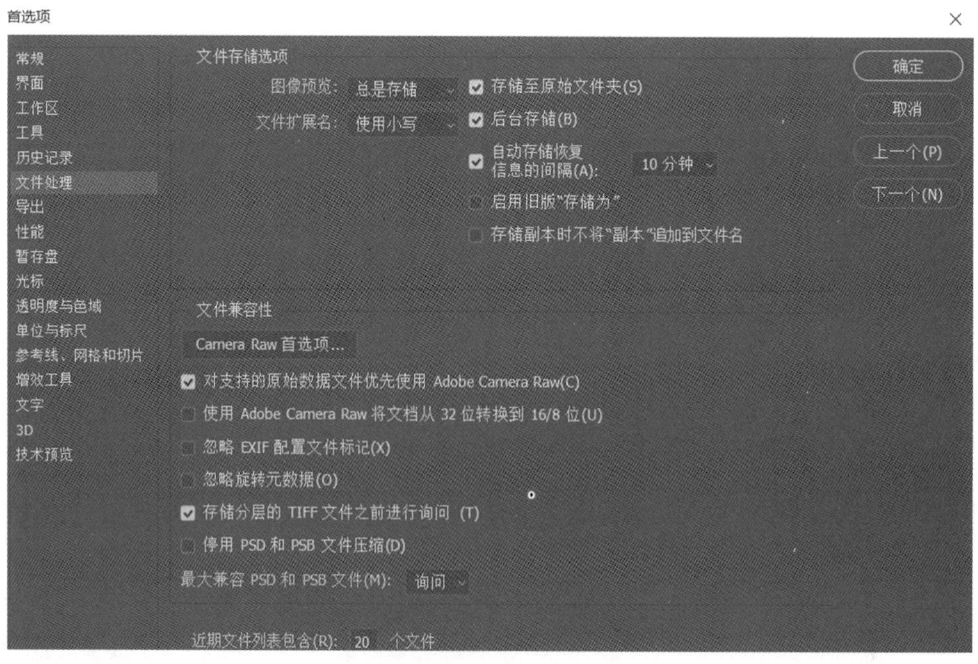

图 1-12 “文件处理”设置对话框

1.4.3 “性能”设置

在“编辑”→“首选项”→“性能”菜单界面可以设置“让 Photoshop 使用”的内存范围,性能好的电脑可以设置得较大,让软件运行更快,性能差的电脑就设置得小一点,减少电脑卡机。“历史记录状态”处可以设置能退回的操作步骤数,按照自己的需求设置即可。“性能”设置对话框如图 1-13 所示。

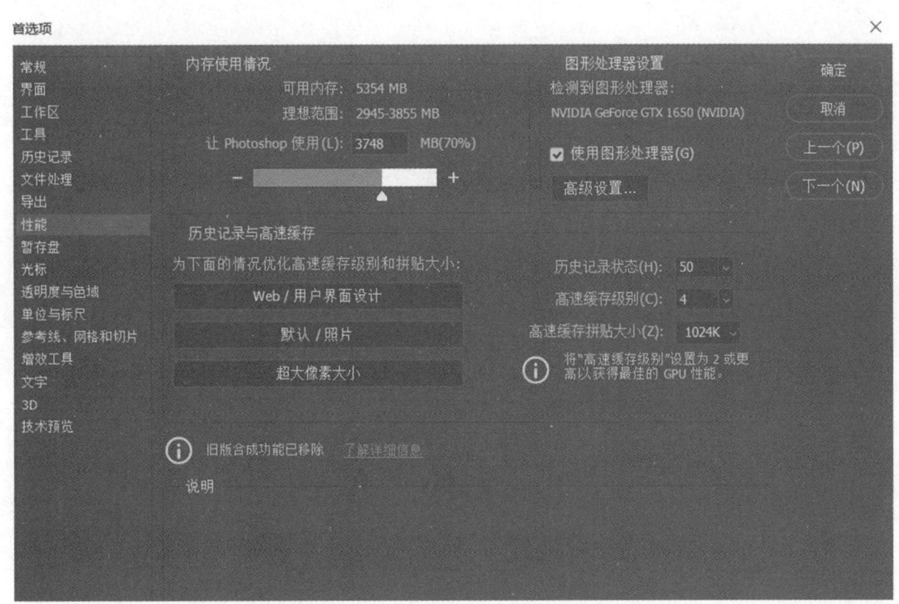

图 1-13 “性能”设置对话框

1.4.4 “暂存盘”设置

在“编辑”→“首选项”→“暂存盘”菜单界面可以设置暂存盘的位置。如果电脑性能不是很好,这个功能非常实用,可以把暂存位置改为系统盘之外的其他硬盘,给系统盘腾出更多空间。默认状态下暂存盘是 C 盘,我们可以根据需要设置为其他盘。“暂存盘”设置对话框如图 1-14 所示。

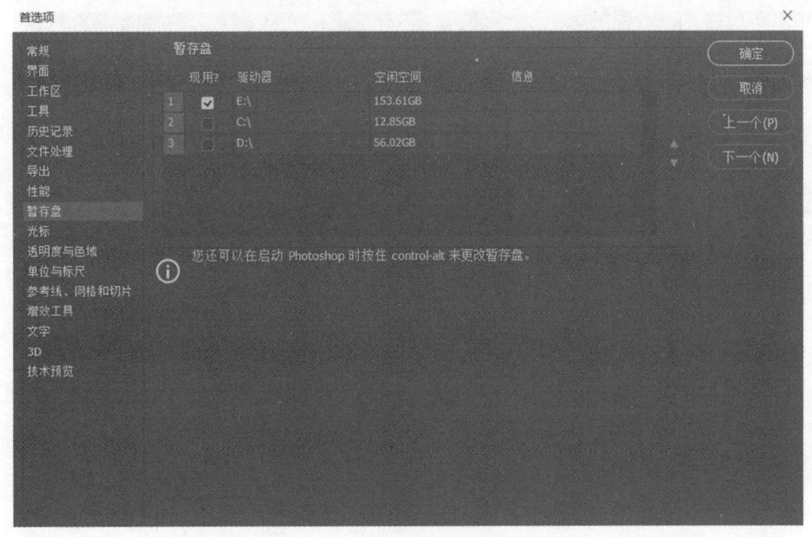

图 1-14 “暂存盘”设置对话框

1.4.5 标尺、网格和参考线等的设置

在 Photoshop 中,标尺、网格和参考线是比较重要的帮助工具,它们被使用的频率较高,而且使用这 3 种工具可以给今后的图形绘制带来极大的方便。在绘制和移动图形过程中,它们可以帮助用户准确地对图形进行定位和对齐。标尺、网格和参考线设置好后,可以在“视图”菜单中执行运用;而绘画光标,则直接体现于图像编辑过程中使用工具及命令操作的显示上。

利用“单位与标尺”选项可以在出现的对话框中设置标尺与文字的单位及为文档预设分辨率等。

利用“参考线、网格和切片”选项可以在出现的对话框中设置参考线、网格和切片的颜色;对于网格还可以设置距离等参数。

利用“光标”选项可以根据自己的喜好和使用习惯来选择绘画光标和其他光标。一般来说,使用“正常画笔笔尖”可以帮助用户清楚地看到自己画笔的尺寸,这样可以准确地预计受影响的范围;而使用“精确”光标则可以在吸色时精确控制选择的颜色。可以根据作画时的需要灵活更改光标。

通过 Photoshop 的“首选项”,还可以对“常规”“透明度与色域”等方面进行设置,但这些选项一般不需修改,用默认选项即可。

1.5 文件的基本操作

文件的基本操作主要有新建、打开、存储、关闭等。

1.5.1 新建文件

在 Photoshop 中新建一个文件,可以选择菜单中的“文件”→“新建”命令,也可以按快捷键“Ctrl+N”,然后在弹出的图 1-15 所示的对话框中进行新文件的图像尺寸、图像模式及分辨率等参数设置。

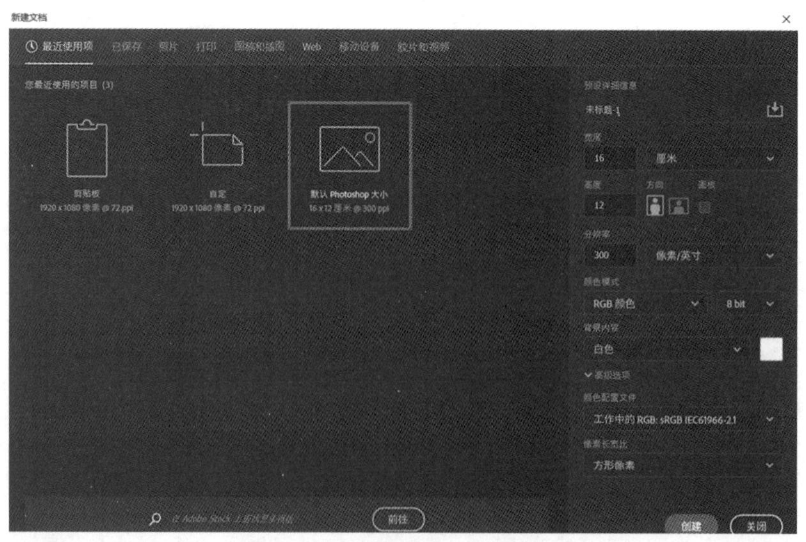

图 1-15 “新建文档”对话框

基本参数设置具体操作如下:

(1)在“预设详细信息”栏中输入新文件名称。

(2)在“宽度”和“高度”栏中设置宽度和高度:可以选择系统自带的尺寸设定,也可以选择自定义选项,在“宽度”和“高度”数值框中输入所需要的文件尺寸。

(3)设置新文件的“分辨率”:在新文件的高度和宽度不变的情况下,分辨率越高,图像越清晰。

(4)设置新文件的“颜色模式”:一般采用 RGB 模式。

(5)在“背景内容”处设置新文件的背景颜色。

1.5.2 文件打开/打开为

选择菜单中的“文件”→“打开”命令打开文件,也可以按快捷键“Ctrl+O”来打开文件,以便进行修改、编辑等操作。可能存在 Photoshop 无法确定文件的正确格式的情况。必须使指定打开文件所用的格式为正确格式。

选择菜单中的“文件”→“打开为”命令,选择要打开的文件,然后从“打开为”弹出式对话框中选取所需的格式并单击“打开”按钮。

“打开为”命令与“打开”命令的不同之处在于,“打开为”可以打开一些使用“打开”命令无法辨认的文件。例如,某些图像从网络上下载后以错误的格式存储,使用“打开”命令是打不开的,此时可尝试用“打开为”命令。

1.5.3 最近打开文件

在“最近打开文件”下拉列表中有最近打开过的文件信息,一般列有近 10 次打开过的图像文件信息。如果需要打开的文件名称在列表中,直接选择该文件名即可打开该文件供修改、处理等操作。如果文件不能够打开,则可能是因为选取的格式与文件的实际格式不匹配,或者是因为文件已经损坏。

1.5.4 置入文件

选择菜单中的“文件”→“置入”命令,可将图片放入图像中的一个新图层内。

1.5.5 存储文件

选择菜单中的“文件”→“存储”命令或按快捷键“Ctrl+S”可以存储文件。存储前根据需要可进行设置,如在“文件名”中输入自己想要的文件名,在“保存类型”中选择相应的文件格式。

若要在已编辑图像中保留所有 Photoshop 功能(图层、效果、蒙版、样式等),最好用 Photoshop 格式(PSD)存储图像。

1.5.6 文件存储为

选择菜单中的“文件”→“存储为”命令,可将图像以不同的格式和不同的选项存储,也可存储在不同的位置。“存储为”对话框如图 1-16 所示。

图 1-16 “存储为”对话框

1.5.7 文件存储为 Web 所用格式

选择菜单中的“文件”→“存储为 Web 所用格式”命令，可将图像存储为 Web 所用格式。

1.5.8 关闭文件

选择菜单中的“文件”→“关闭”命令，或者按快捷键“Ctrl+W”，可关闭当前图像文件；选择菜单中的“文件”→“关闭全部”命令，将会关闭打开的全部文件。在关闭图像并退出 Photoshop 之前，如果所进行的修改等操作要保留的话，一定要先存储图像。

1.6 文件的调整

有时我们需要对文件进行适当的调整，如对文件的位置和大小进行适当改变、更改文件的大小、切换屏幕显示模式等。

1.6.1 改变文件的位置和大小

当文件未处于最大化状态时，单击文件的标题栏位置并拖动即可移动窗口文件的位置。

要调整文件的尺寸，用户除了可以利用文件右上角的“最小化”按钮和“最大化”按钮外，还可以将光标置于文件窗口边界，然后拖动鼠标来进行调整。

1.6.2 调整窗口排列和切换当前窗口

打开了多个图像窗口后，屏幕可能会显得有些零乱。为此，用户可通过选择"窗口"→"排列"命令中的"层叠""平铺"等命令来安排图像窗口的显示。

1.6.3 图像缩放和平移

在处理图像时，用户可能经常需要放大或缩小图像显示。为此，可选用工具箱中的缩放工具，或使用"视图"菜单中的"放大""缩小""按屏幕大小缩放""实际像素""打印尺寸"等选项。

- "放大"：将图像放大到下一预定比例显示。
- "缩小"：将图像缩小到下一预定比例显示。
- "按屏幕大小缩放"：使图像以最合适的比例完整显示。
- "实际像素"：使图像以100%的比例显示。
- "打印尺寸"：使图像以实际打印尺寸显示。

另外一种控制图像显示比例的方法是利用导航器控制面板，即首先将光标定位在导航器控制面板的滑块上，然后拖动鼠标即可。

当图像超出当前显示窗口时，系统将自动在显示窗口的右侧和下方出现垂直滚动条或水平滚动条，用户可直接借助滚动条在显示窗口中移动显示区域。

1.6.4 更改图像大小

扫描或导入图像以后，一般需要调整其大小。在Photoshop中，可以选取菜单中的"图像"→"图像大小"命令，打开图1-17所示的"图像大小"对话框来调整图像的像素大小、打印尺寸和分辨率；如果要保持当前的像素宽度和像素高度的比例，可选择"约束比例"，更改高度时，系统将自动更新宽度，反之亦然。

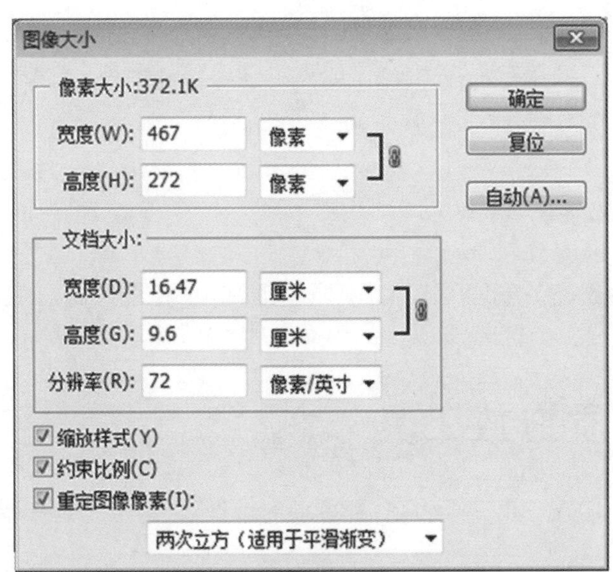

图1-17 "图像大小"对话框

在"像素大小"下输入"宽度"值和"高度"值。如果要输入当前尺寸的百分比值，可选取"百分比"作为度量单位。图像的新文件大小会出现在“像素大小”右侧,而旧文件大小在括号内显示。

1.6.5 设置画布大小

在实际工作中,人们经常需要根据情况调整图像尺寸、画布尺寸和图像分辨率。有时需要对图像进行处理,却受限于图像的画布尺寸,这时可以选择菜单中的“图像”→“画布大小”命令,在弹出的“画布大小”对话框(见图 1-18)中对画布大小进行修改,修改好后单击“确定”按钮。

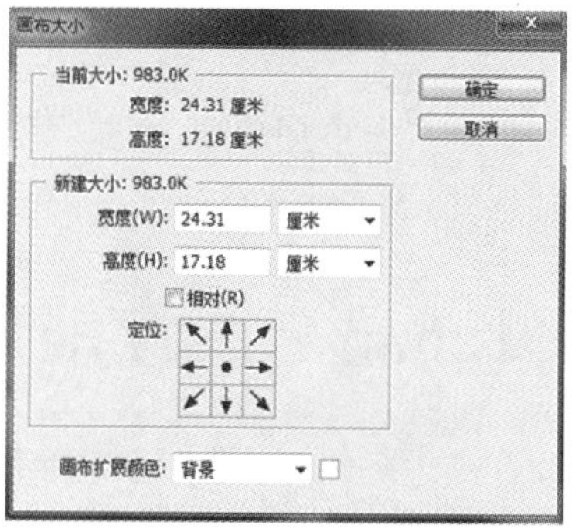

图 1-18 “画布大小”对话框

1.6.6 操作的恢复与还原

(1)“恢复”:在编辑图像的过程中,若希望文件返回上一次的存储状态,可选择“文件”→“恢复”命令。在 Photoshop 的“历史记录”面板中可以进行多步恢复操作。

(2)“还原”:选择“编辑”→“还原”命令,可以撤销刚刚执行的操作,还原操作以前的状态;执行完还原操作后,“还原”命令被“重做”命令所取代,又可以重复刚进行的操作。

1.7 文件操作辅助工具

文件操作时,常用到移动工具、抓手工具等辅助工具,这些工具操作简单,但也非常重要。

1.7.1 移动工具

使用“移动工具”,可将图层中的一幅图像或所选区域移动到指定的位置上。单击“移动工具”按钮,在屏幕的上方便弹出移动选项调板。操作方法:先框选出所需的图像,单击“移动工具”按钮并放到所选区域内,然后移动选区到指定位置。

1.7.2 抓手工具

当图像窗口不能全部显示整幅图像时,可以利用“抓手工具”在图像窗口内上下、左右移动图像,以观察图像的最终位置。

1.7.3 3D 材质拖放工具

利用“3D 材质拖放工具”可以对 3D 文字和 3D 模型填充纹理效果。该功能只能在 3D 工作区中启动。

1.7.4 缩放工具

利用“缩放工具”,可将图像缩小或放大,以便观察。将“缩放工具”移入图像后并按一下鼠标,则图像就会放大一级。如果按住 Alt 键，画面可按比例进行缩小。若要进行更多缩放操作，可在“缩放工具”选项栏上按需求设定。我们也可以使用快捷键“Ctrl++”组合键放大图像显示或“Ctrl+－”组合键缩小图像显示。

1.7.5 标尺工具

“标尺工具”是用来度量图像中任何两点间的距离、位置和角度的。其具体的数值显示在信息控制面板上，如图 1-19 所示。

图 1-19 “标尺工具”信息控制面板

1.7.6 自由变换

选择“编辑”→“变换”菜单命令，可打开图 1-20 所示的子菜单。利用这个子菜单里的命令可以变换图像，也可以直接按“Ctrl+T”键进行自由变换。图 1-21 至图 1-24 所示的分别是执行了“缩放”“扭曲”“透视”“旋转 180 度”变换命令的效果。

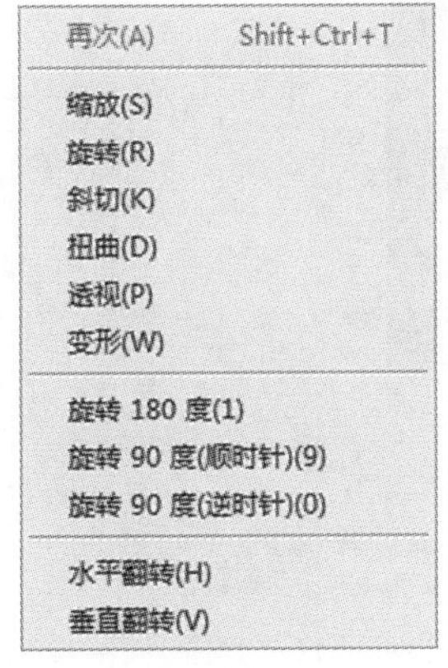

图 1-20 “变换”子菜单

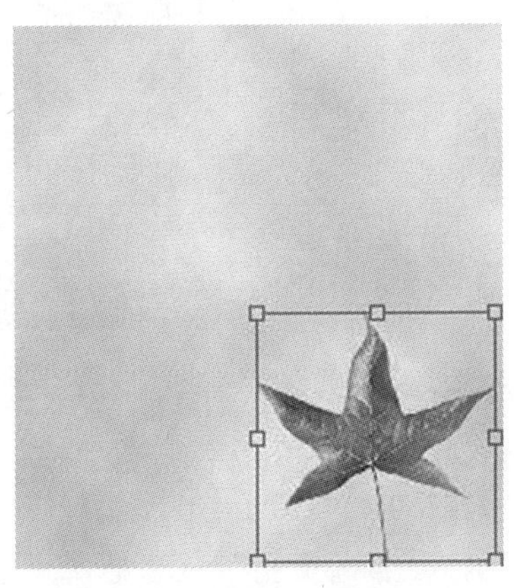

图 1-21 “缩放”变换效果

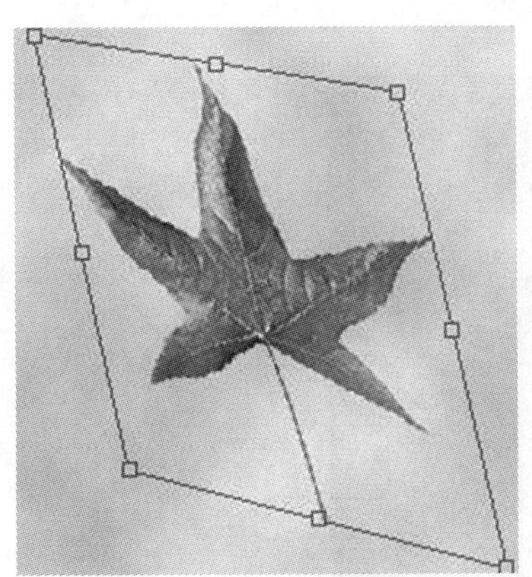

图 1-22 “扭曲”变换效果

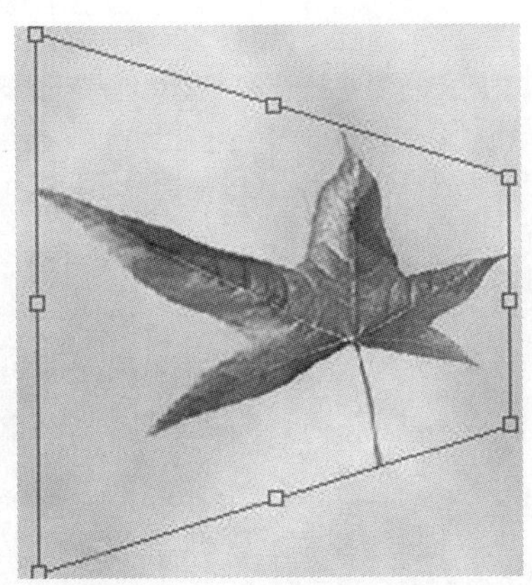

图 1-23 “透视”变换效果

图 1-24 “旋转 180 度”变换效果

1.8 项目实训

1.8.1 项目实训 1——UI 设计中的圆形按钮制作

效果说明

本实训案例将制作出图 1-25 所示的按钮效果。本实训案例主要应用选区工具、渐变填充工具、变换选区命令等操作完成,以使读者对使用 Photoshop 进行图形制作有基本的认识。

图 1-25 按钮效果

制作步骤

(1)单击工具箱中的“设置背景色”按钮,把背景设置为紫色(R=90,G=25,B=135)。选择“文件”→“新建”命令,在“新建文档”对话框中设定图像“宽度”为 6 厘米,“高度”为 6 厘米,“分辨率”为 72 像素/英寸,模式为“RGB 颜色”,“背景内容”为“白色”,如图 1-26 所示;单击“创建”按钮后新建文件,如图 1-27 所示。

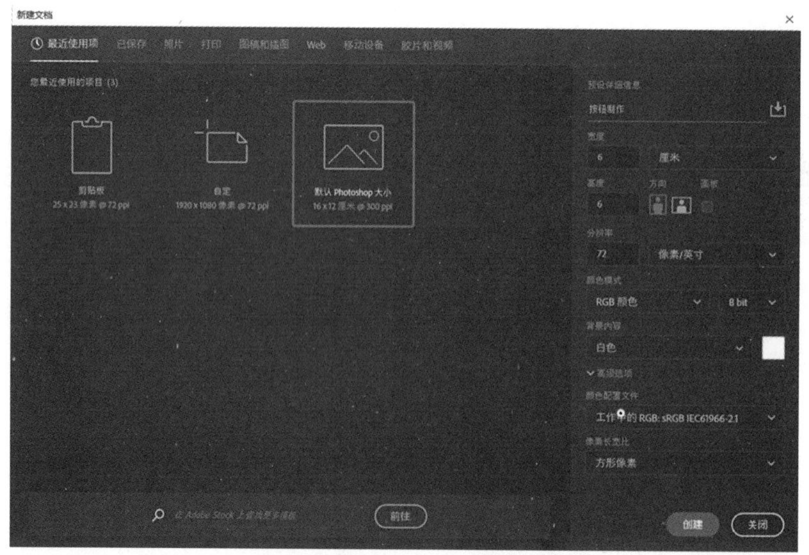

图 1-26 “新建文档”对话框

(2)选择“图层”面板中“创建新图层”按钮⊞,新建“图层 1”,使用“椭圆选框工具”,按住 Shift 键,在新建图层中画一个正圆选区,如图 1-28 所示;按 D 键,把前景色/背景色设置为默认颜色。

(3)选择“渐变工具”,在属性栏选择“线性渐变”模式,单击“点按可打开‘渐变’拾色器”向下三角按钮,选择“前景色到背景色渐变”,如图 1-29 所示;然后在选区内,按住鼠标左键由上到下进行拖动,给正圆选区填充渐变色,效果如图 1-30 所示。

图 1-27　新建文件

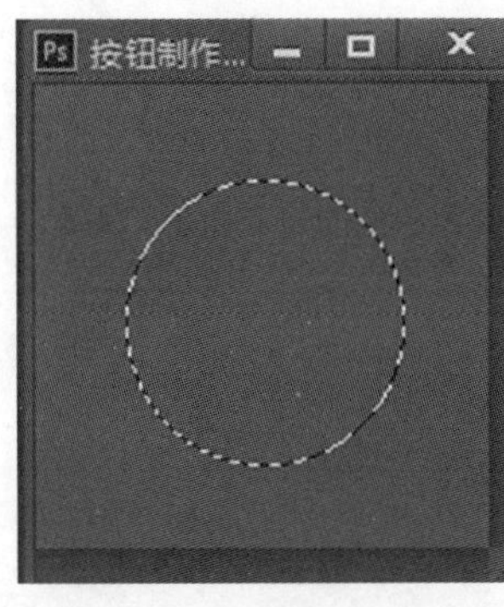

图 1-28　画正圆选区

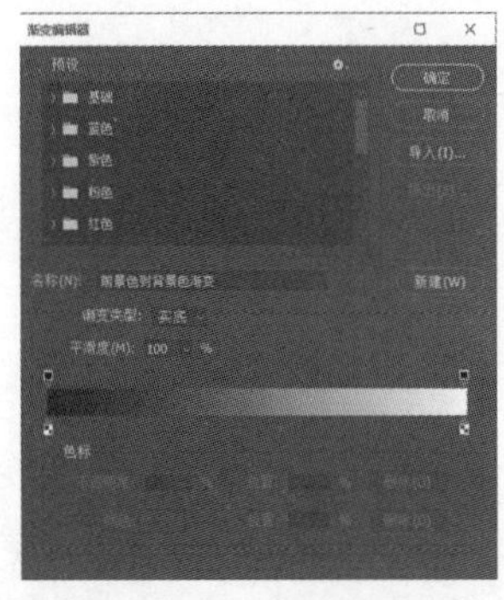

图 1-29　渐变设置

(4)在“图层”面板右下方点击“创建新图层”按钮⊞,新建“图层 2”(不要取消正圆选区),如图 1-31 所示;选择“选择”→“变换选区”命令,按“Shift+Alt”键同时将鼠标放在正圆选区右上角,往左下方拖动鼠标,将正圆选区等比缩小到合适大小后松开鼠标,如图 1-32 所示;单击“确定”按钮,效果如图 1-33 所示。

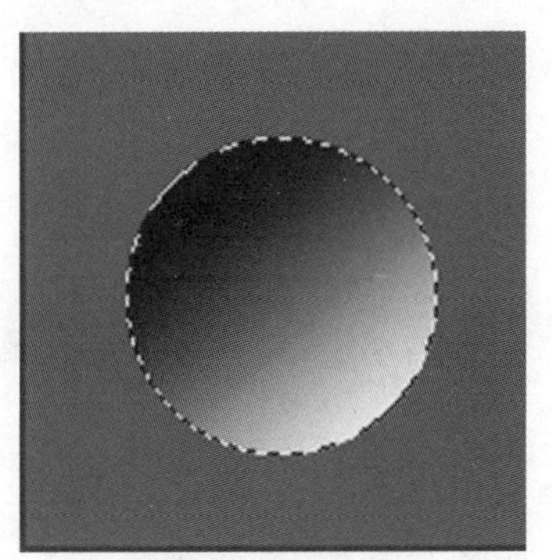

图 1-30　填充渐变色

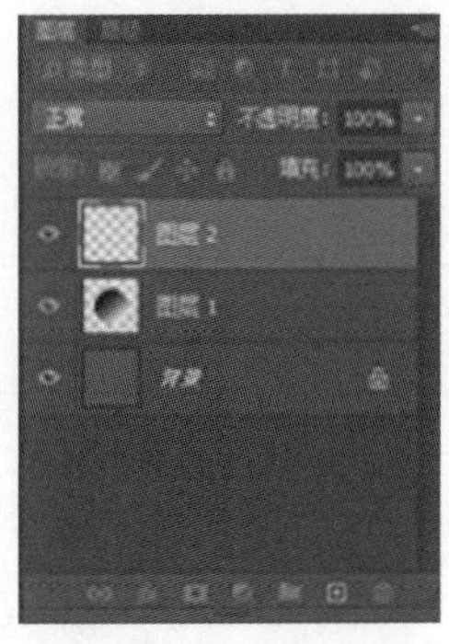

图 1-31　新建图层

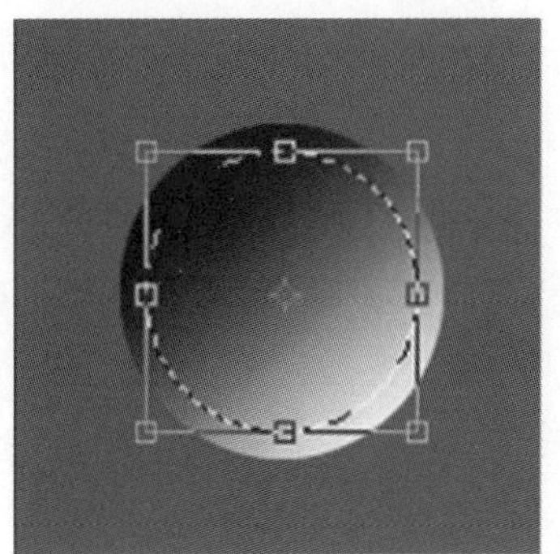

图 1-32　缩小正圆选区

(5)单击工具箱中的“渐变工具”,在“渐变工具”属性栏中选择“线性渐变”模式,然后在缩小的正圆选区内按住鼠标左键由下自上进行拖动,给正圆选区填充渐变色;按“Ctrl+D”键取消选区,按钮效果如图 1-25 所示。

1.8.2　项目实训 2——环圈效果

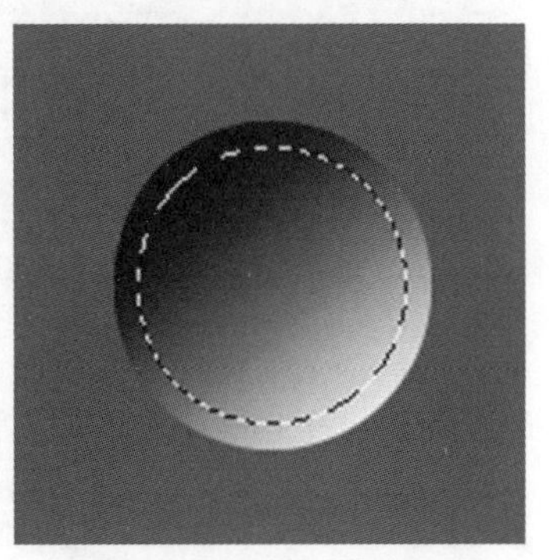

图 1-33　等比缩小正圆选区

效果说明

本实训案例通过图层的剪切制作出动物套在环圈之中的效果,如图 1-34 所示。本实训案例主要应用选择工具、路径、图层选区的复制、图层的次序调整等工具和命令操作完成,让读者对使用 Photoshop 进行图像合成的基本操作有一个基本认识。

制作步骤

（1）选择“文件”→“打开”菜单命令，弹出“打开”对话框，打开素材文件动物图像和环圈图像。

（2）单击环圈图像中“图层 1”图层，直接用工具箱中的“移动工具”将其移动到动物图像文件中，如图 1-35 所示；形成新的图层，名称仍为“图层 1”，如图 1-36 所示。

图 1-34　环圈效果

图 1-35　图像合成

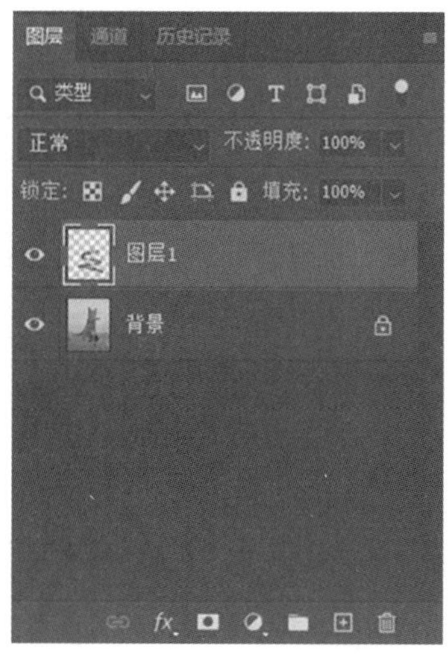

图 1-36　“图层”面板

（3）选择“编辑”→“自由变换”菜单命令，将“图层 1”图层的大小及位置进行适当的调整（必要时同时按鼠标和 Shift 键进行调整），如图 1-37 所示，按 Enter 键确定。

（4）在“图层”面板上设置“图层 1”的“不透明度”为“46%”，这样环圈变成半透明效果，如图 1-38 所示。

图 1-37　环圈大小及位置调整

图 1-38　环圈半透明效果

（5）选用“多边形套索工具”在图片中根据动物和环圈的外形建立选区，再按 Shift 键在图像靠下部分增加选区，如图 1-39 所示。

（6）按 Delete 键删除选区部位（确定当前图层是“图层 1”），如图 1-40 所示；然后将“图层 1”的“不透明度”调为“100%”，如图 1-41 所示。

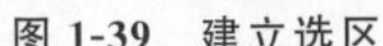

图 1-39 建立选区

图 1-40 删除被选部位

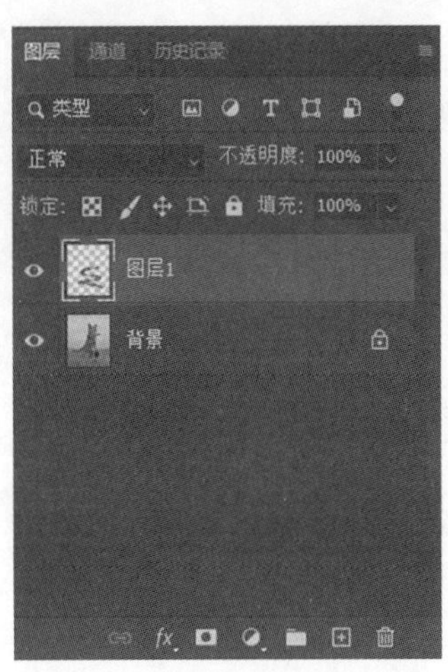

图 1-41 图层不透明度设置

此时得到图 1-34 所示的最终效果。

(7)将最后完成的效果图以“环圈效果”为文件名保存在指定文件夹中。

第二章
选区创建与编辑

本章主要讲解选区工具或选区命令在实践中的应用。怎样创立选区以及灵活运用选区，对于 Photoshop 用户来说非常重要，如我们想将一图像中的某一部分替换为另一图像，就必须先选择这一部分，然后使用相关工具进行处理、调整，使替换部分自然、真实；又如我们要将图像某一部分的色彩进行调整，也需要先进行选择，然后再进行色彩调整操作。所以，我们必须熟练掌握选区的基本知识和实践应用。

2.1 选择工具

用来执行选择操作的工具一般包括选框工具、套索工具及魔棒工具等，具体可以分为如下几种。

- 规则选择工具：可以选取矩形、椭圆形等形状的区域或单行、单列的选择范围。一般指的是选框工具组。
- 不规则选择工具：可以选取多边形等不规则形状的区域，如套索工具组及魔棒工具组等。

选择相应的工具实施了选择操作后，在选择工具选项栏中会出现增加选区、从选区中减去和建立相交选区等的按钮，可以方便地完成选区的各种“加”或“减”等的运算。

另外，在实际应用中，还常常用到“钢笔工具”及“以快速蒙版模式编辑”工具。灵活应用这两个工具，在选区上会得到意想不到的效果。

2.1.1 选框工具组

在工具箱中点击“矩形选框工具”右下角的小三角箭头，会显示出选框工具组中全部工具，如图 2-1 所示。

图 2-1　选框工具组

1. 矩形选框工具

在工具箱中选中“矩形选框工具”，在工作窗口的上部将显示图 2-2 所示的“矩形选框工具”选项栏；使用“矩形选框工具”，可以方便地在图像中制作出长、宽随意的矩形选区。

羽化：0 像素　消除锯齿　样式：正常　宽度：　高度：　选择并遮住...

图 2-2　“矩形选框工具”选项栏

“矩形选框工具”选项栏分为 3 个部分：选择方式、“羽化”和“样式”。这 3 部分将分别提供对“矩形选框工具”各种不同参数的控制。如果这时屏幕没有相应的显示，执行“窗口”菜单命令，勾选对应显示选项调出工具选项栏即可。

(1)选择方式:如图 2-3 所示,该部分有 4 个选项。

图 2-3　选择方式

• "新选区":清除原有的选择区域,直接新建选区。只要在图像中按住鼠标左键,然后拖动到合适的位置放开就可以了。

• "添加到选区":在原有选区的基础上,增加新的选择区域,形成最终的选择范围。

• "从选区减去":在原有选区中,减去与新的选择区域相交的部分,形成最终的选择范围。

• "与选区交叉":使原有选区和新建选区相交的部分成为最终的选择范围。

(2)"羽化":设置羽化参数可以有效地消除选择区域中的硬边界并柔化,使选择区域的边界产生朦胧渐隐的柔和过渡效果,且效果看起来非常自然。羽化前后效果对比如图 2-4 和图 2-5 所示(此处选区为椭圆形)。

图 2-4　未进行羽化的效果

图 2-5　羽化后的效果

如果选区较小而羽化半径设置得较大,就会弹出一个羽化警告,如图 2-6 所示。单击"确定"按钮,表示确认当前设置的羽化半径,这时选区可能变得非常模糊,以至于在画面中看不到,但选区仍然存在。如果不想出现该警告,应减小羽化半径或增大选区的范围。

(3)"样式":该选项用来规定所制作的矩形选框的长、宽特性。如选择"固定大小",然后在"宽度"和"高度"上分别输入"100 像素"和"120 像素",设置完毕,用鼠标在编辑区中单击一下,一个 100 像素×120 像素的选区便自动建立起来了。

"样式"下拉菜单中提供了 3 种样式供选择,如图 2-7 所示。

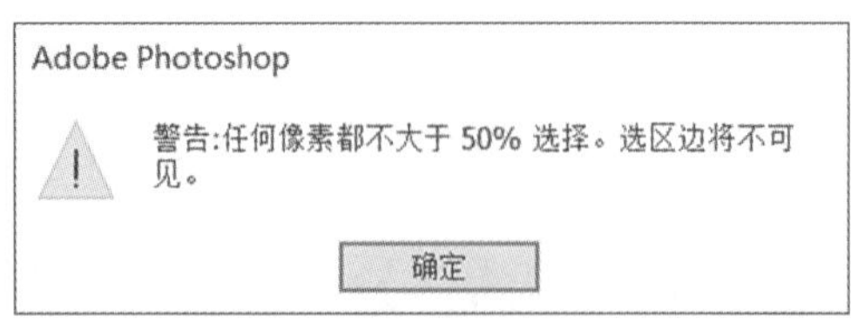

图 2-6　羽化警告

图 2-7　"样式"选项

• "正常":这是默认的选择样式,在这种样式下,可以用鼠标创建长、宽任意的矩形选区。

• "固定比例":在这种样式下可以为矩形选区设定任意的长宽比,只要在对应的"宽度"和"高度"参数框中填入需要的宽度和高度比值即可。

• “固定大小”：在这种样式下，可以通过直接输入宽度值和高度值来精确定义矩形选区的大小。

2. 椭圆选框工具

使用“椭圆选框工具”可以在图像中制作出半径随意的椭圆形选区。它的使用方法和工具选项栏的设置与“矩形选框工具”的大致相同。图 2-8 所示为“椭圆选框工具”选项栏。

图 2-8 “椭圆选框工具”选项栏

“消除锯齿”的原理就是在锯齿之间插入中间色调，这样就使那些边缘不规则的图像在视觉上消除了锯齿。

2.1.2 套索工具组

套索工具组主要包括“套索工具”“多边形套索工具”“磁性套索工具”。单击“套索工具”右下角的小三角箭头，可以弹出图 2-9 所示的套索工具组。

1. 套索工具

使用“套索工具”，可以在图像中徒手描绘，制作出轮廓随意的选区。通常用它来勾勒一些形状不规则的图像并建立选区，如图 2-10 所示。

图 2-9 套索工具组

图 2-10 使用“套索工具”建立选区

使用“套索工具”时，先将鼠标移动到图像上单击以确定曲线的起点，然后再陆续单击其他折点来确定每一条曲线的位置。单击工具箱中的“套索工具”按钮时，会显示出相应的“套索工具”选项栏，如图 2-11 所示。

“套索工具”选项栏中的选择方式部分的 4 个按钮的用法同前面介绍的其他选择工具的使用方法一样。

2. 多边形套索工具

使用“多边形套索工具”可以在图像中制作折线轮廓的多边形选区。使用时，先将鼠标移动到图像上单击以确定折线的起点，然后陆续单击其他折点来确定每一条折线的位置，最后当折线回到起点时，光标下会出现一个小圆圈，表示选择区域已经封闭，这时单击鼠标即可完成操作，如图 2-12 所示。

3. 磁性套索工具

“磁性套索工具”是一种具有自动识别图像边缘功能的套索工具。使用时，将鼠标移动到图像上单击选取起点，然后沿物体的边缘移动鼠标（不用按住鼠标的左键），这时“磁性套索工具”会根据自动识别的图像边缘生成物体的选区轮廓；当鼠标移动回起点时，光标的右下角会出现一个小圆圈，表示选择区域已经封闭，最后在这里单击鼠标即可完成操作，如图 2-13 所示。其选项栏如图 2-14 所示。

图 2-11 "套索工具"选项栏

图 2-12 使用"多边形套索工具"建立选区

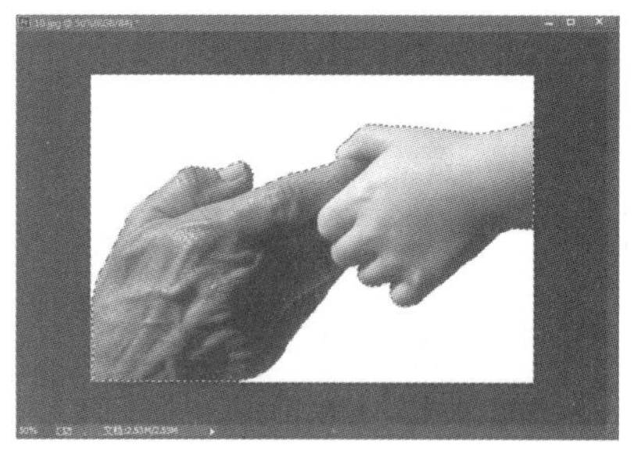

图 2-13 "磁性套索工具"建立选区

图 2-14 "磁性套索工具"选项栏

2.1.3 魔棒工具组

魔棒工具组中有"对象选择工具""快速选择工具""魔棒工具"。"魔棒工具"是一个非常神奇的选取工具，可以用来选择图像中颜色相似的区域。单击"魔棒工具"右下角的小三角箭头，可以弹出图 2-15 所示的魔棒工具组。

图 2-15 魔棒工具组

1. 对象选择工具

利用"对象选择工具"可简化在图像中选择单个对象(人物、汽车、家具、宠物、衣服等)或对象的某个部分的过程。只需在对象周围绘制矩形区域或套索，对象选择工具就会自动选择已定义区域内的对象。比起没有对比或反差的区域，这款工具更适合处理定义明确的对象。

打开图像文件，选择"对象选择工具"，然后点击上方的"选择主体"，软件会自动阅读整张图片，根据画面内容，选择出系统认为是主体的对象，制作出主体选区，如图 2-16 所示。

如果只想选中图像中的一只猫，则使用"对象选择工具"，在上方"模式"参数栏里，可以选择"矩形"或"套索"(制作选区的方式)，然后在猫的旁边拖动鼠标，拖出一个选区，软件就会自动计算选区里面的内容，然后给出一个最为精确的选区，如图 2-17 所示。

图 2-16　选择主体制作选区

图 2-17　仅选择猫制作选区

2. 快速选择工具

使用“快速选择工具”单击图像中的某个点时，可以利用可调整的圆形画笔笔尖快速创建选区；当拖动时，选区会向外扩展并自动查找和跟随图像中定义的边缘。

单击工具箱中的“快速选择工具”按钮，便会显示相应的“快速选择工具”选项栏，如图 2-18 所示。通过设定“快速选择工具”选项栏，可以设定画笔笔尖大小、硬度及间距等。例如在选项栏中的画笔选取器中可以直接输入画笔大小，或拖动“大小”滑块来调整画笔笔尖大小；使用“大小”下拉列表框中的选项，可使画笔笔尖大小随钢笔压力或光笔轮而变化。

图 2-18　“快速选择工具”选项栏

- “对所有图层取样”：基于所有图层（而不是仅基于当前选定图层）创建一个选区。
- “增强边缘”：如果选中该选项，将会降低选区范围边界的粗糙感与区块感。
- “选择主体”：点选选项栏中的“选择主体”按钮后，即可选择图像中最突出的主体。选择主体由先进的机器学习技术提供支持，在经过训练后，这项功能可识别图像上的多种对象，包括人物、动物、车辆、玩具等。

• “选择并遮住”：在有选区的状态下，可以通过对选区进行细化调整从而得到更精准的选区；还可以消除选区边缘周围的背景色，改进蒙版，以及对选区进行扩展、收缩、羽化等处理。

单击“快速选择工具”选项栏中的“添加到选区”按钮，可以绘制出几个选区叠加的效果；单击“从选区减去”按钮，可得到先前的选区减去现在选区后的选区效果。

3. 魔棒工具

使用“魔棒工具”单击图像中的某个点时，该点附近与其颜色相同或相似的区域会自动进入选区，从而被选中。单击工具箱中的“魔棒工具”按钮时，便会显示出相应的“魔棒工具”选项栏，如图 2-19 所示。设定“魔棒工具”选项栏，可以控制其颜色相似程度。

图 2-19 “魔棒工具”选项栏

• “容差”：该选项是用来控制选定颜色误差范围的，值越大，选择颜色的区域越广。
• “消除锯齿”：该选项是用来消除所选区域的锯齿的，使选出的区域较平滑。
• “连续”：该选项可使选择的相近颜色选区是连续的。
• “对所有图层取样”：该选项用来将所有图层中颜色相似范围内的颜色载入。

2.1.4 以快速蒙版模式编辑

要使用“以快速蒙版模式编辑”工具一般将前景色及背景色设置为默认的黑色和白色。下面通过一个例子来了解它的运用。

打开图像文件，按下 Ctrl 键单击“图层”中的绿叶，建立图 2-20(a)所示的选区。按 D 键设置前景色/背景色为默认的黑/白，单击“以快速蒙版模式编辑”工具按钮进入蒙版模式，此时选区将显示成半透明的红色。将图片放大数倍，再选择“橡皮擦工具”，试着在红色上拖动，发现半透明的蒙版可以被修改，效果如图 2-20(b)所示。若把前景色与背景色进行转换，再次使用“橡皮擦工具”进行涂抹，可以发现红色被涂抹成透明状。在对蒙版的修改满意的时候，取消快速蒙版模式，效果如图 2-20(c)所示。这样就可以获得新的修改后的选区了。

(a)

(b)

(c)

图 2-20 “以快速蒙版模式编辑”工具的运用

这项工具对于精细的修图工作是有很大用处的，Photoshop 里面许多移花接木的功能都是靠这种方式实现的。

2.1.5　裁剪工具

“裁剪”本身是一个绘画的术语，指剪掉一幅画或图片的多余部分，可以将其看作是特殊的选择工具。“裁剪工具”选项栏如图 2-21 所示。

图 2-21　“裁剪工具”选项栏

使用“裁剪工具”可以对图像进行任意的裁剪，重新设置图像的大小。我们不需要执行烦琐的图像大小控制命令也可以对图像实行任意的裁切，而且效果很直观。

要对图像进行裁切，首先要在工具箱中选中“裁剪工具”，然后在要进行裁切的图像(找一张图片练习即可)上单击并拖动鼠标，产生一个裁切区域，如图 2-22 所示，释放鼠标，这时在裁切区域周围出现了小方块，这些小方块称为控制点，通过用鼠标拖动这些控制点，可改变裁切区域的大小，以达到自己预期的效果。如果配合 Shift 键一起使用，可以严格约束图形的结构比例或者旋转的角度。最后按 Enter 键，或者在裁切区域中双击鼠标结束裁切编辑状态，这样就完成了裁切操作，效果如图 2-23 所示。

图 2-22　裁切区域周围出现方块

图 2-23　完成裁切操作

2.1.6　透视裁剪工具

“透视裁剪工具”主要用于解决在拍摄高大的物体时，如建筑物，由于视角较低，竖直的线条会向消失点集中，从而产生透视畸变的问题。

2.1.7　切片工具/切片选择工具

“切片工具”主要应用于制作网页图片。“切片选择工具”可以调整切割图片的面积或移动切割部分；双击被切割的部分还可以直接建立网络链接地址。“切片选择工具”选项栏如图 2-24 所示。

图 2-24　“切片选择工具”选项栏

2.1.8　钢笔工具

利用“钢笔工具”可以创建比较精确的直线和平滑流畅的曲线(路径)，然后转换为选区，也可以说“钢笔工具”是一种比较特殊的选择工具。详细介绍见第七章 7.1 节的内容。

2.2 选择工具基本应用——简易蘑菇绘制

本例将制作出图 2-25 所示的简易蘑菇效果。本例主要用到“椭圆选框工具”“油漆桶工具”“填充”“创建新图层”等工具和命令。

制作步骤如下。

(1)选择“文件”→“新建”命令，在“新建文档”对话框中设定图像“宽度”“高度”为“10 厘米”，“分辨率”为 72 像素/英寸，模式为“RGB 颜色”，“背景内容”为“白色”，单击“创建”按钮，如图 2-26 所示，得到新文件。

图 2-25　简易蘑菇效果

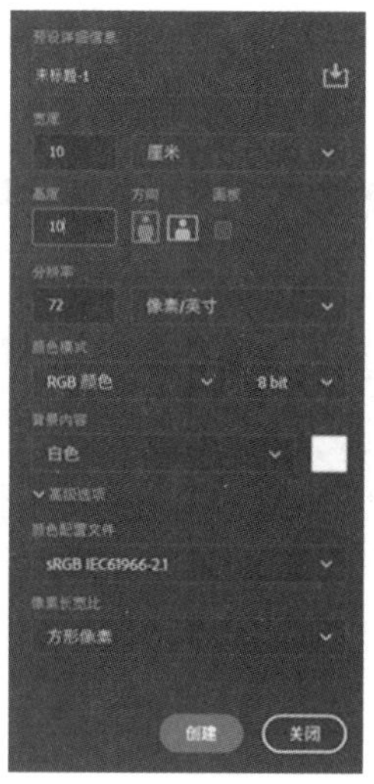

图 2-26　新建文件

(2)单击工具箱中的“椭圆选框工具”，在“椭圆选框工具”选项栏中，将“羽化”设置为 0 像素。在刚新建的文件中按住鼠标左键，然后拖动到合适的位置，绘制一个椭圆形选区，如图 2-27 所示。

(3)设置前景色为黄绿色(也可以是自己喜欢的其他颜色)，按“Alt+Delete”组合键为椭圆选区填色，如图 2-28 所示。

(4)绘制一较大圆形选区，如图 2-29 所示。

(5)单击工具箱中的“矩形选框工具”，在“矩形选框工具”选项栏中选择“从选区减去”选项，然后在刚新建的圆形选区中下方位置按住鼠标左键拖动，在原有选区中减去与新的选择区域相交的部分，形成最终的近似半圆的图形，如图 2-30 所示。

(6)设置前景色为蓝绿色(也可以是自己喜欢的其他颜色)，按“Alt+Delete”组合键为近似半圆的选区填色，如图 2-31 所示。

(7)单击工具箱中的“椭圆选框工具”，在“椭圆选框工具”选项栏中选择“添加到选区”选项，然后在近似半圆的图形中绘制大小不一的多个椭圆，如图 2-32 所示。

(8)设置前景色为白色(也可以是自己喜欢的其他颜色)，按“Alt+Delete”组合键为小椭圆选区填色，如图 2-33 所示。

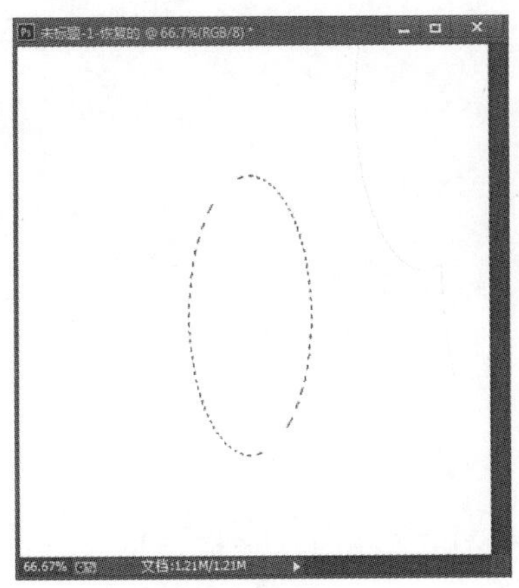
图 2-27　绘制椭圆形选区

图 2-28　给选区填色

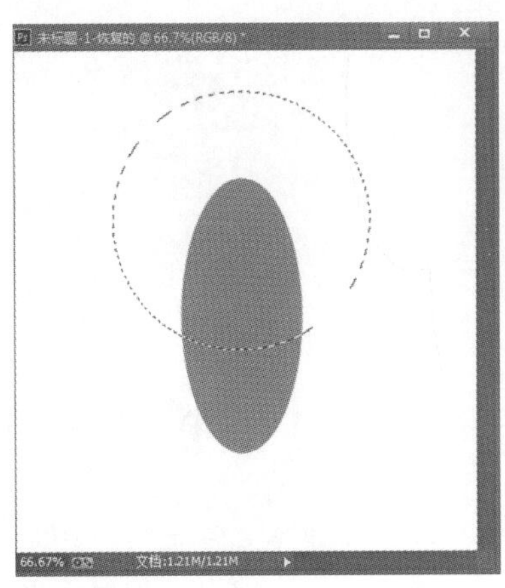
图 2-29　绘制较大圆形选区

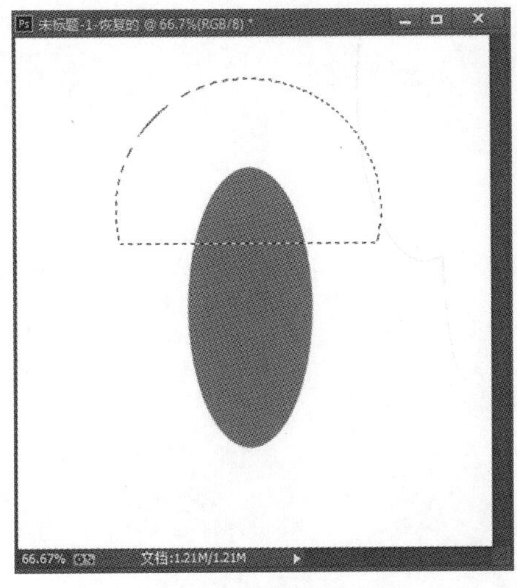
图 2-30　减选后的效果

图 2-31　为选区填色

图 2-32　绘制多个椭圆

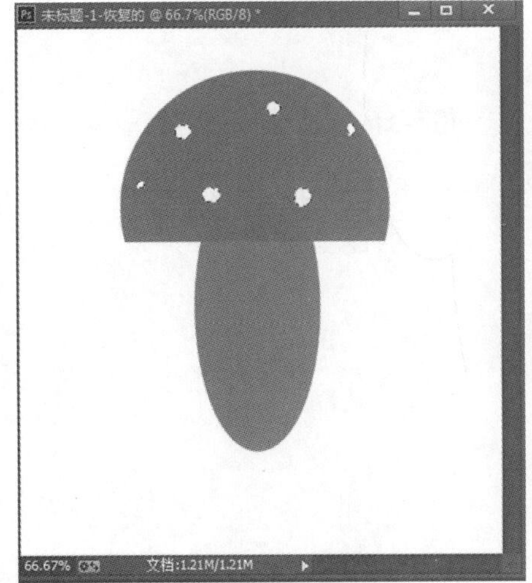
图 2-33　为小椭圆选区填色

(9)按“Ctrl+D”组合键取消椭圆选区,最终效果如图 2-25 所示。

2.3 选区的调整

2.3.1 扩大选取

已经创建了一定的选区范围，但还需要选取颜色相近的区域的时候，利用叠加的方式在图像中选取区域是非常麻烦的。怎样才能方便快捷地完成选区的加大呢？Photoshop 提供了一个“扩大选取”命令功能，只要在原来的区域中再选择执行“选择”→“扩大选取”命令即可。

扩大选取的使用要视具体情况而定。图 2-34 所示的选区是原选区，执行了“扩大选取”命令后的选区效果如图 2-35 所示。若在执行过程中发现效果不理想，可以多次使用“扩大选取”命令。

2.3.2 修改选区

在“选择”→“修改”菜单中还包括了“边界”“平滑”“扩展”“收缩”“羽化”5 个子菜单命令，如图 2-36 所示。

图 2-34　原选区

图 2-35　执行了“扩大选取”命令后的效果

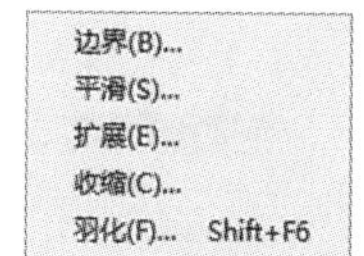

图 2-36　“修改”命令子菜单

对图 2-34 所示的选区，选择“选择”→“修改”→“边界”菜单命令，弹出图 2-37 所示的对话框，在该对话框中输入需要扩张的宽度，这里设置为 4 像素，也可得到扩边后的图像效果，如图 2-38 所示。

图 2-37　“边界选区”对话框

图 2-38　扩边后的效果

2.3.3 变换选区

“变换选区”命令也是位于“选择”菜单中的，其作用是对选取的区域进行旋转、收缩等变形操作。

选择“选择”→“变换选区”菜单命令，图 2-38 所示的选区会变成图 2-39 所示的效果。利用鼠标旋转并缩小选区范围，如图 2-40 所示，再按 Enter 键就可以得到新的选区范围。

图 2-39 变换选区前效果

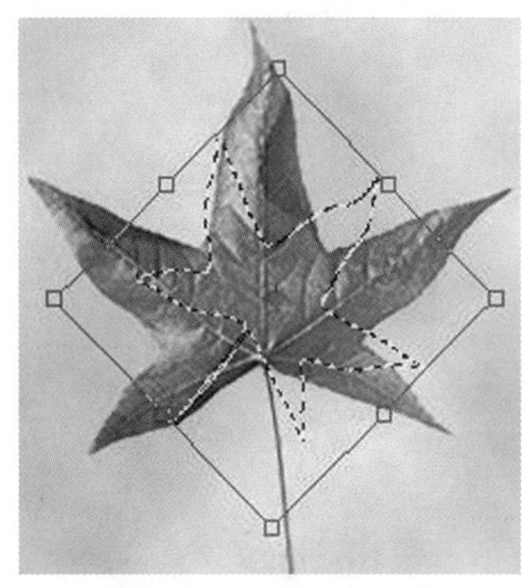

图 2-40 变换选区后效果

2.3.4 移动选区

移动选区和移动图像有所不同。第一，移动选区不会影响图像内容；第二，移动选区的时候必须确定当前工具是“矩形选框工具”“套索工具”“魔棒工具”等选择工具，而非移动工具。

使用鼠标移动选区的时候，将鼠标指针移至选区内，当鼠标指针右下方出现一个小虚线框的时候，便可按下鼠标左键拖动选区至所需的位置。在拖动过程中鼠标指针会显示为三角箭头。

2.3.5 选区相关的其他操作

在 Photoshop 中还有一些选择工具，可协助用户对图像进行选择。在“选择”菜单下，还有“全部”“取消选择”“反选”“色彩范围”“主体”“天空”“选取相似”等命令，如图 2-41 所示，这些选项可以协助用户对图像进行更好的选取。

- “全部”：将所打开的图像全部选中，快捷键为“Ctrl+A”。
- “取消选择”：使用该命令选项可以取消已经选取的图像选区，快捷键为“Ctrl+D”。
- “重新选择”：Photoshop 会自动记录上次选择的区域，使用这项命令选项可以重复选择上次选择的选区，快捷键为“Shift+Ctrl+D”。
- “反选”：该项命令选项作用是选择当前选区以外的图像，快捷键为“Shift+Ctrl+I”。
- “色彩范围”：使用该命令可根据图像的颜色范围创建选区，与“魔棒工具”具有很大的相似之处，不同的就是该命令提供了更多的控制选项，提高了选择精度。

选择“选择”→“色彩范围”命令，会弹出“色彩范围”对话框，如图 2-42 所示。

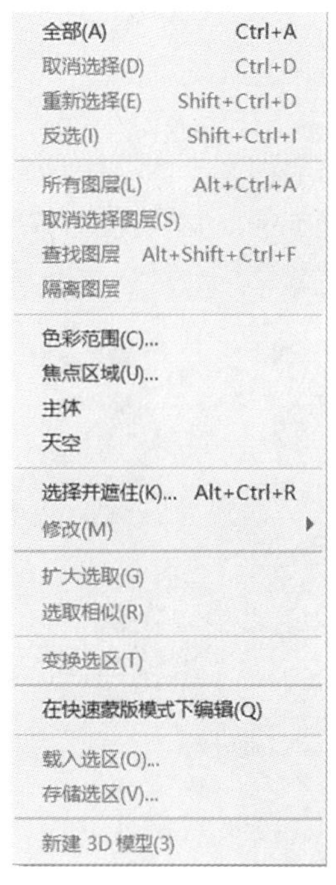

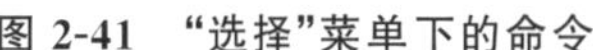

图 2-41 “选择”菜单下的命令

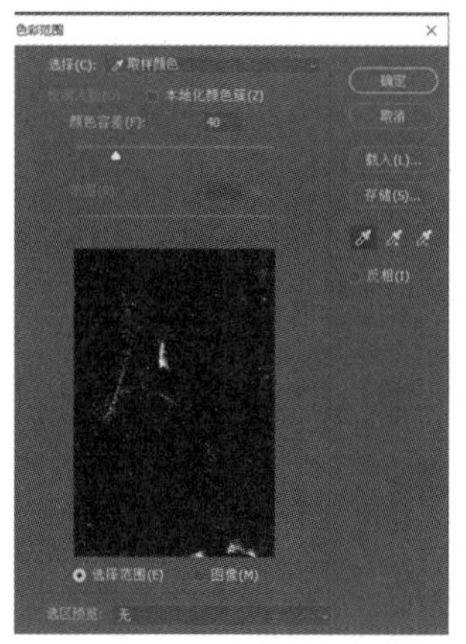

图 2-42 “色彩范围”对话框

• “选取相似”:用“魔棒工具”对颜色比较接近的像素进行选择时,因为颜色色差的问题,有时候不可能一次就全部选中,这时可以选择“选择”→“选取相似”菜单命令。有时候要执行多次,才可以把颜色相同或颜色近似的像素全部选中。使用“选取相似”命令的前后效果如图 2-43 所示。图 2-43(a)所示的是使用“魔棒工具”后出现的选择区域的效果,其中“魔棒工具”选项栏中“容差”参数设置为“80”;图 2-43(b)所示的是多次使用“选取相似”命令后的效果。

(a)

(b)

图 2-43 使用“选取相似”命令前后效果对比

• “天空”:使用该命令在处理有天空的图片时,可以一键选择天空或天空以外的主体。

(1)选择“文件”→“打开”菜单命令,弹出“打开”对话框,打开天空图片,如图 2-44 所示。

(2)选择“选择”菜单→“天空”命令,图片中天空部分被比较完整地选取,如图 2-45 所示。

• “选择并遮住”:部分选择工具选项栏中有“选择并遮住”命令,在“选择”菜单里也有,两者调出的“选择并遮住”命令面板是相同的。“选择并遮住”前身是抽出滤镜,在 CS5 版本之后就改成了“调整边缘”,隐藏在选择工具的属性中;后来随着软件版本的升级,就改成了我们现在的“选择并遮住”,而且功能也越来越强大。可以说,以前的“调整边缘”只是辅助选区抠图,现在的“选择并遮住”是强大的抠图工具,特别适合抠选毛发类的图像。

图 2-44 天空图片

图 2-45 使用“天空”命令快速选取天空

2.4 快速蒙版

快速蒙版是一种选区转换工具，它能将选区转换成为一种临时的蒙版图像，此时可用画笔、滤镜、钢笔等工具编辑蒙版，随后再将蒙版图像转换为选区，从而实现编辑选区的目的。详细介绍见第八章“通道与蒙版的应用”内容。

2.5 项目实训

2.5.1 项目实训 1——圆球绘制

效果说明

本实训案例将制作出图 2-46 所示的立体圆球效果。本实训案例主要用到"椭圆选框工具""渐变工具""填充""创建新图层"等工具和命令。

图 2-46 圆球效果

制作步骤

(1)按"Ctrl+N"快捷键或执行"文件"→"新建"命令创建一新文件,在弹出的对话框中进行适当设置。输入图像的名称为"圆球";将"宽度"和"高度"都设置为"8 厘米",其他为默认设置,如图 2-47 所示,点击"创建"按钮确认后创建新文件。

(2)点击"图层"控制面板右下方的新建图层按钮,新建图层名称为"图层 1";在工具栏中选中"椭圆选框工具",按住 Shift 键,在画面中绘制一正圆形选区(然后松开鼠标左键,最后再松开 Shift 键),如图 2-48 所示。

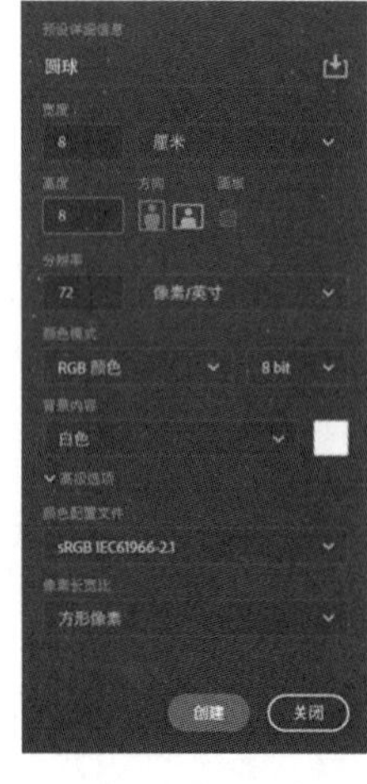

图 2-47 新建文件设置

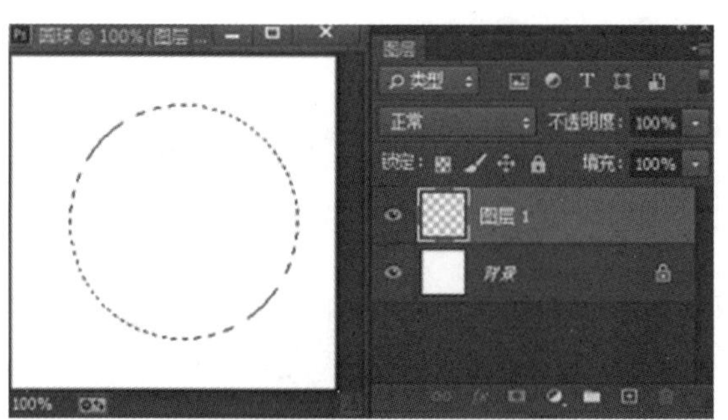

图 2-48 绘制正圆选区

(3)设置前景色为黑色，背景色为白色，选择工具箱中的“渐变工具”，在“渐变工具”的选项栏中单击渐变设置按钮，弹出的对话框设置如图 2-49 所示，选择“基础”选项中“前景色到背景色渐变”效果。

(4)单击工具选项栏中的“径向渐变”按钮，在图像选区的左上方至右下方拉出渐变色，效果如图 2-50 所示。

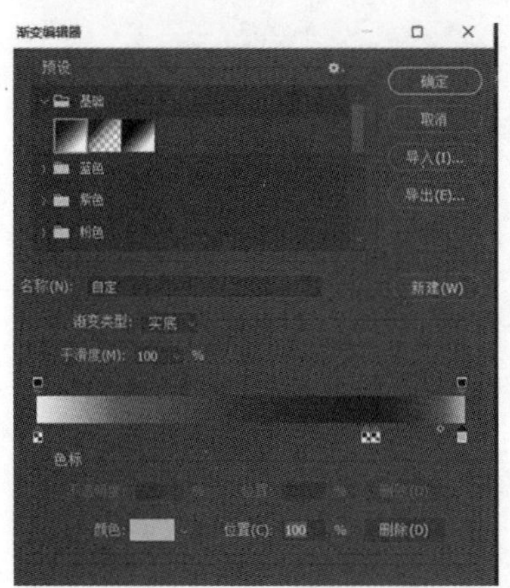

图 2-49 “渐变编辑器”对话框

图 2-50 填充渐变效果

(5)按“Ctrl+D”键或执行“选择”→“取消选择”命令将选区去掉，制作完成，效果如图 2-46 所示。

2.5.2 项目实训 2——证件照底色替换

效果说明

本实训案例通过“选择并遮住”命令制作证件照底色替换效果(底色由灰色换为蓝色)，如图 2-51 所示。本实训案例主要应用“选择并遮住”“拼合图像”“设置前景色”等工具和命令操作完成，让读者对 Photoshop“选择并遮住”命令强大的抠图功能有一个基本认识。

制作步骤

(1)选择“文件”菜单→“打开”命令，打开证件照素材图像，如图 2-52 所示。

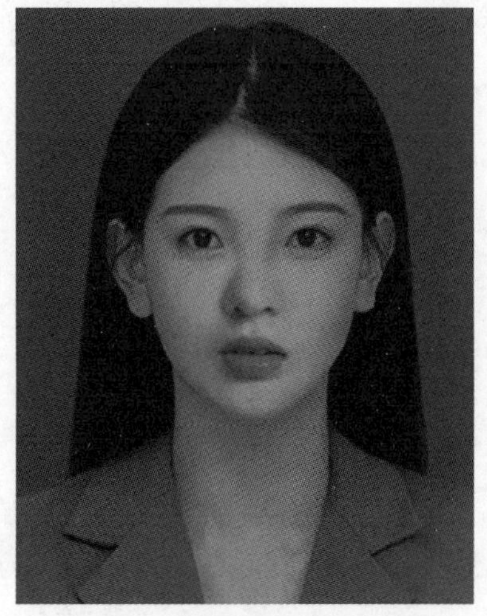

图 2-51 证件照底色替换效果

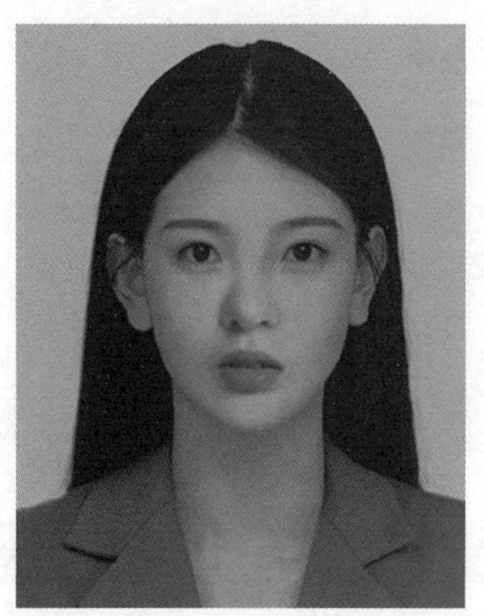

图 2-52 证件照素材图像

(2)选择“选择”菜单→“选择并遮住”命令,打开图 2-53 所示的“选择并遮住”控制面板。

(3)在“选择并遮住”控制面板中,选择左上角的“快速选择工具”涂抹人物部分,效果如图 2-54 所示。

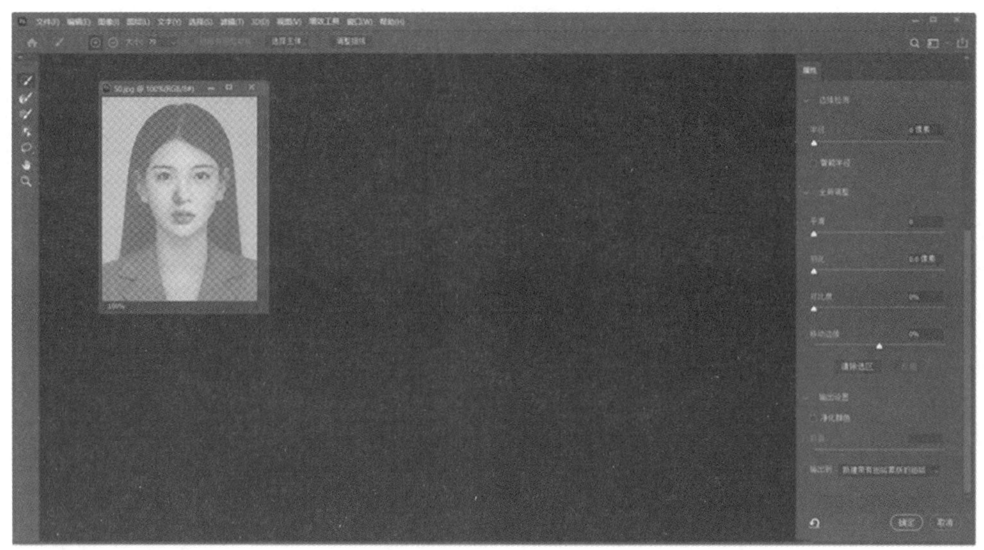

图 2-53 “选择并遮住”控制面板

(4)在“选择并遮住”控制面板右边的“属性”面板中的“输出设置”选项里勾选“净化颜色”(其他设置为默认即可),如图 2-55 所示。

图 2-54 涂抹主体人物后“选择并遮住”控制面板效果

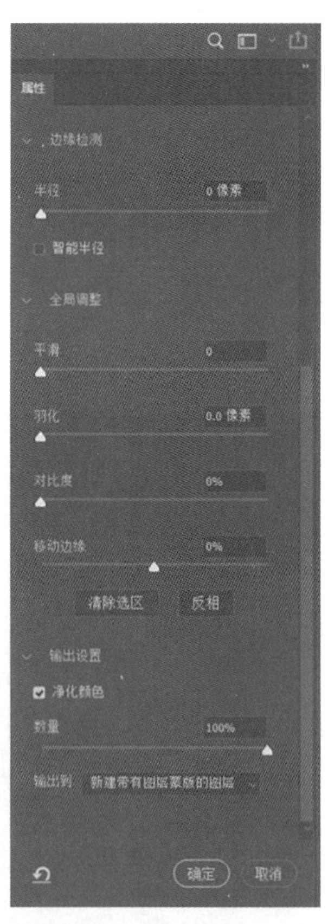

图 2-55 勾选“净化颜色”

(5)在“选择并遮住”控制面板中点击“确定”按钮,效果如图 2-56 所示;执行“选择并遮住”命令后图层效果如图 2-57 所示。

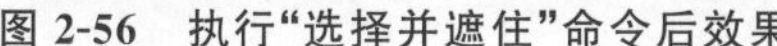
图 2-56　执行“选择并遮住”命令后效果

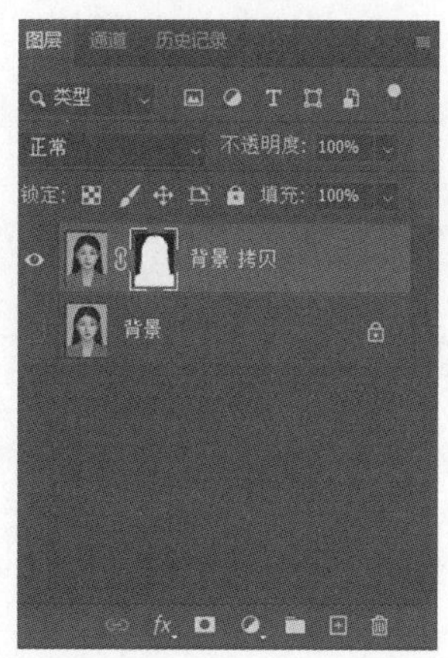

图 2-57　执行“选择并遮住”命令后图层效果

(6)设置前景色为蓝色，将“背景”图层填充为蓝色，图层效果如图 2-58 所示。

(7)选择“图层”菜单→“拼合图像”命令，将图层合并为一个图层，如图 2-59 所示；如果有不太完美的地方，将前景色调整成白色，利用“画笔工具”在蒙版图层上涂抹，做下细节调整就可以了。最终蓝底效果如图 2-60 所示。

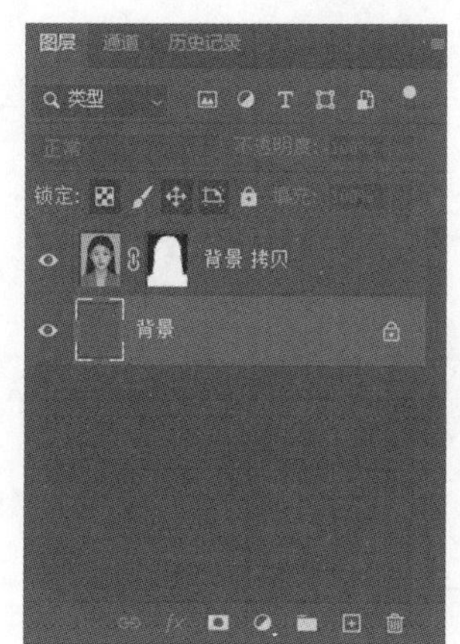

图 2-58　“背景”图层填充为蓝色

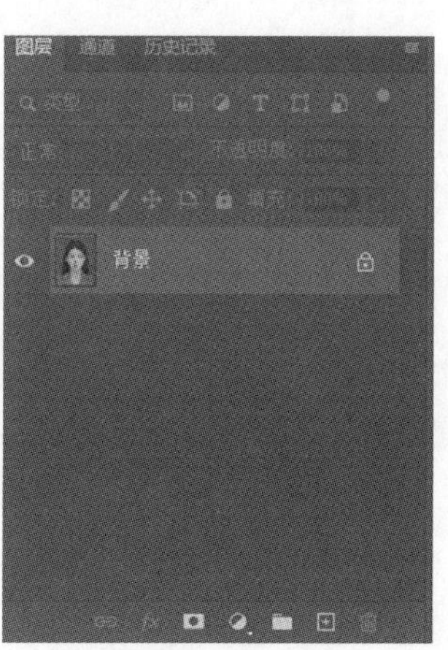

图 2-59　合并图层

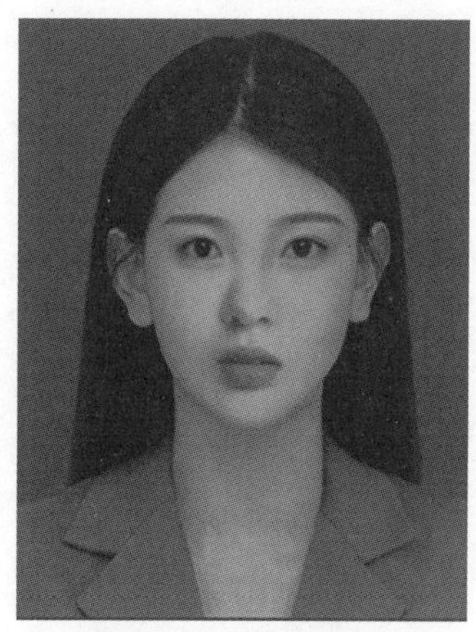

图 2-60　蓝底效果

Photoshop Xiangmushi Jiaocheng

第三章

图像颜色与色彩调整

本章主要学习与色彩有关的基本知识及 Photoshop 在进行色彩调整与处理时常用的命令和方法，学会使用 Photoshop 系列工具改变色调和图像中的色彩平衡，消除图像中不完善的地方，使得图像的效果更加自然和丰富多彩。

3.1 色彩基本知识

色彩是光刺激眼睛所产生的视感觉，它能使人产生情感上的联想，通过颜色的冷暖、强弱变化产生色彩的韵律，以达到画面的整体统一。色彩的运用是 Photoshop 在实践应用中的重要组成部分。

3.1.1 色彩三要素

色彩三要素一般是指色相、明度和纯度，在色彩调配中作用非常重要。

- 色相：色彩的"相貌"和主要倾向，如红、黄、蓝、绿、紫等，如图 3-1 所示。
- 明度：色彩的明暗或深浅程度。有彩色中，同样的纯度，黄色明度最高，紫色最低，红绿色居中。
- 纯度：色彩的饱和度。

3.1.2 颜色基本类别

- 有彩色系：红、橙、黄、绿、青、蓝、紫等。
- 无彩色系：黑、白、灰三色，色度学上称为黑白系列。
- 特殊色系：又叫专色色系，指的是金、银两色。
- 三原色：常指红、黄、蓝 3 种颜色，也称母色，将它们以适当比例混合，可以得出全部色彩，并且它们自身不能被别的色彩调和而成（红、黄、绿三种颜色为光的三原色）。
- 三间色：三原色中任何两种原色相调和而成为间色，又称为第 2 次色，如橙、绿、紫等。

三原色和三间色如图 3-2 所示。

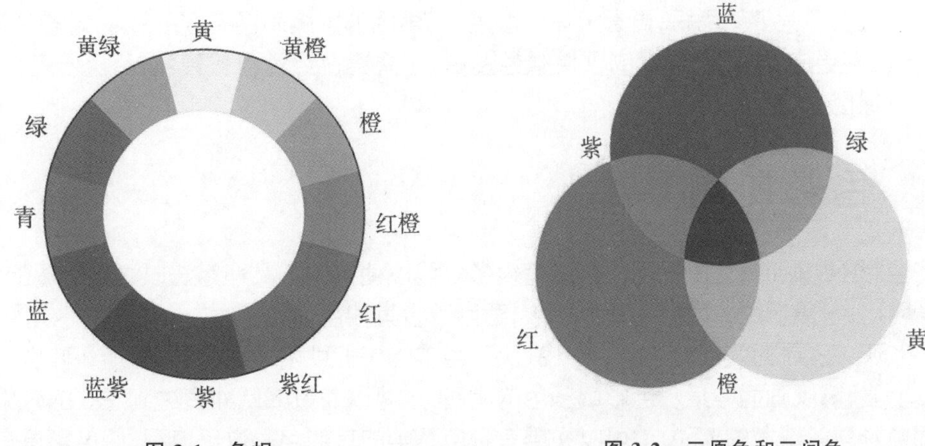

图 3-1 色相　　图 3-2 三原色和三间色

- 复色：原色与间色、间色与间色相混合而产生的颜色称为复色。使用 3 种颜色按不同的比例混合，可调出复色。

• 同类色：两种或两种以上的颜色，若其主要的色素倾向比较接近，或都含有同一色素，这些颜色称为同类色。如柠檬黄、淡黄、中黄、土黄，可称为同类色；朱红、大红和玫瑰红，可称为同类色；湖蓝、群青、酞菁蓝、普蓝也可称为同类色。

• 类似色：含有少量共同色素的、在色相上互相邻边的各种颜色称为类似色，如红与橙、黄与绿、青与紫等。

• 对比色：在色相环上相对应的颜色(包括其邻近的颜色)称为对比色，如绿对应红(包含相邻的红橙、黄绿色)、黄对应紫(包含相邻的黄橙、蓝紫)，则称绿色及其相邻的黄绿色的对比色是红色及其相邻的红橙色等，黄色及其相邻的黄橙色的对比色是紫色及其相邻的蓝紫色等。

• 补色：亦称强对比色，在色相环上，任何直径两端相对的颜色都互为补色。最强的补色对比在色相环上有 3 对，即黄与紫、橙与蓝、红与绿。

3.1.3 色彩对比

色彩的对比可分为同时对比和继续对比两类。

同时对比指色彩的对照，即两种以上的色彩并置在一起所形成的对照现象。同时对比又分为以下几种。

• 色相对比：如黄色与蓝色对比，则黄色看上去显得更亮，蓝色显得更暗；将两块相同的橙色分别放在黄色底上和红色底上，则红底上的橙色偏黄，黄底上的橙色偏红。

• 明度对比：如果将两块灰色分别放置于黑底和白底上，黑底上的灰显得亮，而白底上的灰则显得暗。色彩明度对比如图 3-3 所示。

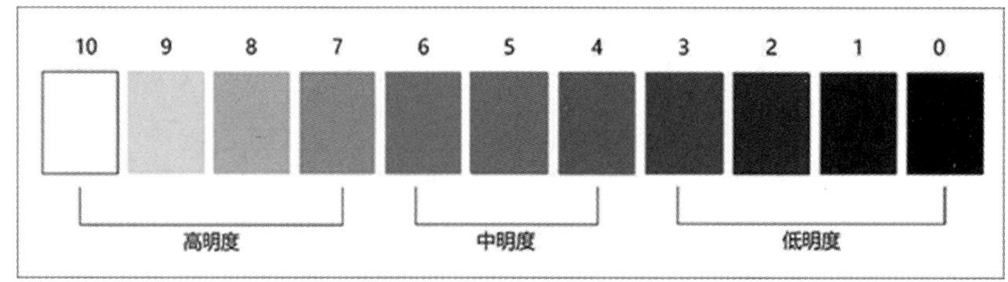

图 3-3 色彩明度对比

• 彩度对比：当鲜艳的颜色和灰暗的颜色并置时，鲜艳的颜色就会显得更鲜艳，灰暗的颜色就会显得更灰暗。

• 冷暖对比：如橙色与蓝色并置，橙色会显得更暖，蓝色则显得更冷。

• 面积对比：面积大小不同的色并置，大面积的色容易形成调子，小面积的色易突出。

继续对比是指先看了一个颜色后，再看另一个颜色，因前色的影响后色起了变化。如看了黑底上的红色图形再看白墙时，则白墙更白，红色图形变成了青绿色图形；如果看了红色再看黄色，黄色便变成了黄绿色(混合了红色的补色——绿色)。

3.1.4 色彩协调

觉得画面的色彩不协调时，可以采用的方法有很多。可以使用如下几种方法以达到协调的效果。

• 改变面积对比：一般把主体色面积适当加大，适当减少其他色。

• 加入黑、白、灰：在原画面中适当加入黑、白、灰三色中的一种或两种，必要时增加 3 种也可以。

• 降低色彩明度：降低画面中某一色彩或多色的明度，也可以通过降低纯度达到想要的效果。

• 如果画面色彩可以做大的改动，也可以换用有彩色系中的其他色彩进行搭配，使色彩具有协调的感觉。

3.1.5 色彩联想

色彩本身并无感情，色彩的联想是由于人们对某些事物的联想所形成的。由于民族、地区、职业、年龄、性别、文化程度等的不同，各人的色彩联想并不相同。色彩联想又分为具象联想与抽象联想。抽象联想较多地出现于成人的脑海中。

1. 色彩的具象联想

色彩的具象联想指的是人的视觉作用于某种色彩而联想到自然环境里具体的相关事物。

- 红色：使人联想到太阳、血、火焰、战争等。
- 绿色：使人联想到草、田园、平原等。
- 黄色：使人联想到柠檬、水仙等。
- 蓝色：使人联想到蓝天、水、海等。
- 橙色：使人联想到日落、火焰、夕阳等。
- 紫色：使人联想到仪式、梦等。
- 白色：使人联想到雪、白云、日出、白纸等。
- 黑色：使人联想到黑夜、墨等。

2. 色彩的抽象联想

抽象是相对具象而言的，色彩的抽象联想指从具体事物中抽取出来的相对独立的各个方面、属性、关系等，是视觉作用于色彩引起的概念联想。如白色给人的抽象联想一般是清洁、神圣等，红色一般是热情、喜庆等。

3.1.6 色彩象征性

色彩一般具有象征性，不同的国家、民族、地方等对不同色彩赋予的象征意义也或多或少有其不同之处。如黄色，在中国有权力的象征意义，但在西方国家就没有这种象征意义。

- 红色：活泼、热烈、力量、暖和、喜庆、吉利、危险、禁止、革命等。
- 黄色：明亮、高贵、权力、快活、希望、自信、猜疑、色情等。
- 蓝色：高贵、安静、友善、典雅、忠诚、祥和、庄重、永恒、保守、冷淡等。
- 绿色：自然、新鲜、生命、和平、理想、可靠、信任、平凡、活力、朝气、嫉妒等。
- 橙色：光明、温暖、华丽、甜蜜、兴奋、冲动、欲望、嫉妒、怨恨等。
- 紫色：优雅、高贵、庄重、温柔、浪漫、娇艳、神奇、崇高、自傲、权力、恐惧等。
- 黑色：威严、公正、阳刚、庄重、大方、恐惧、危险等。
- 白色：清纯、天真、喜悦、忠诚、宁静、光明等。
- 灰色：柔和、平凡、含蓄、消极等(深灰：暗淡、衰老、深沉等。浅灰：有文化、有品位、高雅等)。

3.2 常用色彩工具

3.2.1 油漆桶工具

使用“油漆桶工具”并设置其参数后，在需要填充颜色或图案处单击，即可填充前景色或图案。单击“油漆桶工具"图标,在屏幕的上方便弹出"油漆桶工具"选项栏,如图 3-4 所示。

图 3-4 "油漆桶工具"选项栏

各参数的含义如下。

• 填充设置:在该下拉列表中选择填充的方式。选择"前景"选项,将以前景色填充;选择"图案"选项,其右侧的图案下拉列表框被激活,以图案的方式进行填充。

• "模式":在该下拉列表中可以选择"油漆桶工具"填充颜色或图案的混合模式。

• "不透明度":在该数值框中输入数值,可控制填充的图像的不透明度。

• "容差":该选项用来设定色差的范围,通常以单击处填充点的颜色为基础,数值越大,容差越大,填充的区域就越大。

• "消除锯齿":选择该复选框,可以消除填充颜色或图案的锯齿状态。

• "连续的":选择该复选框,一次只填充容差值范围内的与单击点相连的颜色;如果未选择此复选框,可以一次性填充图像中所有容差值范围内的颜色区域。

• "所有图层":选择该复选框,可将填充的操作作用于所有的图层;否则,只作用于当前图层。如果当前图层被隐藏,则不能进行填充。

温馨提示:如果需要以前景色填充,最好按"Alt+Delete"组合键填色,因为使用"油漆桶工具"有时需要填几次才能填好。

3.2.2 渐变工具

"渐变工具"有 5 种渐变类型,包括"线性渐变""径向渐变""角度渐变""对称渐变""菱形渐变"。这些渐变类型可用于创建不同颜色间的混合过渡效果,其操作步骤如下。

(1)在工具箱中选择"渐变工具"。

(2)在 5 种渐变类型 中,选择合适的渐变类型。

(3)单击渐变效果显示条,在弹出的图 3-5 所示的"渐变编辑器"对话框中选择合适的渐变效果。

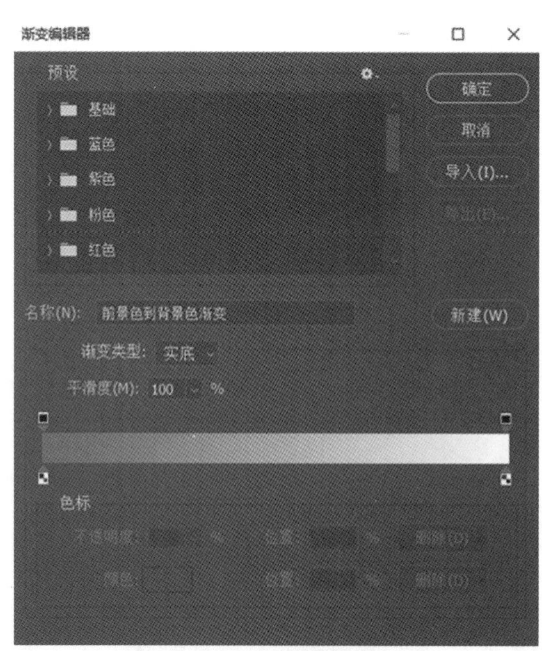

图 3-5 "渐变编辑器"对话框

(4)设置“渐变工具”选项栏中的其他选项。

(5)在图像中拖动鼠标应用渐变工具,即可创建渐变效果。渐变色效果如图 3-6 所示。

图 3-6 渐变色效果

1.“渐变工具”选项栏

选择“渐变工具”,选项栏将显示图 3-7 所示的状态。

图 3-7 “渐变工具”选项栏

2. 创建透明渐变

在 Photoshop 中用户除了可以创建不透明的实色渐变外,还可以创建具有透明效果的渐变。创建具有透明效果的渐变,可以按下述步骤操作:

(1)按照创建实色渐变的方法创建一个实色渐变,打开渐变编辑器。

(2)在渐变条上方需要产生透明效果处单击,以增加一个不透明度色标。

(3)在该不透明度色标处于被选中状态时,在“不透明度”数值框中输入数值以定义其不透明度。

(4)如果需要在渐变条的多处产生透明效果,可以在渐变条上多次单击,以增加多个不透明度色标。

(5)如果需要控制由两个不透明度色标所定义的透明效果间的过渡效果,可以拖动两个色标中间的菱形滑块。

3. 创建杂色渐变

除了创建平滑渐变外,“渐变编辑器”对话框还允许定义新的杂色渐变,即在渐变中包含用户所指定的颜色范围内随机分布的颜色。

(1)选择“渐变工具”,单击其选项栏中的渐变类型图标,并调出“渐变编辑器”对话框。

(2)在“基础”下的列表中选择“蓝色”,如图 3-8 所示。渐变条中最左侧的色标代表了渐变的起点颜色,最右侧的色标代表了渐变的终点颜色。渐变条下面的是色标,单击一个色标,可以将它选中。

(3)单击“颜色”选项右侧的颜色块,或者双击图 3-9 所示的“色标”,都可以打开图 3-10 所示的“拾色器”对话框;在“拾色器”中调整该色标的颜色即可修改渐变的颜色。图 3-11 所示的是选择终点颜色为红色后的“渐变编辑器”对话框。

4. 存储渐变

将一组预设渐变存储至渐变库,可按如下步骤操作:

(1)单击“渐变编辑器”对话框右侧的“新建”按钮并完成渐变样式的创建、命名。

(2)点击“导出”按钮,选择文件保存的路径并输入文件名称。

(3)设置完毕后,单击“保存”按钮即可。

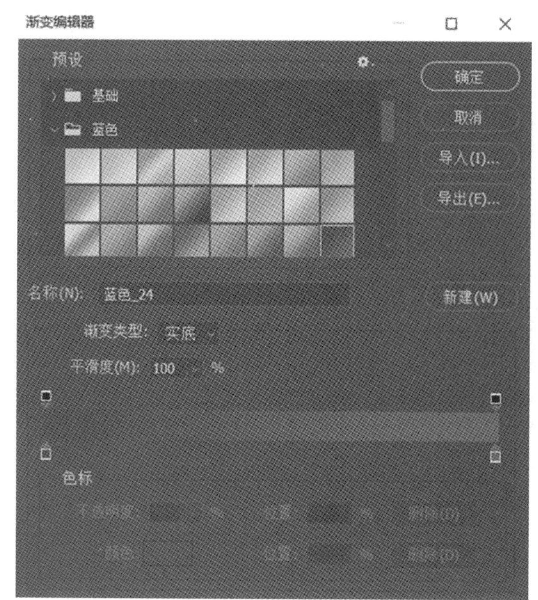

图 3-8　选择“蓝色”

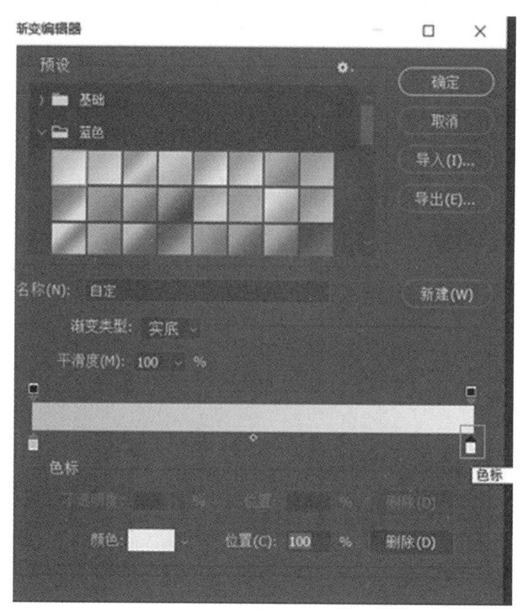

图 3-9　双击右下角“色标”

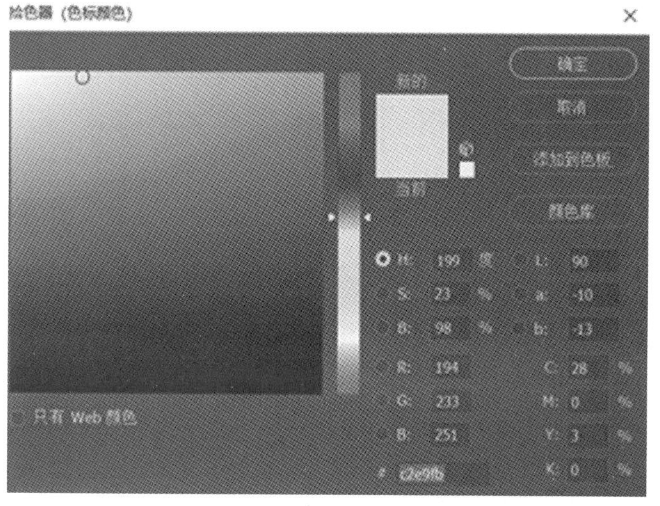

图 3-10　“拾色器”对话框

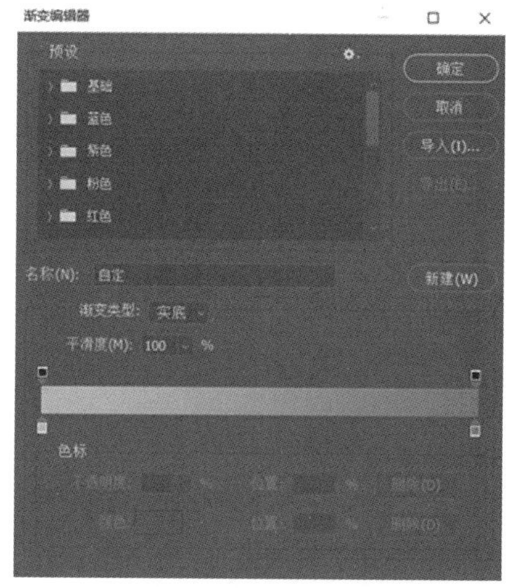

图 3-11　选择终点颜色为“红色”后的“渐变编辑器”对话框

5. 载入渐变

载入以文件形式保存的预设渐变库，可以执行下列操作之一：

（1）单击“渐变编辑器”对话框右侧的“导入”按钮，在弹出的对话框中选择要载入的渐变，单击“载入”按钮即可。

（2）单击“渐变编辑器”对话框中“预设”右侧的设置按钮，在弹出的菜单中选择“导入渐变”命令，在弹出的对话框中选择要载入的渐变，并单击“载入”按钮即可。

（3）单击“渐变编辑器”对话框中“预设”右侧的设置按钮，在弹出的菜单底部选择需要的渐变预设，单击“确定”按钮，则替换当前的渐变预设；单击“取消”按钮，则放弃载入渐变；单击“追加默认渐变”按钮，可以将所选渐变追加至当前渐变预设中。

Photoshop 除了自带丰富渐变类型外，还可以由用户自定义新渐变，以配合图像的整体效果。

3.2.3 吸管工具

在处理图像时，使用“吸管工具”可以从图像中获取颜色。其使用方法是：首先单击工具箱中的“吸管工具”图标，然后单击图像中的取色位置。“吸管工具”只能设置前景色。

此外，利用“吸管工具”选项栏，用户还可设置取样大小，其中，包括“取样”“3×3 平均”“5×5 平均”等方式。

为了便于用户了解某些点的颜色数值以方便颜色设置，Photoshop 还提供了一个“颜色取样器工具”，用户可利用该工具查看图像中若干关键点的颜色值，以便在调整颜色时参考。

温馨提示：在画笔状态下，按住 Alt 键，“画笔工具”会转换成“吸管工具”。

3.3 前景色/背景色

在图像处理过程中，主要通过工具箱中的前景色和背景色按钮选取颜色。前景色和背景色位于工具箱下方，相关按钮及其作用如图 3-12 所示。前景色用于显示和选取绘图工具当前使用的颜色，背景色用于显示和选取图像的底色。

- “切换前景色和背景色”按钮：单击该按钮或按快捷键 X，可以交换前景色和背景色的颜色。
- “默认前景色和背景色”按钮：单击该按钮或按快捷键 D 可以使前景色和背景色回到默认状态（前景色默认为黑色，背景色默认为白色）。

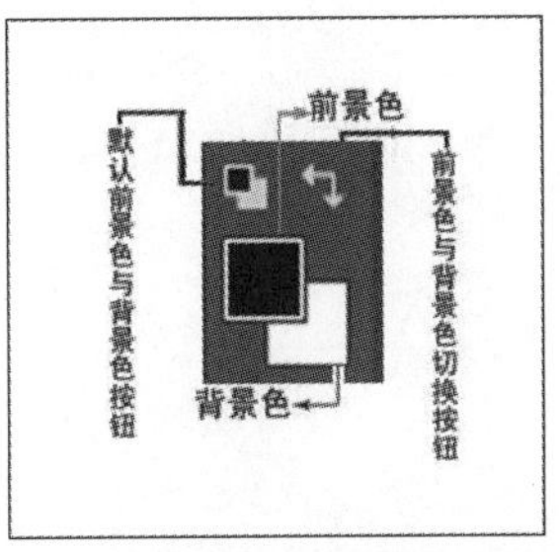

图 3-12　前景色与背景色设置的相关按钮及其作用

3.4 色彩修饰菜单命令的分类

在 Photoshop 中，色彩修饰一般通过“图像”菜单下各命令来实现，这些菜单命令主要用于调整图像色调和颜色。色彩调整的工具一般放在“图像”菜单→“调整”子菜单中，如图 3-13 所示。部分常用菜单命令可通过选择“窗口”→“调整”菜单命令，在弹出的“调整”面板中选择，如图 3-14 所示。

“图像”菜单命令主要分为以下几种类型。

- 调整颜色和色调的菜单命令：使用“色阶”和“曲线”菜单命令可以调整颜色和色调，它们是十分重要、强大的调整菜单命令；“色相/饱和度”和“自然饱和度”菜单命令用于调整色彩；使用“阴影/高光”和“曝光度”菜单命令则可以方便地调整色调。
- 匹配、替换和混合颜色的菜单命令：使用“匹配颜色”“替换颜色”“通道混合器”等菜单命令可以匹配多个图像之间的颜色、替换指定的颜色或者对颜色通道做出调整。

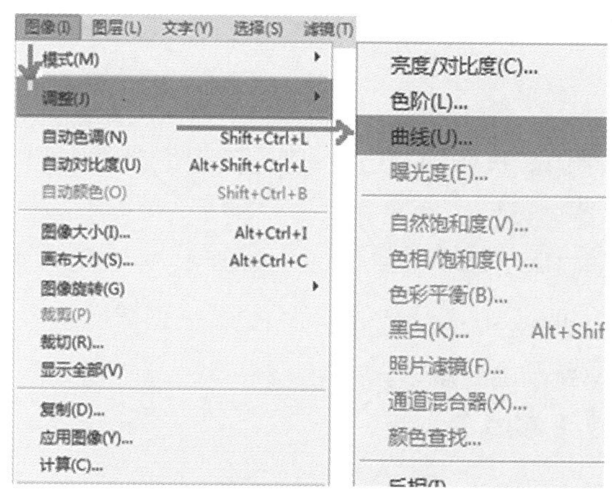

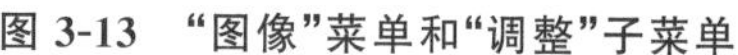
图 3-13 “图像”菜单和“调整”子菜单

图 3-14 “调整”面板

• 快速调整菜单命令：“自动色调”“自动对比度”“自动颜色”菜单命令能够自动调整图片的颜色和色调等，可以用于简单的调整，适合初学者使用；“照片滤镜”“色彩平衡”“变化”是用于调整色调的菜单命令，使用方法简单、直观；“亮度/对比度”和“色调均化”菜单命令用于调整色调。

• 应用特殊颜色调整的菜单命令：“反相”“阈值”“色调分离”“渐变映射”是特殊的颜色调整菜单命令，使用它们可以将图片转换为负片效果、简化为黑白图像、分离色彩或者用渐变颜色转换图片中原有的颜色。

3.5 色彩修饰的基本操作方法

在 Photoshop 中，进行颜色调整前一般要进行颜色模式的转换，可以选择“图像”菜单→“模式”子菜单中的命令来完成，如图 3-15 所示。

3.5.1 图像的模式转换

在图 3-15 所示的“模式”子菜单中，分别选择“位图”“RGB 颜色”等选项中的一种，就可以将当前图像转化为对应色彩模式的图像。当某种模式菜单命令显示为灰色时，该颜色模式暂时不能使用，例如在图 3-15 所示的“模式”子菜单中，“位图”模式是灰色的，暂时不能使用，只有把图像转换为“灰度”模式后，才能转换为“位图”模式。图像转换为“索引颜色”模式时，可以打开索引颜色的颜色表，即将所有的索引颜色显示出来(通过“图像”→“模式”→“颜色表”菜单命令，在弹出的对话框中可以查看预设的索引色彩，如图 3-16 所示)。通过“颜色表”对话框，可以选择颜色表的类型，将颜色表中的某种颜色设置为透明或者替换成另外一种颜色，以及将一组颜色设置为渐变色等以产生特殊效果。

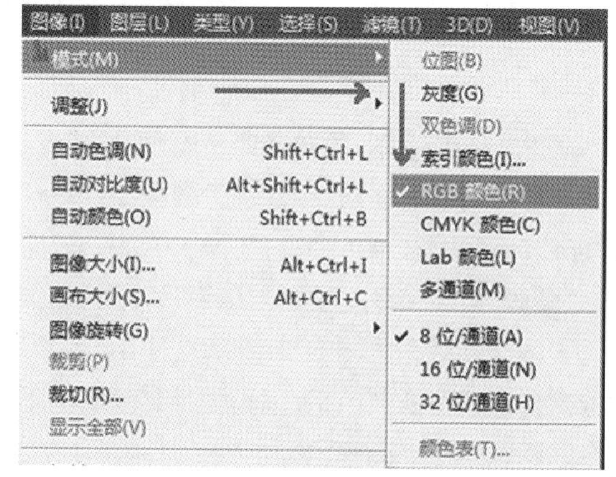

图 3-15 “图像”菜单和“模式”子菜单

1. 转换为“位图”模式

“位图”模式适合于那些只由黑、白两色构成且没有灰色阴影的图像。该模式使用两种颜色值(黑色或白色)之一表示图像中的像素。“位图”模式下的图像被称为位映射 1 位图像,因为其位深度为 1。选择“图像”→“模式”→“位图”命令,会弹出图 3-17 所示的对话框。

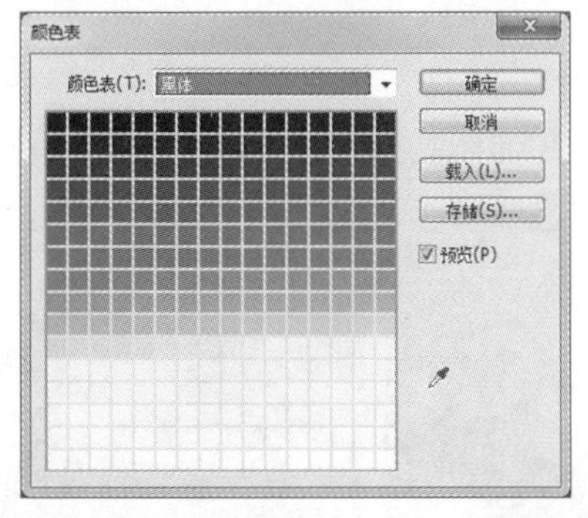

图 3-16 “索引颜色”模式中的“颜色表”

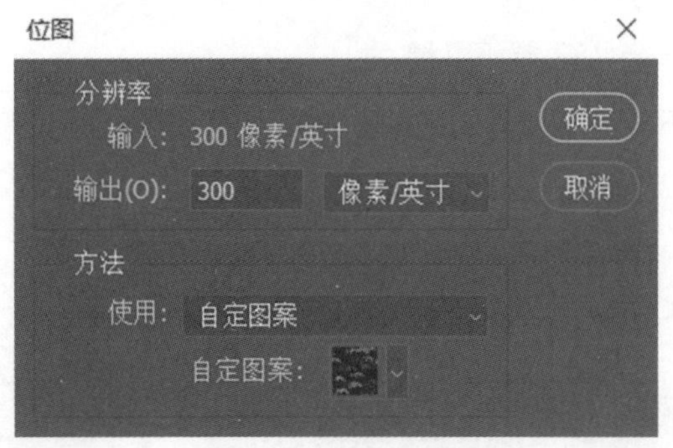

图 3-17 “位图”对话框

在“方法”选项中选择不同的命令能得到很多有趣的效果,在设计中可以适当加以运用。以图 3-18 为原图像,图 3-19 为应用“图案仿色”后的效果,图 3-20 为应用“半调网屏”后的效果。

图 3-18 “位图”原图像

图 3-19 “图案仿色”效果

图 3-20 “半调网屏”效果

要将文字或漫画等扫描进计算机,一般可以将其设置成“位图”模式。这种形式通常也被称为黑白艺术或位图艺术。按这种模式扫描图像的速度快,并且产生的图像文件小,易于操作,但所获取的原图像信息很有限。

要将图像转换为“位图”模式,必须首先将图像转换为“灰度”模式,然后再由“灰度”模式转换为“位图”模式。

2. 转换为“CMYK 颜色”模式

选择“图像”→“模式”→“CMYK 颜色”菜单命令,则将当前文件转换为 CMYK 颜色模式图像,转换后图像视觉效果不会有明显的变化。RGB 颜色模式的图像是由红、绿、蓝 3 种颜色混合而成的;CMYK 模式是一种基于印刷处理的颜色模式,是指由青(cyan)、洋红(magenta)、黄(yellow)、黑(black)4 种油墨组合出一幅彩色图像。

3. 转换为“RGB 颜色”模式

在 Photoshop 中，许多工具和滤镜不能用于“索引颜色”模式图像和黑白模式图像，也有一些滤镜不能用于“灰度”模式图像。如果要加工“索引颜色”模式图像，或想给一幅“灰度”模式图像着色时，都要将当前图像转换成“RGB 颜色”模式图像。除黑白模式图像外，所有图像都能直接转换成“RGB 颜色”模式图像。黑白模式图像要先经过转换变为“灰度”模式图像后，才能转换成“RGB 颜色”模式图像。

4. 转换为“双色调”模式

在“灰度”模式下，选择“图像”→“模式”→“双色调”菜单命令，在弹出的“双色调选项”对话框(见图 3-21)中设置参数，然后单击“确定”按钮，把当前文件转换为“双色调”模式图像，其前后效果如图 3-22 所示。

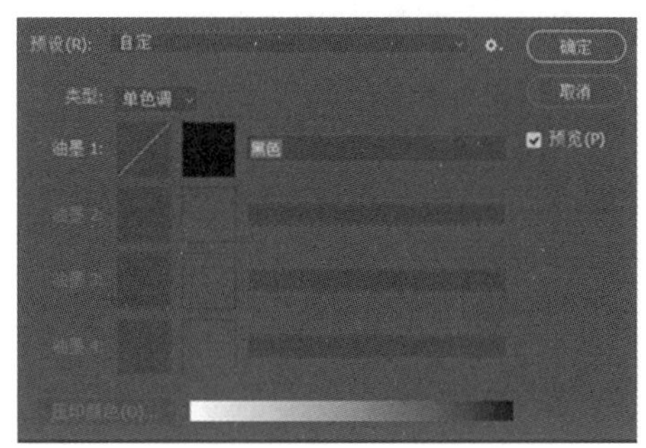

图 3-21 “双色调选项”对话框

(a) “灰度”模式效果

(b) “双色调”模式效果

图 3-22 转换为“双色调”模式前后效果

“双色调”模式采取一组曲线来设置各种颜色的油墨，可以得到比单一通道更多的色调层次，能在打印中表现更多的细节。

3.5.2 图像色彩调整

Photoshop 拥有强大的图像色彩调整功能，使用这一功能可以很方便地改变图像的颜色、校正图像色彩的明暗度、分解色调等，还可以处理曝光照片、恢复旧照片、为黑白的图像上色等。

调整色彩命令都集中在菜单“图像”→“调整”子菜单及其他菜单中，因此，要实现关于色彩调整的操作，直接在“图像”菜单或“调整”子菜单中选择相关命令即可。

1. 自动校正命令

在“图像”菜单中，Photoshop 提供了“自动颜色”“自动色调”“自动对比度”3 个自动调整色彩的命令，使用这些命令可以根据图像的色彩自行调整颜色、色调或对比度。

(1)“自动颜色”：要快速地校正图像颜色，可以选择“图像”→“自动颜色”命令，这时系统自动对图像的色相进行判断并调整，最终使整幅图像的色相均匀，或使偏色的图像得到纠正。

(2)“自动色调”：图像色调所保存的信息主要是图像色彩的明暗分布信息，因此对于一些看起来发灰、色彩暗淡的图像或照片而言，选择“图像”→“自动色调”命令，Photoshop 就能够通过定义每个颜色通道中的最亮和最暗像素来定义整幅图像的白点和黑点，然后按这个比例重新分布中间像素值的色调，从而去除多余灰调，使图像更清晰、自然。

(3)“自动对比度”：如果一幅图像颜色间的对比度偏小，则图像看上去比较模糊、不清晰。对于这种图像，可以选择“图像”→“自动对比度”命令，Photoshop 会根据图像的明暗色调重新调节其颜色的对比度，使图像轮廓清晰起来。

利用“自动对比度”命令调整图像对比度，将改变图像颜色的色值，在使用时要注意，高分辨率输出时，图像会有一点失真。

2. 自定义调整

使用“调整”子菜单中的“色阶”“曲线”“渐变映射”“可选颜色”等命令，可以根据我们的需要自行决定色彩调整或创建图像特殊的明暗分布等效果。

（1）“色阶”：色阶调整是指调整图像中的颜色或者颜色中的某一个成分的亮度范围。这种调整只能针对整幅图像进行，而不能单独调整该图像中某一种颜色的色调。

选择“窗口”→“直方图”菜单命令，打开“直方图”面板，检查整个图像的色调分布后，如果发现色调有问题，就用“色阶”菜单命令来修改。选择“图像”→“调整”→“色阶”菜单命令，会弹出图 3-23 所示的“色阶”对话框，从中可以进行调整。

利用“色阶”菜单命令可以修改图像的亮度和暗度。在“色阶”对话框中，用鼠标拖动滑块或直接输入数值就可以调整亮度和暗度。“输出色阶”的取值范围为 0～255。对话框中有 3 个吸管图标，可以在图像中的任意区域取样，来设定最亮、最暗和中间值。点击“自动”按钮可以将色阶参数恢复到初始状态。

（2）“曲线”：比较常用的色调菜单命令，它和“色阶”的原理一样。

调出“曲线”菜单命令的方法：选择“图像”→“调整”→“曲线”菜单命令，即可弹出图 3-24 所示的“曲线”对话框。

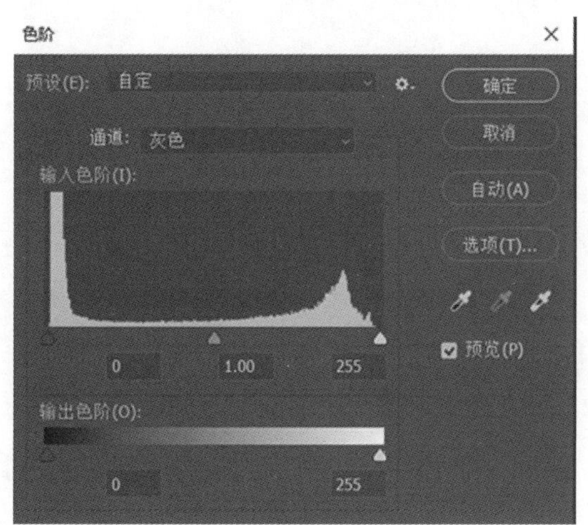

图 3-23 “色阶”对话框

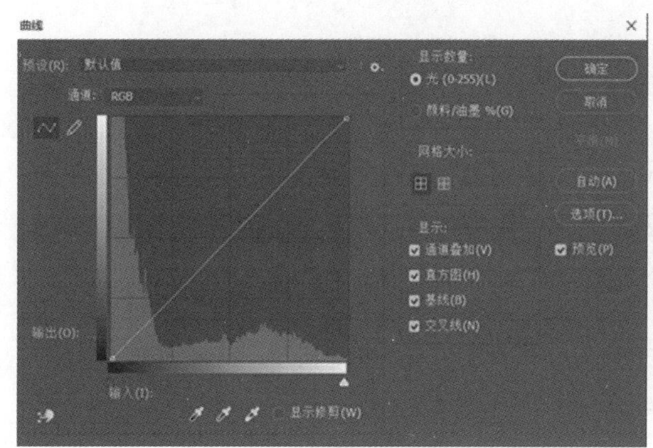

图 3-24 “曲线”对话框

在“曲线”对话框中，横坐标为“输入”色阶，纵坐标为“输出”色阶。“输入”和“输出”的值为光标所在位置的色阶。和按钮是用来调整曲线的工具，可以通过拖动曲线的节点来定义，也可以用画出曲线。

（3）“渐变映射”：使用“渐变映射”命令可将图像的灰度范围映射到指定的渐变填充色上，赋予图像新的颜色，以重新定义图像的明暗度及色彩分布情况。

选择“图像”→“调整”→“渐变映射”命令，弹出图 3-25 所示的对话框。

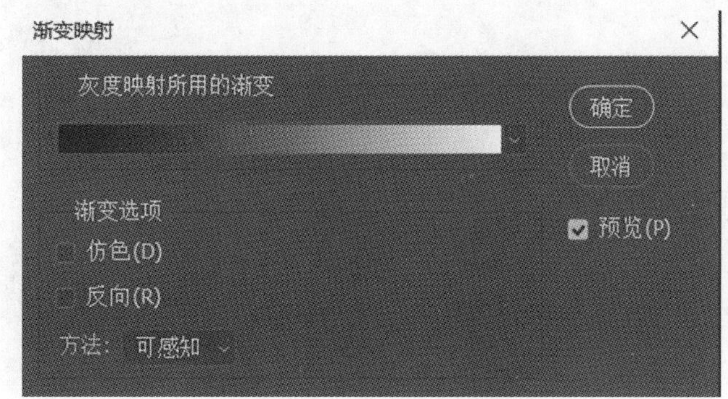

图 3-25 “渐变映射”对话框

• “灰度映射所用的渐变”:在该下拉列表框中选择渐变类型,也可以单击渐变类型图标,在弹出的“渐变编辑器”对话框中自定义渐变。

• “仿色”:选择该项,将平滑渐变的外观并减少色带效果,色带在输出后才可见。

• “反向”:选择该项,可以使渐变的方向反转。

如果当前文件是黑白图像,选择“渐变映射”命令后,系统将根据渐变的色调以黑、白、灰来分布图像映射效果。

(4)“可选颜色”:使用“可选颜色”菜单命令能够增加和减少图像中的每个加色和减色的原色成分中印刷颜色的量,并且能够只改变某一主色中的某一印刷色的成分,而不影响该印刷色在其他主色中的表现;主要是针对红色、黄色、绿色、青色、蓝色、洋红、白色、中性色、黑色的组成来调整的。

选择“图像”→“调整”→“可选颜色”菜单命令,弹出图 3-26 所示的“可选颜色”对话框,从中可对参数进行设置。

每种颜色的比例在－100％～100％之间,可以根据“相对”和“绝对”两种方法来设置。“可选颜色”调整前后的效果如图 3-27 所示。

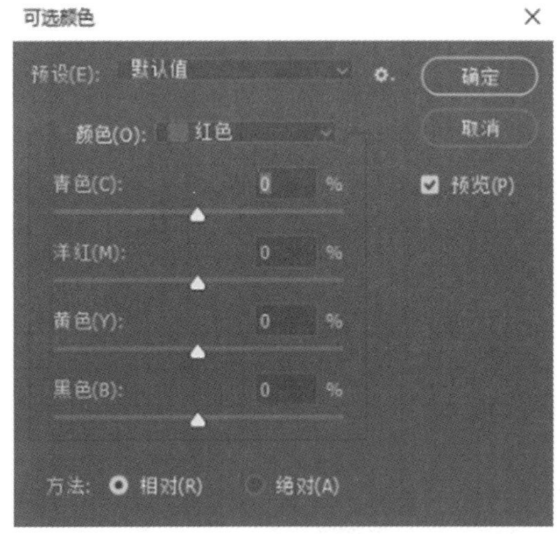

图 3-26 “可选颜色”对话框

图 3-27 “可选颜色”调整前后的效果

3. 色彩调整——“曲线”等命令的基本应用

本例中将进行色彩调节,最终效果如图 3-28 所示,花瓣调为洋红色,叶子调为绿色。本例主要运用“曲线”“可选颜色”等菜单命令操作完成。

图 3-28 最终效果

制作步骤如下。

(1)在 Photoshop 工作窗口中空白处双击鼠标,打开素材文件(荷花图像),如图 3-29 所示。

图 3-29　荷花素材图片

(2)选择"图像"→"调整"→"曲线"菜单命令,在"曲线"对话框中,单击编辑线条,将"输出"设为"167","输入"设为"121"(参考数值,自己可以根据需要确定),如图 3-30 所示,单击"确定"按钮,图片效果如图 3-31 所示。

(3)选择"图像"→"调整"→"可选颜色"菜单命令,弹出的"可选颜色"对话框中有 4 种颜色的名称,每种颜色下方都有一个三角形滑块,将哪个颜色下的滑块拖动,照片中就会调整哪个颜色。滑块上方有百分比数值,负数就是减少对应颜色,正数就是增加对应颜色。

我们在"可选颜色"对话框中的"颜色"下拉菜单中找到"洋红",针对花瓣进行调色,数值调整为"+26%",如图 3-32 所示,图片效果如图 3-33 所示。

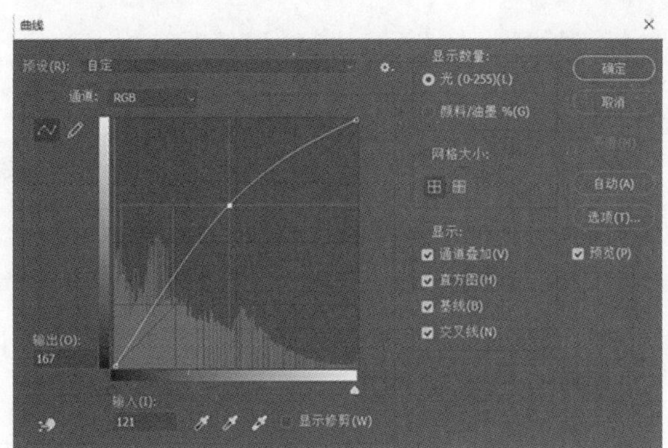

图 3-30　"曲线"设置

图 3-31　"曲线"调整后效果

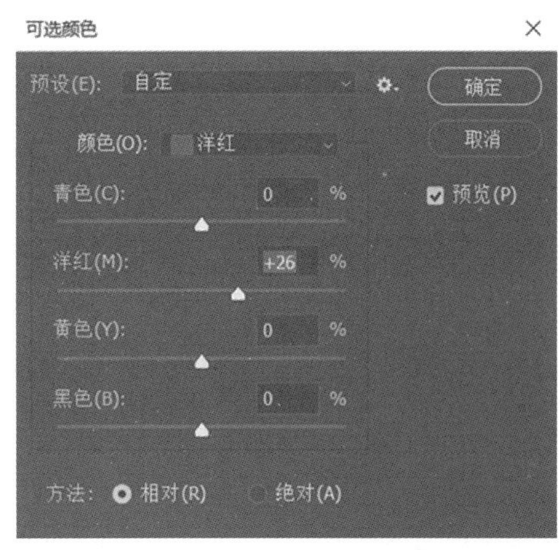

图 3-32 “可选颜色”对话框设置

图 3-33 “可选颜色”调整“洋红”后效果

(4)荷叶颜色是绿色,我们就直接对“绿色”进行调整,这样不会影响到照片中的其他颜色。选择“图像”→“调整”→“可选颜色”菜单命令,在“颜色”下拉列表框中选择“绿色”,将“青色”数值调整为“+100%”,如图 3-34 所示,这样荷叶就调为绿色了,图片效果如图 3-35 所示。

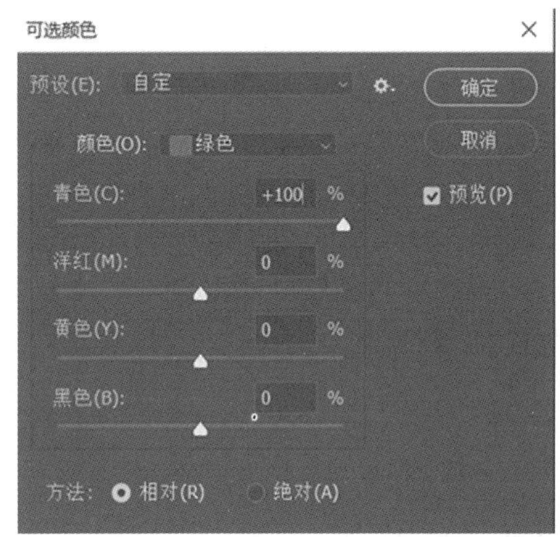

图 3-34 “可选颜色”设置

图 3-35 “可选颜色”调整“绿色”后效果

如果有需要,还可以选择其他色,进行相应的调整。完成色彩调整后将文件以“色彩调整”为文件名存储在指定的文件夹即可。

4. 调整色调和着色

要完全改变图像的色彩或为黑白图像着色,可以使用“色相/饱和度”“亮度/对比度”“色彩平衡”“去色”“变化”等命令,实现重新调整色调或为图像着色等功能。

(1)“色相/饱和度”:利用“色相/饱和度”命令,不但可以调整整张图像的色相和饱和度,还可以分别调整几种原色的色相和饱和度。选择“图像”→“调整”→“色相/饱和度”命令,会弹出图 3-36 所示的对话框。

“色相”的取值范围为-180~180,“饱和度”的取值范围为-100~100,“明度”的取值范围为-100~100。但如果选中“着色”复选框,则“色相”的取值范围为 0~360,“饱和度”的取值范围为 0~100,“明度”的取值范围为-100~100。

使用“色相/饱和度”调整,如“色相/饱和度”设置如图 3-37 所示,前后效果对比如图 3-38 所示。

图 3-36　“色相/饱和度”对话框

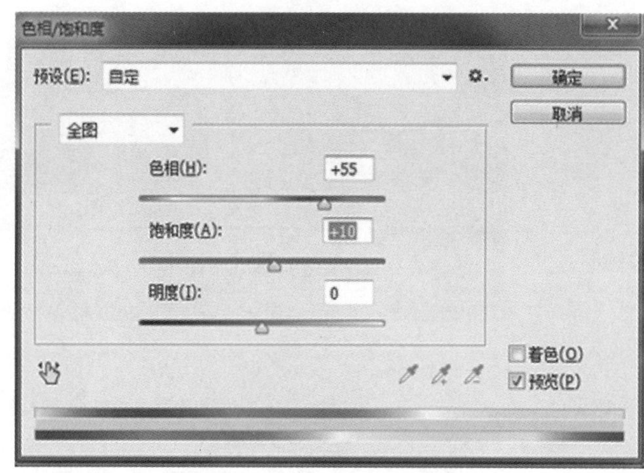

图 3-37　“色相/饱和度”设置

(2)“亮度/对比度”:调整图像的亮度和对比度的菜单命令,它只能作用于图像中的全部像素,不能做选择性处理,也不能作用于单个通道,并且不适于高档输出。

要调整图像整体的亮度和对比度,选择“图像”→“调整”→“亮度/对比度”命令,会弹出图 3-39 所示的对话框,“亮度/对比度”调整的前后效果对比如图 3-40 所示。

(a) 原图像

(b) 调整后效果

图 3-38　“色相/饱和度”调整的前后效果对比

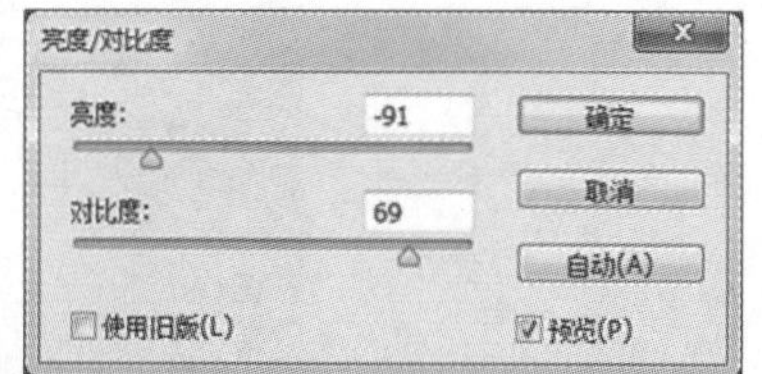

图 3-39　“亮度/对比度”对话框

(3)“色彩平衡”:使用“色彩平衡”命令,可以在图像原色彩的基础上根据需要添加另外的颜色,以改变图像的原色彩。例如,可以通过为图像增加红色或黄色使图像色调偏暖,当然也可以通过为图像增加蓝色或青色使图像色调偏冷。选择“图像”→“调整”→“色彩平衡”命令,将弹出的对话框中的参数根据需要进行设置,如图 3-41 所示。“色彩平衡”调整的前后效果对比如图 3-42 所示。

(a) 原图像

(b) 调整后效果

图 3-40 “亮度/对比度”调整的前后效果对比

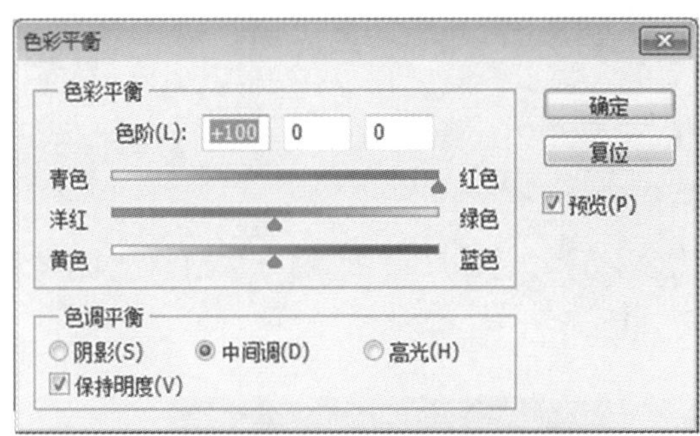

图 3-41 “色彩平衡”设置

(a) 原图像

(b) 调整后效果

图 3-42 “色彩平衡”调整的前后效果对比

(4)“去色”:为了制作一些特殊的效果,有时需要将彩色图像的一部分变为黑白效果,以突出重点。选择“图像”→“调整”→“去色”命令,很容易实现这种效果。“去色”命令没有参数和选项需要设置。图 3-43(a)为原图像,图 3-43(b)所示的是使用“去色”命令后的效果。

(a) 原图像

(b) 调整后效果

图 3-43 “去色”调整的前后效果对比

(5)“变化”:在 Photoshop 中使用“变化”命令,可以比较直观地调整图像的颜色、对比度和饱和度等,无须设置调整的参数,只需要通过观察来判断,虽然不太精细,但非常方便。选择“图像”→“调整”→“变化”命令,在弹出的图 3-44 所示的对话框中直接单击各种颜色的缩览图,即可添加此种颜色,从而完成图像色彩的调整任务。

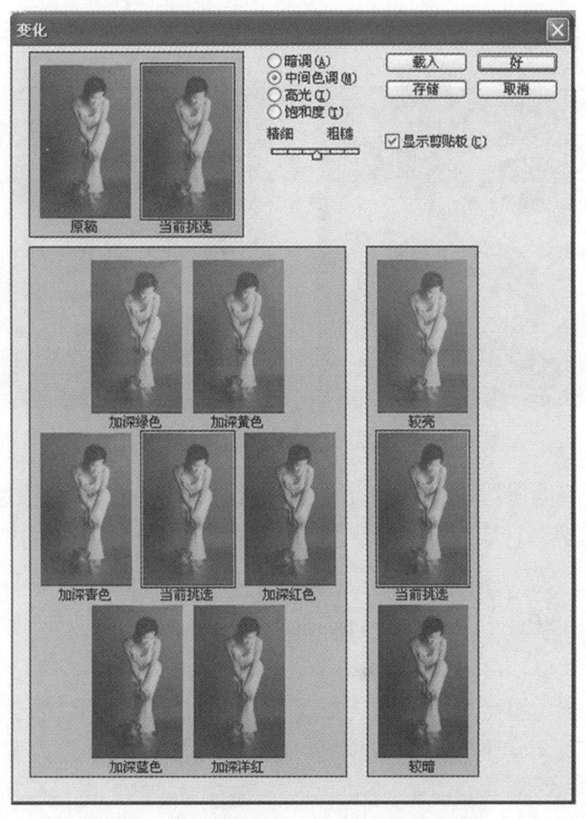

图 3-44 “变化”对话框

图 3-45(a)所示的是素材原图像,图 3-45(b)所示的是在原图像中添加黄色、红色、绿色、蓝色后的效果。

(a) 原图像

(b) 调整后效果

图 3-45 "变化"调整的前后效果对比

5. 快速调整色彩

此处所讲述的快速调整色彩,是指使用相关命令后,可以马上得到调整后的效果,无须做任何命令参数的调整。

(1)"反相":选择"图像"→"调整"→"反相"命令,可反相图像色彩,此命令无参数和选项可设置。图 3-46 所示为原图像经"反相"调整前后的效果。可以只对选区中的图像色彩进行"反相"操作。

图 3-46 "反相"调整图像色彩前后的效果

(2)"色调均化":使用此菜单命令可以重新分布像素的亮度值,将最亮的值调整为白色,最暗的值调整为黑色,中间的值分布在整个灰度范围中,使它们更均匀地呈现所有范围的亮度级别(0～255)。使用该菜单命令还可以增加那些颜色相近的像素间的对比度,将图像中的像素平均分布到每个色调中,使图像色调偏向中间值。

选择"图像"→"调整"→"色调均化"菜单命令,即可进行调整。图 3-47(a)所示为原图像,图 3-47(b)是"色调均化"调整后的效果。

(3)"阈值":黑白图像不同于灰度图像。灰度图像有黑、白及由黑到白过渡的 256 级灰;而黑白图像只有黑色和白色两个色调,是用黑、白两色勾画出图像的轮廓,因此具有特殊的艺术效果。

选择"图像"→"调整"→"阈值"命令,将弹出图 3-48 所示的"阈值"对话框。

(a) 原图像

(b) 调整后效果

图 3-47 “色调均化”调整的前后效果对比

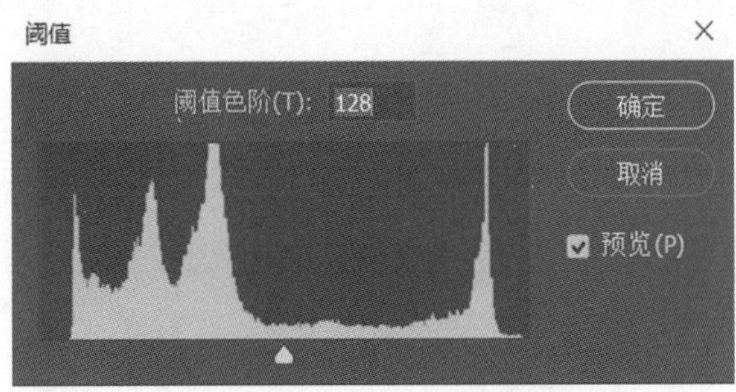

图 3-48 “阈值”对话框

在对话框中拖动直方图下面的滑块，或在“阈值色阶”数值框中输入数值，可以调节黑色、白色的分布情况。数值越大或滑块越偏向右侧，图像黑色越多；反之，白色越多。使用“阈值”命令调整图像前后的效果如图 3-49 所示。

图 3-49 使用“阈值”命令调整图像前后的效果

（4）“色调分离”：利用“色调分离”菜单命令能够指定图像每个通道的亮度值，并将指定亮度的像素映射为最接近的匹配色调，因此可以减少色彩的色调数，制作出特殊的色调分离效果。选择“图像”→“调整”→“色调分离”菜单命令，将弹出图 3-50 所示的“色调分离”对话框，从中可进行参数设置。

图 3-50 “色调分离”对话框

图 3-51 所示为原图像使用“色调分离”命令调整前后的效果。

图 3-51 使用“色调分离”命令调整图像前后的效果

6. 图像调整其他方法

(1)“阴影/高光”:该菜单命令主要用于调整由于强烈逆光而具有侧面轮廓的图像,同时也可以校正由于对象太接近相机闪光灯而产生的轻微陈旧的效果。

选择“图像”→“调整”→“阴影/高光”菜单命令,会弹出“阴影/高光”对话框(见图 3-52),选中“显示更多选项”复选框,设置“阴影”数量等即可。“阴影/高光”调整前后的效果如图 3-53 所示。

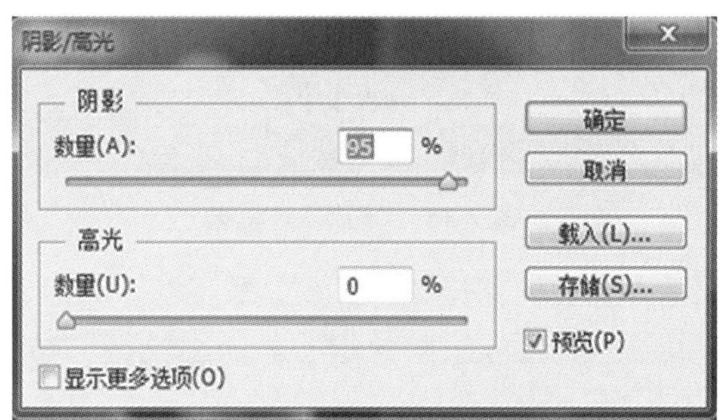

图 3-52 “阴影/高光”对话框

图 3-53 “阴影/高光”调整前后的效果

(2)“颜色查找”:使用“颜色查找”菜单命令可以让颜色在不同的设备之间精确地传递和再现,可以制作出特殊的颜色效果。

选择“图像”→“调整”→“颜色查找”菜单命令,将弹出图 3-54 所示的“颜色查找”对话框,从中可进行参数设置。“颜色查找”调整前后的效果如图 3-55 所示。

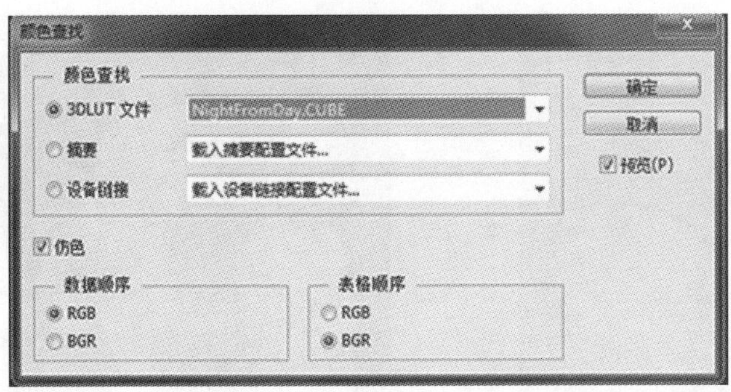

图 3-54 “颜色查找”对话框

图 3-55 “颜色查找”调整前后的效果

(3)“匹配颜色”:该菜单命令能够调整图片的“明亮度”“颜色强度”“渐隐”,这样就能很方便地将一个图像的总体颜色和对比度与另一个图像相匹配,使两幅图像看上去一致;除了匹配两幅图像以外,还可以匹配同一个图像中不同图层之间的颜色(Photoshop 的这个功能比较简单,但是也比较实用;注意选择匹配图像的时候要选择相近的,不然匹配出来的效果也不一定理想)。

打开两个素材文件“素材图像 10”和“素材图像 11”,如图 3-56 所示,然后把“素材图像 11”作为当前编辑的图像,选择“图像”→“调整”→“匹配颜色”菜单命令,弹出图 3-57 所示的“匹配颜色”对话框,在对话框中进行参数设置。此时可在“图像统计”选项组中的“源”下拉列表框中选择“素材图像 10”即可匹配颜色,效果如图 3-58 所示。

图 3-56 “素材图像 10”和“素材图像 11”

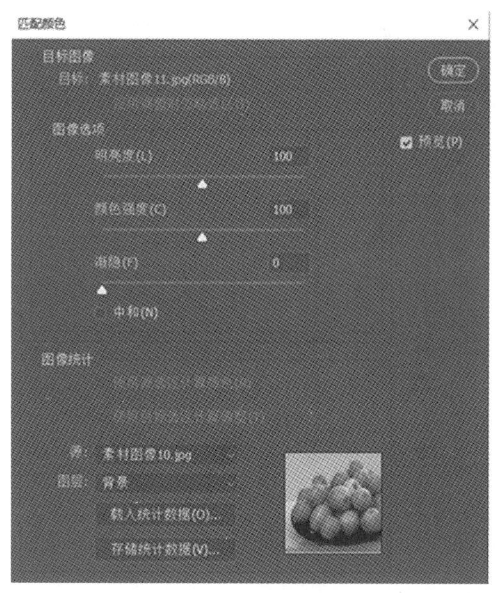

图 3-57 “匹配颜色”对话框

图 3-58 “匹配颜色”调整前后的效果

3.6 项目实训

3.6.1 项目实训 1——鲜艳玫瑰

效果说明

本实训案例主要通过对图像模式进行转换以及使用“色相/饱和度”“亮度/对比度”“变化”等菜单命令来操作完成，将一幅色彩单一的灰色图像经过 Photoshop 处理为对比强烈、色彩鲜艳的彩色图像。完成效果如图 3-59 所示。

制作步骤

(1)选择“文件”→“打开”菜单命令，打开素材文件图像，如图 3-60 所示。

(2)打开的图像文件为单色，要使它变为可调整色彩的图像，必须将其转变成可调色的 RGB 模式。选择“图像”→“模式”→“RGB 颜色”，如图 3-61 所示，将选定的图像变成 RGB 模式。

(3)选择“图像”→“调整”→“色相/饱和度”菜单命令，在“色相/饱和度”对话框中选择“全图”选项，然后选中“着色”复选框。将“色相”设置为“360”，“饱和度”设置为“70”，“明度”设置为“10”，如图 3-62 所示，单击“确定”按钮。

(4)选择“图像”→“调整”→“亮度/对比度”菜单命令，在出现的对话框中设置其亮度与对比度的参数(拖动对话框中的两个滑块)，将“亮度”设置为“20”，“对比度”设置为“18”，如图 3-63 所示。

图 3-59　完成效果

图 3-60　素材图像

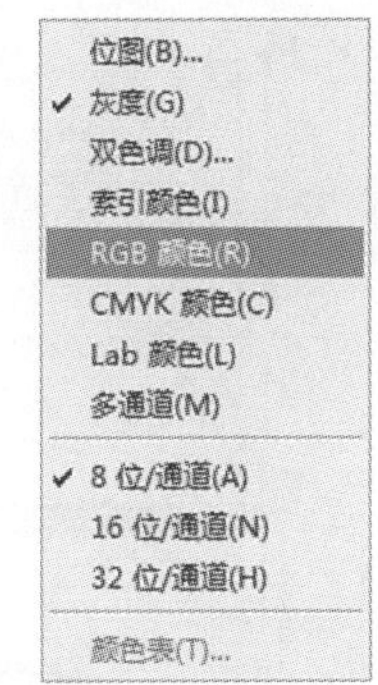

图 3-61　转换色彩模式

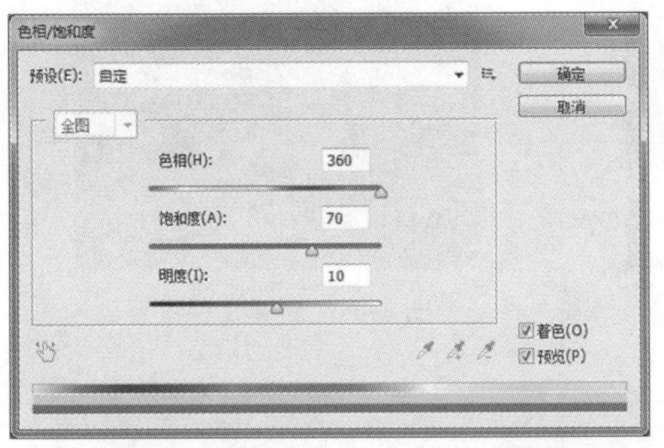

图 3-62　"色相/饱和度"对话框设置

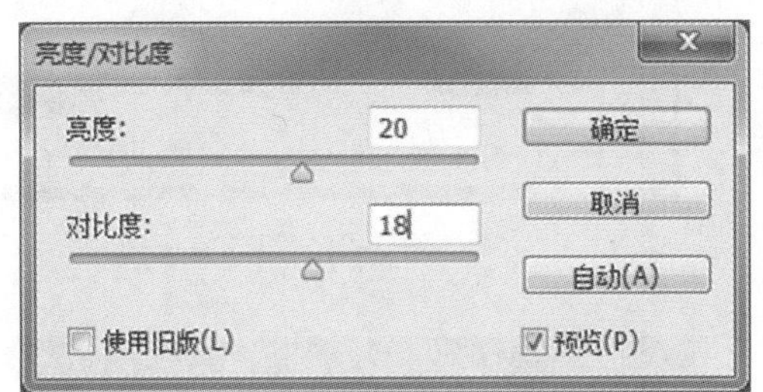

图 3-63　"亮度/对比度"对话框设置

(5)单击"确定"按钮,图像效果如图 3-59 所示,然后以"鲜艳玫瑰"为文件名保存文件。

3.6.2　项目实训 2——圆环制作

效果说明

本实训案例将制作图 3-64 所示的圆环效果。本实训案例中主要用到"椭圆选框工具""填充""变换选区""色相/饱和度"等命令操作。

制作步骤

(1)按"Ctrl＋N"组合键新建一个文件,在弹出的对话框中进行设置,如图 3-65 所示,单击"创建"按钮,创建新文件。

(2)选择"窗口"→"图层"命令,在出现的"图层"控制面板右下方单击"创建新图层"按钮,新建图层名称为"图层 1";在工具箱中选用"椭圆选框工具",在工作区绘制一圆形选区,如图 3-66 所示。

(3)设置前景色为蓝色(C＝97%,M＝76%,Y＝0,K＝0),按"Alt＋Delete"组合键为圆形选区填色,如图 3-67 所示。

(4)选择"选择"→"变换选区"命令,按"Shift＋Alt"组合键,同时用鼠标单击并按住变换选框右上角的小方形符号拖动缩小选区,如图 3-68 所示。

(5)按 Enter 键确定后,按 Delete 键删除中间部分,效果如图 3-69 所示。

图 3-64　圆环完成效果

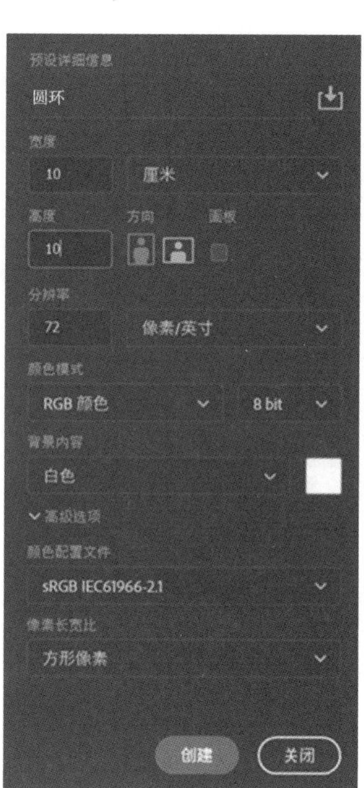

图 3-65　新建文件设置

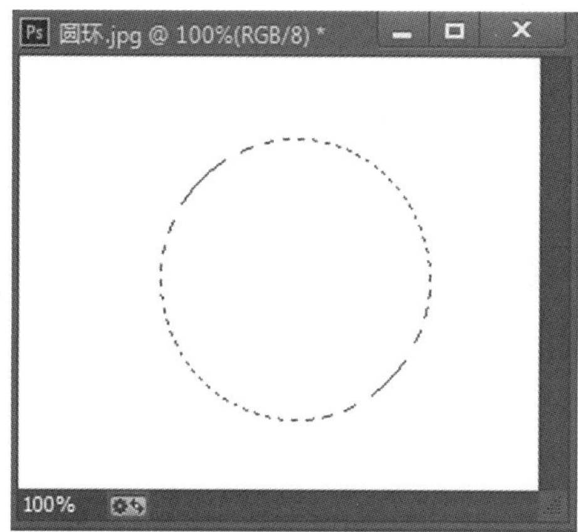

图 3-66　绘制圆形选区

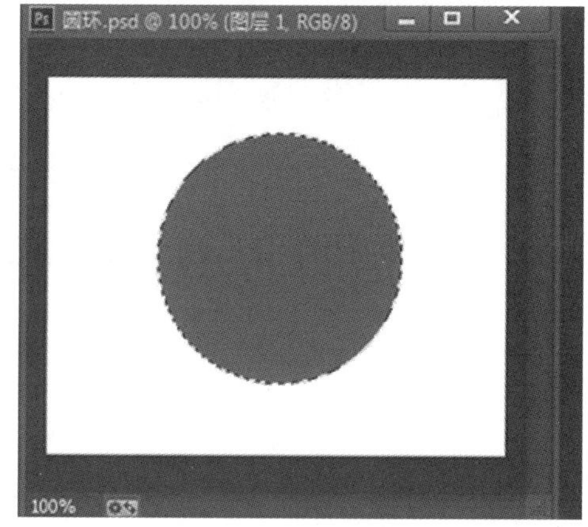

图 3-67　给选区填色

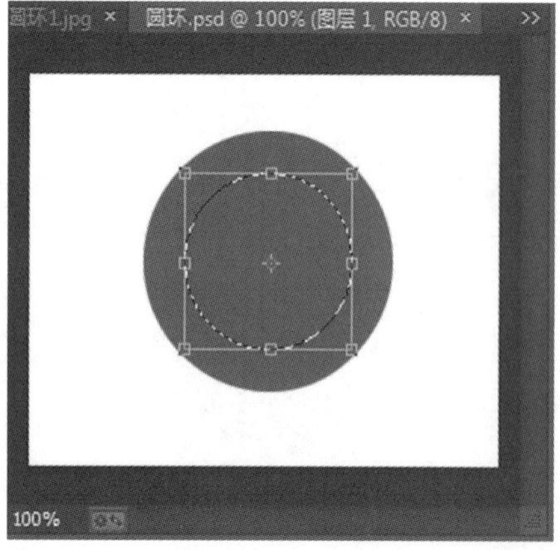

图 3-68　缩小选区

图 3-69　删除中间部分

(6)按住 Ctrl 键,同时单击"图层"控制面板中的"图层 1",将圆环建立为选区;然后选择"选择"→"修改"→"羽化"命令,在弹出的"羽化选区"对话框中设置"羽化半径"为 10 像素,如图 3-70 所示。

(7)任选一选择工具向右上方移动选区,如图 3-71 所示。

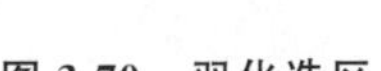

图 3-70　羽化选区

图 3-71　移动选区

(8)选择"图像"→"调整"→"色相/饱和度"命令(如只需调整明暗,可选择"图像"→"调整"→"亮度/对比度"命令),在弹出的"色相/饱和度"对话框中进行适当设置,参数及效果如图 3-72 所示。

(9)选择并拖动"图层 1"到"图层"面板的"创建新图层"按钮上,复制得到"图层 1 拷贝";拖动到适当位置后,按住 Ctrl 键,同时单击"图层"控制面板中的"图层 1 拷贝",给刚刚复制的圆环建立选区;选择"图像"→"调整"→"色相/饱和度"命令,按图 3-73 所示调整色相、饱和度等。

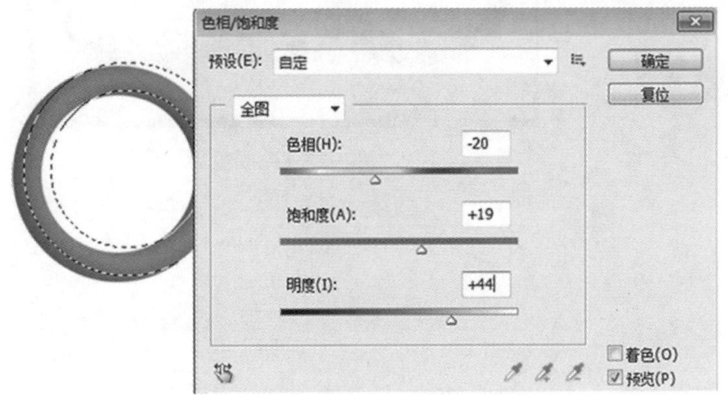

图 3-72　使用"色相/饱和度"命令调整

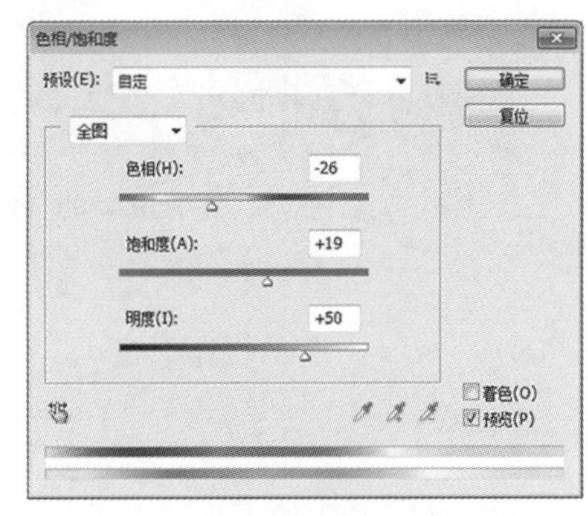

图 3-73　使用"色相/饱和度"命令调整"图层 1 拷贝"

(10)使用相同方法,得到第 3 个圆环,如图 3-74 所示。

图 3-74　得到第 3 个圆环

(11)按住 Ctrl 键,同时单击“图层”控制面板中的“图层 1”,建立选区后,再在“图层”控制面板中单击“图层 1 拷贝”(激活“图层 1 拷贝”),然后在工具箱中选用“橡皮擦工具”擦除第 1 个圆环与第 2 个圆环相交处的重叠部分,使相交效果自然,如图 3-75 所示。

(12)运用相同方法再擦去其他圆环相交处的重叠部分,如图 3-76 所示。

(13)图像完成效果如图 3-77 所示。

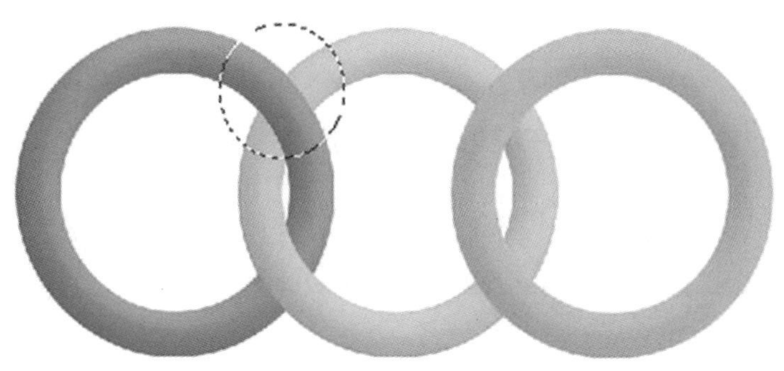

图 3-75　擦除相交处重叠部分

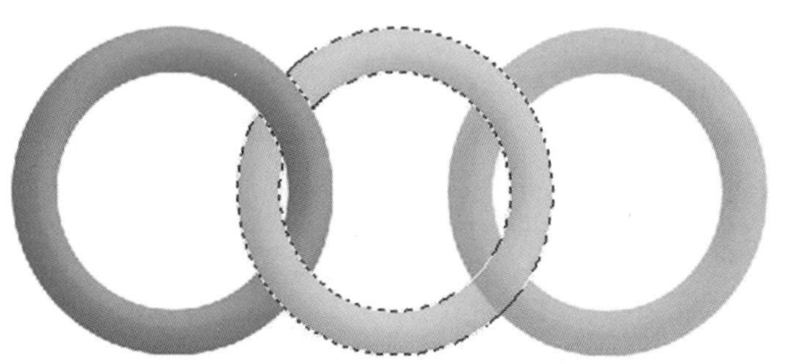

图 3-76　处理所有相交部分

图 3-77　完成效果

Photoshop Xiangmushi Jiaocheng

第四章
图层的应用

会创建及编辑图层是使用 Photoshop 进行图像编辑、设计的重要条件。通过学习本章内容，读者可深入了解图层的基本知识及图层的实践应用，能更好更快地完成图像的编辑及设计等工作。

如使用 Photoshop 对数码照片进行处理，如图 4-1 所示，就应该熟练掌握“图层”控制面板的运用；图 4-2 是处理数码照片过程中的“图层”控制面板显示效果。从图 4-2 中我们可以看出，一幅图像处理作品通常是由多个不同类型的图层通过一定的组合方式自下而上叠放在一起完成的。

图 4-1　数码照片

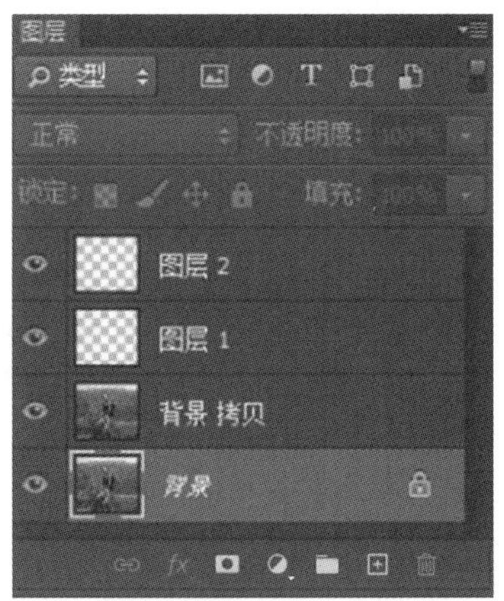

图 4-2　处理过程中的“图层”控制面板

4.1 “图层”面板

图层的基本操作可以通过两种方法来实现：一是使用“图层”菜单；二是使用“图层”控制面板。要对图层进行操作，通常需要找到“图层”控制面板，如果“图层”控制面板没有显示或已经被隐藏，执行“窗口”→“图层”命令或按 F7 键可调出，如图 4-3 所示。

在图 4-3 中我们可以看到，“图层”控制面板中有图层类型、图层混合模式、显示/隐藏图层、图层名称以及锁定和删除图层等操作选项；在最下端还有链接、添加图层蒙版、新建图层组、新建图层等操作按钮。

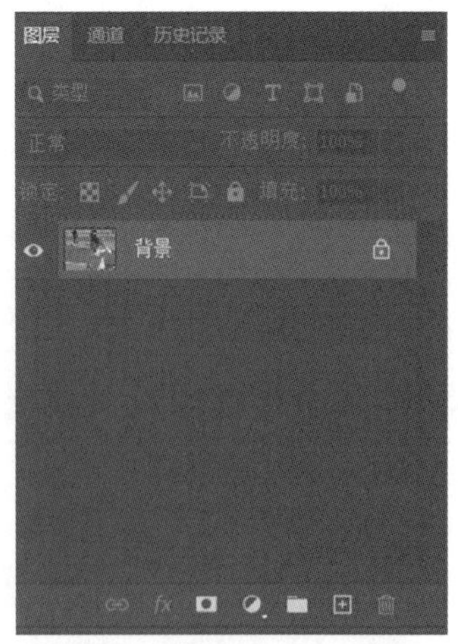

图 4-3　“图层”控制面板

4.2 图层基本操作

4.2.1 新建图层

在实际的创作中，经常需要创建新的图层来满足设计的需要。单击“图层”面板中的“创建新图层”按钮⊞或按快捷键“Shift＋Ctrl＋N”（设置“新建图层”对话框中的选项后，单击“确定”按钮），即可创建一个新图层。这个新建的图层在默认情况下会自动依照建立的次序命名，如第一次新建的图层为“图层 1”，第二次新建的图层为“图层 2”，如图 4-4 所示。

如果当前存在选区，还有两种方法可以从当前选区中创建新的图层：①选择“图层”→“新建”→“通过拷贝的图层”命令或按快捷键“Ctrl＋J”将当前选区中的图像拷贝至一个新的图层中；②选择“图层”→“新建”→“通过剪切的图层”命令或按快捷键“Ctrl＋Shift＋J”将当前选区中的内容剪切至一个新图层中。

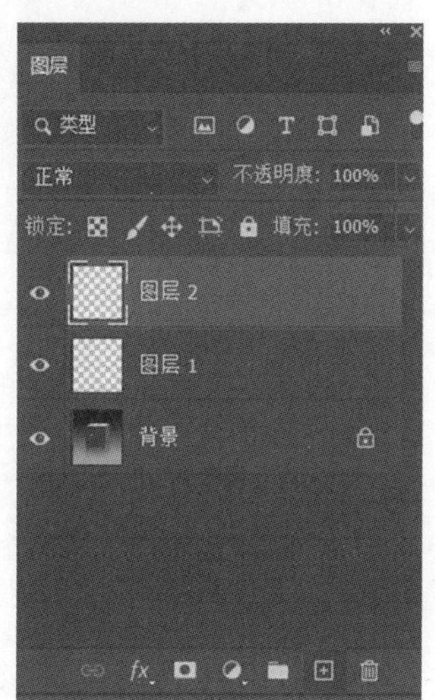

图 4-4 新建图层

4.2.2 选择/改变图层顺序

如果图像有多个图层，须选取要处理的图层，对图像所做的任何更改都只影响现用图层。要选择某个图层，在“图层”控制面板中用鼠标单击一下该图层即可。

“图层”控制面板中的堆放顺序决定图层或图层组的内容是出现在图像中其他图层内容的前面还是后面。如果要更改图层或图层组的顺序，可在“图层”控制面板中将图层或图层组向上或向下拖移。当突出显示的线条出现在要放置图层或图层组的位置时，松开鼠标按钮。

要将图层移入图层组，可将图层拖移到图层组文件夹中。新移入的图层会放置在图层组的底部。如果在展开图层组时能够看到其中的所有图层，则此时添加一个图层，会自动将该图层添加到此组中。为了避免出现这种情况，在添加普通新图层之前可折叠该图层组。

选择图层或图层组，并选取“图层”→“排列”，然后从子菜单中选取相应命令，可相应进行排列。如果所选项目在图层组中，该命令会调整图层组中的堆放顺序。如果所选项目不在图层组中，则该命令会调整“图层”控制面板中的堆放顺序。

4.2.3 显示/隐藏图层

在“图层”控制面板中单击图层左侧的眼睛图标，即可隐藏图层、图层组和图层效果，再次单击眼睛图标处就可重新显示图层、图层组和图层效果。按住 Alt 键并点按眼睛图标，可以只显示该图层或图层组的内容；之所以这样做，是为了让 Photoshop 在隐藏所有图层之前记住它们的可视性状态。按住 Alt 键并在眼睛图标处再次点按，可以恢复原来的可视性设置。

温馨提示：打印时只会打印可视图层。

4.2.4 复制/删除图层或图层组

复制图层或图层组是在图像内或在图像之间重复使用某些内容的一种便捷方法。我们既可以在同一文件中复制图层或图层组，也可以在不同文件之间复制图层或图层组。在图像间复制图层或图层组时，如果图像文件具有不同分辨率，拷贝图层的内容将显得更大或更小。

1. 在同一文件中复制图层或图层组

在同一文件中复制图层或图层组采用的方法一般有：将图层或图层组拖移到“创建新图层”按钮上复制图层，也可从“图层”菜单或“图层”控制面板弹出式菜单中选取“复制图层”或“复制组”命令复制图层或复制图层组。在同一文件中复制图层如图 4-5 和图 4-6 所示。

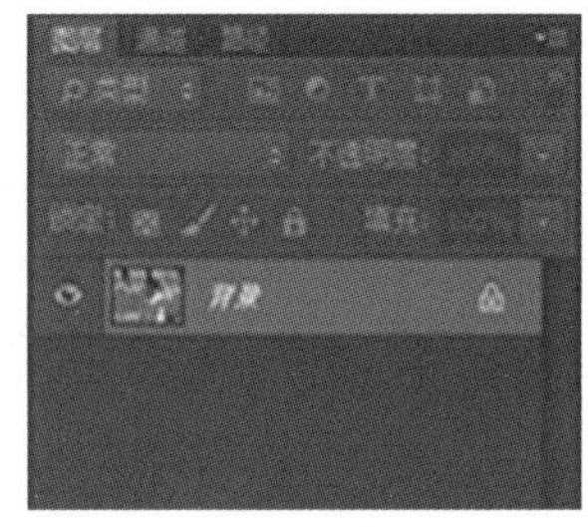

图 4-5 复制图层前

图 4-6 复制图层后

2. 在不同文件中复制图层或图层组

要在不同文件之间复制图层或图层组，先打开两个文件，最好并排在一起，然后在一个文件中使用“移动工具”将需要复制的“对象”直接拖至目标文件中即可。也可以先在一个文件中对要复制的“对象”用选择工具选中，按“Ctrl+C”键，然后在目标文件(另一文件)中按“Ctrl+V”键复制目标对象，自然也就复制了一个图层。

3. 删除图层

删除图层比较简单，在“图层”面板中先选中要删除的图层，然后单击“图层”控制面板上的“删除图层”按钮，再单击“是”，这样选中的图层就被删除了。也可以在“图层”面板上直接用鼠标将图层的缩览图点按并拖放到“删除图层”按钮上来删除。

4.2.5 背景图层与普通图层之间的转换

我们创建新文件时，一般情况下“图层”控制面板中最下面的图层为背景图层。我们无法更改背景图层的堆放顺序、混合模式或不透明度，但是，可以将背景图层转换为普通图层。创建包含透明内容的新图像时，图像没有背景图层，最下面的图层不像背景图层那样受到限制；我们可以将它移到“图层”控制面板的任何位置，也可以更改其“不透明度”和混合模式。

1. 将背景图层转换为普通图层

在“图层”控制面板中双击背景图层(见图 4-7)，弹出“新建图层”对话框，如图 4-8 所示，根据需要设置图层名(此处保持默认)，点按“确定”后，效果如图 4-9 所示。

图 4-7　背景图层

图 4-8　"新建图层"对话框

图 4-9　点按"确定"后"背景"变成"图层 0"

2. 将普通图层转换为背景图层

在"图层"控制面板中选择需转换的普通图层，选取"图层"→"新建"→"图层背景"命令，如图 4-10 所示，就能将普通图层转换为背景图层，如图 4-11 所示。通过将普通图层重命名为"背景"并不能创建背景图层，必须使用"图层背景"命令转换。

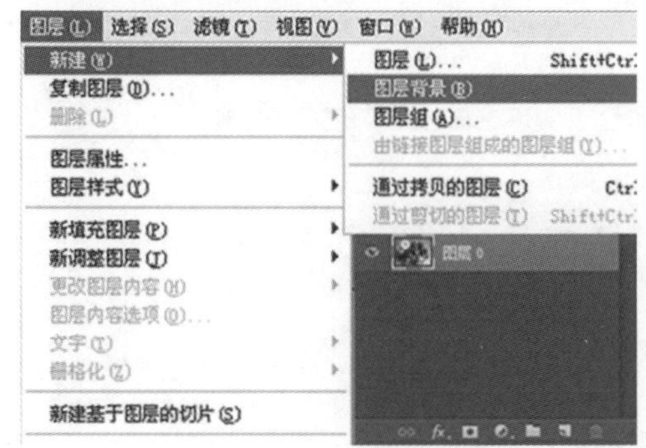

图 4-10　选择"图层背景"

图 4-11　普通图层转换成背景图层

4.2.6　重命名图层

将图层添加到某一图像中时，根据图层的内容重命名图层会比较有用。重命名图层或图层组，只需在"图层"控制面板中，双击图层或图层组的名称，在原有图层或图层组名称处输入新名称即可。

4.2.7　合并图层

在 Photoshop 中有多种合并图层的方法，可以根据需要使用不同的合并图层的方法。

• 向下合并图层：合并两个图层或图层组，将要合并的图层在“图层”控制面板中并排放置在一起，并确保两个项目的可视性都已启用，选择这对项目中较上面的那个，从“图层”菜单或“图层”控制面板菜单中选取“向下合并”或按快捷键“Ctrl＋E”。

• 合并图层组：如果要合并图层组，选择组，从“图层”菜单或“图层”控制面板菜单中选取“合并组”(合并时必须确保所有需要的图层可见，否则不可见图层将被自动删除)。

• 合并链接图层：从“图层”菜单或“图层”控制面板菜单中选取“选择链接图层”→“合并图层”。

• 合并剪贴蒙版：选择基底图层，确保剪贴蒙版中的全部图层可见，从“图层”菜单或“图层”控制面板菜单中选取“合并剪贴蒙版”。

• 拼合所有图层：在拼合图层时，所有可见图层都会合并到背景中，因此会大大减少文件大小。拼合图像将扔掉所有隐藏的图层，并用白色填充剩下的透明区域。多数情况下，编辑完各图层之后，才会需要拼合文件。在某些颜色模式间转换图像将拼合文件。

4.2.8 墙上阴影效果制作——图层基本应用

本例将制作出人物在墙上投影的效果，如图 4-12 所示。本例主要牵涉到图层的复制、颜色填充、调整“不透明度”等命令的应用。

制作步骤如下。

(1)选择“文件”→“打开”菜单命令，打开素材文件图像。

(2)打开“图层”面板，复制“背景”图层，将新图层命名为“图层 1”。

(3)按 D 键把前景色设置为黑色，把背景色设置为白色。选择“编辑”→“填充”菜单命令，用前景色填充“背景”图层。“图层”面板如图 4-13 所示。

图 4-12　墙上阴影效果

图 4-13　“图层”面板

(4)单击工具箱中的“魔棒工具”按钮，在“魔棒工具”选项栏中把“容差”设为 50 像素，然后将“图层 1”作为当前编辑图层，选取人物(可以组合使用 5 种选择工具，例如可以先把人物以外的部分选中，然后选择“选择”→“反选”菜单命令，把人物选中)，效果如图 4-14 所示，按“Ctrl＋C”键复制，按“Ctrl＋V”键粘贴两次，形成“图层 2”“图层 3”。

(5)将“图层 2”作为当前编辑图层，按 Ctrl 键后，在“图层”面板中用鼠标单击“图层 2”的缩览图，将“图层 2”中的人物选中，然后用黑色对人物进行填充，最后用工具箱中的“移动工具”把其位置适当移动，效果如图 4-15 所示。

(6)在“图层”面板(见图 4-16)中,把“图层 2”的“不透明度”调整为 25%。最终效果如图 4-12 所示,并将效果图以“阴影效果”为文件名保存在指定文件夹中。

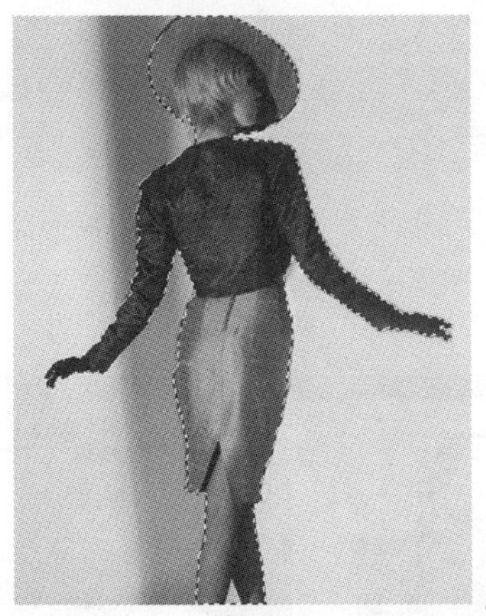

图 4-14 选择人物对象

图 4-15 填充黑色并移动人物

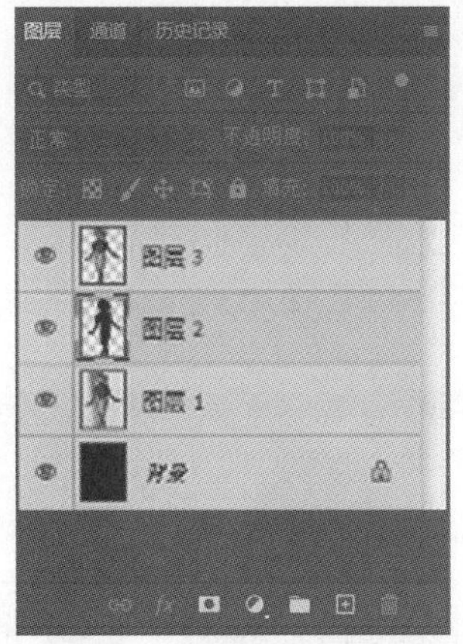

图 4-16 “图层”面板

4.2.9 链接图层

1. 图层或图层组的链接与解除

将两个或更多的图层或图层组链接起来,就可以同时对它们进行移动、复制、粘贴、对齐、合并、应用变换和创建剪贴蒙版等操作。图层组的链接与解除与图层的链接与解除操作相似。

链接图层或解除图层链接的基本操作如下:

(1)按“Ctrl+N”新建文件,“背景内容”为“白色”(尺寸自定),如图 4-17 所示。

(2)选择“矩形选框工具”绘制一矩形选区,在“图层”面板右下方点击“创建新图层”按钮,新建“图层 1”,然后将矩形选区填充为黑色,如图 4-18 所示。

图 4-17 新建文件设置

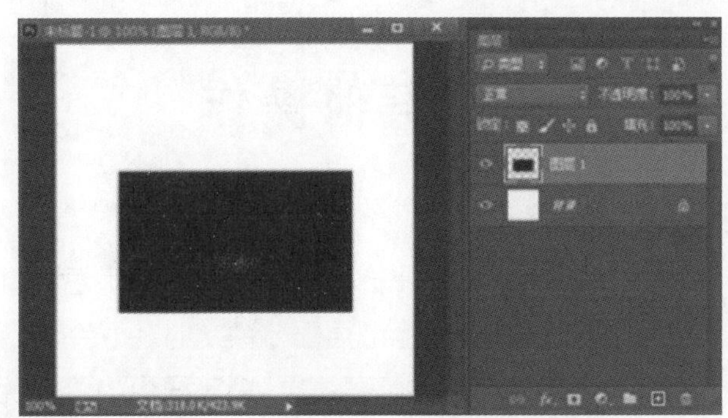

图 4-18 新建图层后给矩形选区填色

(3)选择"椭圆选框工具"绘制一椭圆选区,在"图层"面板右下方点击"创建新图层"按钮,新建"图层 2",然后设置前景色为红色,将椭圆填充为红色,这时"图层"面板的"链接图层"图标为灰色,表示"链接图层"命令不可用,如图 4-19 所示。

(4)点选"图层 1"后,按 Ctrl 键同时点选"图层 2"(这样将同时选中被选的两个图层),这时"图层"面板左下方的"链接图层"图标为亮色,表示"链接图层"命令可用。点击"链接图层"图标,这时候在"图层 1"和"图层 2"两个图层后面分别多了一个链接图标,这就说明这两个图层已经进行了链接,如图 4-20 所示;在"图层"控制面板中,再次单击"链接图层"图标,图层间的链接关系将解除。

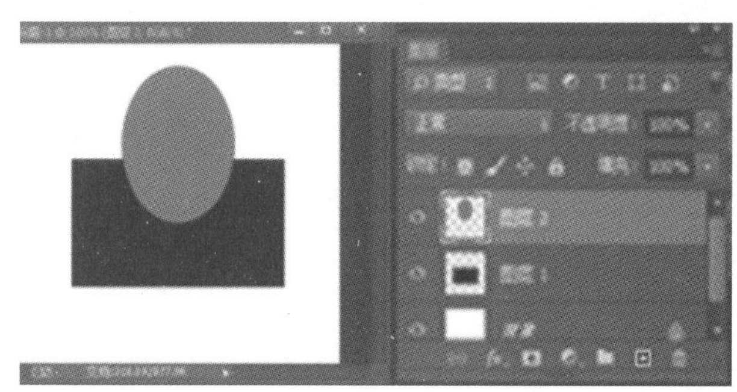

图 4-19　新建图层 2 并给椭圆选区填色

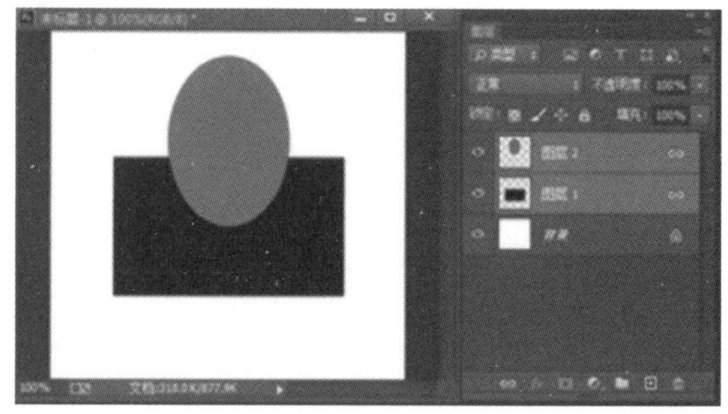

图 4-20　链接图层

2. 对齐链接图层

在 Photoshop 中对齐图层命令非常有用,而且操作方便。

(1)与图层对齐:在选择已创建链接的某一图层后选择"图层"→"对齐"命令下的子菜单命令,如"顶边""垂直居中""底边"等,可以将所有链接图层的内容与当前图层的内容对齐。

(2)与选区对齐:如果在当前图层中有选区,则"图层"→"对齐"命令将转换为"图层"→"将图层与选区对齐"命令,分别选择各子菜单命令即可使各链接图层的内容与选区边框对齐,其操作与对齐链接图层类似。

除了可以使用"图层"→"对齐"命令、"图层"→"将图层与选区对齐"命令下的各子菜单命令进行操作外,还可以在选择工具箱中"移动工具"的情况下,利用图 4-21 所示的工具选项栏中的各个按钮进行操作。

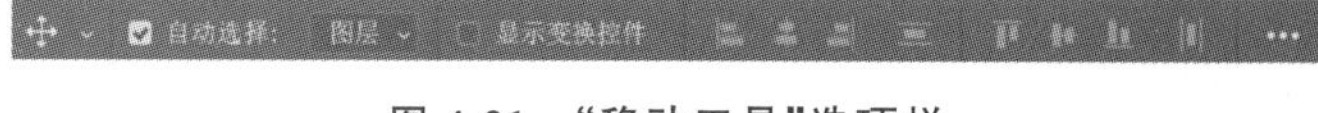

图 4-21　"移动工具"选项栏

(3)分布链接图层:只有在"图层"控制面板中存在三个或三个以上的链接图层时,"图层"→"分布"子菜单中的命令才可以激活,选择其中的命令,可以将链接图层的对象以特定的条件进行分布。

(4)根据图层进行分布:选择"图层"→"分布"命令下的子菜单命令,可以平均分布链接图层。

4.2.10　图层的其他操作

1. 锁定图层

可以全部或部分地锁定图层以保护其内容。图层锁定后,图层名称的右边会出现一个锁定图标。当图层完全锁定时,锁定图标是实心的;当图层部分锁定时,锁定图标是空心的。

• 全部锁定:选择图层或图层组,在"图层"控制面板中点按"锁定全部"图标。

• 部分锁定图层:选择图层,在"图层"控制面板中点按一个或多个"锁定"选项按钮进行选择,如"锁定透明像素""锁定图像像素""锁定位置"等。

2. 设置图层“不透明度”

图层的“不透明度”决定它遮蔽或显示其下图层的程度。“不透明度”为“1%”的图层几乎是透明的，而“不透明度”为“100%”的图层完全不透明。背景图层或锁定图层的“不透明度”是无法更改的，但可以将背景图层转换为支持“不透明度”调整的普通图层。

设置图层或图层组的“不透明度”：在“图层”控制面板中选择图层或图层组，然后在“图层”控制面板的“不透明度”文本框中输入值，或拖移“不透明度”弹出式滑块。

3. 栅格化图层

如果我们建立的是文字图层、形状图层、矢量蒙版和填充图层之类的图层，就不能在这些图层上使用绘画工具或滤镜进行处理；如果需要在这些图层上继续操作就需要先将图层栅格化。

点按“图层”菜单→“栅格化”下各命令选项之一，或选中图层点击鼠标右键，在弹出式菜单中选择“栅格化图层”，即可将图层栅格化。需注意，处理的必须是文字图层、形状图层、矢量蒙版和填充图层之类的图层。

4.3 蒙版图层

蒙版图层可用于保护部分图层，让用户无法编辑，还可用于显示或隐藏部分图像等，详细介绍见第八章“通道与蒙版的应用”。

4.4 图层组及嵌套图层组

图层组与图层间的关系密切，使用图层组可以在很大程度上充分利用“图层”控制面板的空间，更重要的是可以对一个图层组中的图层进行一致的控制。图层组展开与折叠的状态如图 4-22 和图 4-23 所示。

图 4-22 图层组展开的状态

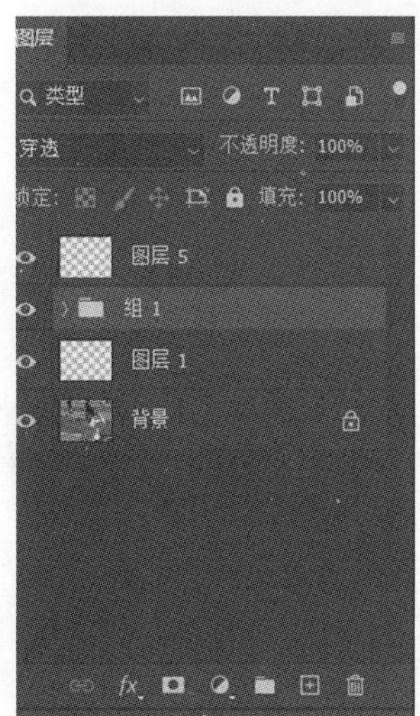

图 4-23 图层组折叠的状态

4.4.1 创建图层组

点按“图层”控制面板下方的“创建新组”按钮，或选取“图层”→“新建”→“组”，设置好选项后，即可创建一个新的图层组。

按住 Ctrl 键，并点按“图层”控制面板中的“创建新图层”按钮或“创建新组”按钮，在当前选中的图层下添加图层或图层组。

当创建新图层或新图层组需要改变默认值时，按住 Alt 键，并点按“图层”控制面板中的“创建新图层”按钮或“创建新组”按钮，在弹出的对话框中设置即可。

4.4.2 将图层移入、移出图层组

我们可以将普通图层拖至图层组内，使该图层加至图层组中。如果目标图层组处于折叠状态，则将图层拖到图层组文件夹或图层组名称上，当图层组文件夹或图层组名称高光显示时释放鼠标左键，图层被加到图层组的底部。如果目标图层组处于展开状态，则将图层拖到图层组中所需的位置上释放鼠标左键即可。

将图层拖出图层组可以使该图层脱离图层组。在“图层”控制面板中选中图层并将其拖至图层组以外的位置即可。若将该图层组文件夹拖移到另一个图层组文件夹中，该图层组及其包含的所有图层都将进行移动。

另外，图层组的复制、删除与图层的复制、删除操作类似。

4.4.3 嵌套图层组

在 Photoshop 中，我们可以使用嵌套图层组来管理图层组，从而获得更多对图层组的控制。在嵌套图层组中，可将嵌套于图层组中的图层组称为子图层组，如图 4-24 所示。

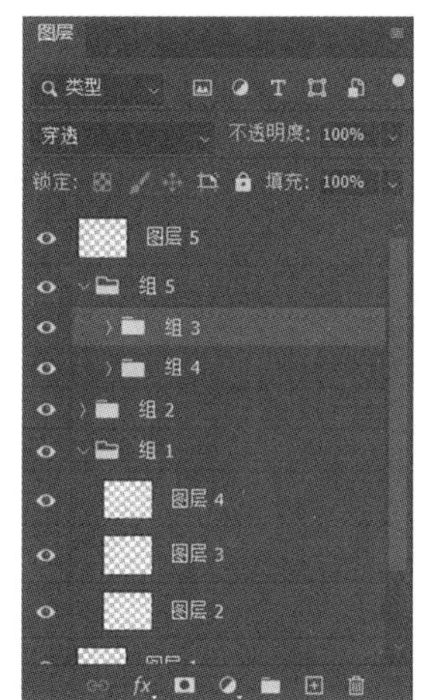

图 4-24 嵌套图层组

根据不同的图像状态，可以使用不同的方法创建嵌套图层组。

(1)将现有的图层组拖移到“创建新组”按钮上。

(2)如果一个图层组中已有一个或多个图层，直接单击“图层”控制面板中的“创建新组”按钮，即可创建一个子图层组。

(3)创建一个图层组后，按 Ctrl 键同时单击“创建新组”按钮，可创建一个子图层组。

4.5 图层混合模式

图层的混合模式用于控制上下图层中图像的混合效果，运用图层的混合模式，可以创造出精彩的图像合成效果。在设置混合模式的同时还可以调节图层的“不透明度”，使图像效果更加理想。“图层”控制面板中有多种图层混合模式，单击“图层”控制面板左上角的下拉列表框就会弹出图层混合模式的下拉列表，如图 4-25 所示，我们可以在这里选择一种合适的混合模式。

（1）“正常”模式：这是在 Photoshop 中进行绘画与图像合成的基本模式，是图层的默认模式，在这种合成模式下，图层的颜色会遮盖住原来的底色。可以通过调整图层的“不透明度”来控制下一层的显现效果。

（2）“溶解”模式：在该模式下，随着图层“不透明度”的降低，图像将呈颗粒状随机取代原有的背景色。

（3）“变亮”“变暗”模式：“变暗”模式只影响图像中比前景色调浅的像素，色调相同或更深的像素不受影响；相反，“变亮”模式只影响图像中比所选前景色调更深的像素。当“柔光”“强光”模式产生的结果过于强烈时就需要用“变亮”与“变暗”模式。

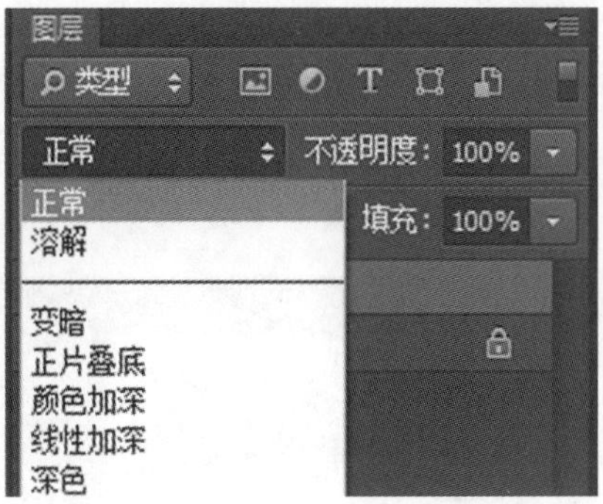

图 4-25　图层混合模式下拉列表

（4）“正片叠底”模式：该模式可能是设计者在绘图与合成时最常用的模式。在该模式中绘图时，前景色调与图像的色调结合起来，可减少绘图区域的亮度。要获得一个较深的色调通常就是在该模式下操作的，并且效果看上去就像用软炭笔在纸上画了深深的一道。该模式在选择融合背景图像时突出其较深的色调值，而选区中较浅的色调则会消失。

（5）“线性加深”“线性减淡（添加）”模式：在“线性加深”模式下，可查看每个通道中的颜色信息，并通过减小亮度使基色变暗以反映混合色，与白色混合后不产生变化；在“线性减淡（添加）”模式中，可查看每个通道中的颜色信息，并通过增加亮度使基色变亮以反映混合色，与黑色混合则不发生变化。

（6）“滤色”模式：该模式与“正片叠底”模式效果正好相反。

（7）“屏幕”模式：这种模式与“正片叠底”模式刚好相反，具有漂白图像的效果。

（8）“叠加”模式：该模式将当前图层的颜色与背景色叠加，并保持背景色的明暗程度，从而可以产生出自然的融合效果。

（9）“柔光”模式：此模式的混合效果与发散的聚光灯照在图像上相似，能够在图像中产生明显较暗或较亮的区域。

（10）“强光”模式：此模式的混合效果与耀眼的聚光灯照在图像上相似，能够产生增加图像暗部的效果，在需要向图像添加暗调时非常有用。

（11）“颜色减淡”“颜色加深”模式：“颜色减淡”模式会将背景图层的亮度提高，从而达到突出局部图像的效果；“颜色加深”模式会降低背景像素的亮度，产生的效果与“颜色减淡”模式相反。

以上是我们经常用到的几种混合模式，其他的几种模式较少用到，大家可以自己尝试使用不同的图片进行混合。

下面以一个实例对图层混合模式加以说明。

（1）打开素材水上世界图像和乌龟图像，如图 4-26、图 4-27 所示。

图 4-26　水上世界图像

图 4-27　乌龟图像

(2)将乌龟图像拖到水上世界图像文件中,如图 4-28 所示,形成“图层 1”,单击“图层 1”将其选为当前编辑图层。

(3)在“图层”面板中单击混合模式列表,在弹出的图层混合模式选项中选择“变暗”选项,如图 4-29 所示;完成后的图像如图 4-30 所示。

图 4-28 拖入乌龟图像

图 4-29 选择“变暗”模式

图 4-30 使用“变暗”模式后效果

4.6 图层样式

在 Photoshop 中,我们使用图层样式可以很容易为图层设置阴影、发光、立体浮雕等效果(背景层除外)。在“图层”控制面板的底部单击“添加图层样式”按钮,弹出图层样式菜单,如图 4-31 所示,在菜单中选择一个命令即可打开“图层样式”对话框,如图 4-32 所示。

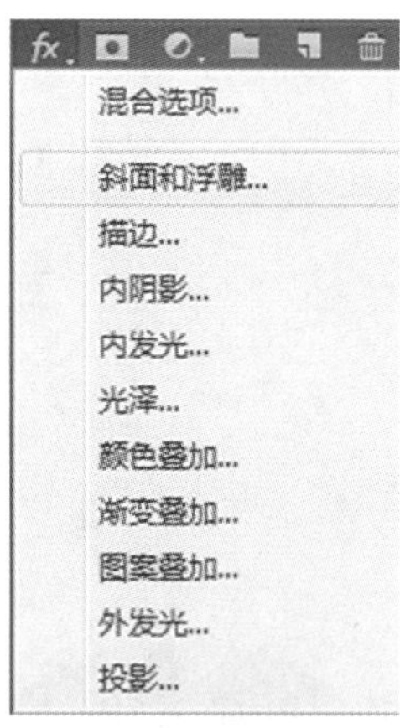

图 4-31 图层样式菜单

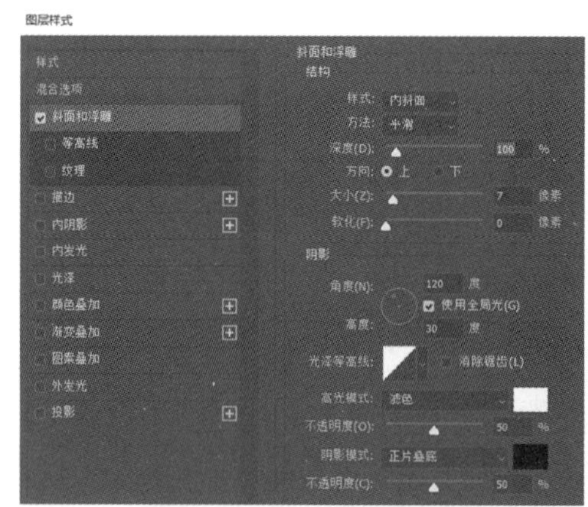

图 4-32 “图层样式”对话框

在“图层样式”对话框的左侧有许多图层效果复选框,选中这些复选框中的任意一个,则当前图层会自动添加被选取的图层效果;对话框的右侧提供了大量的参数选项,在这里可以轻松地对样式效果进行设置。

4.6.1 图层样式操作要点

“图层样式”对话框中各选项的作用及参数设置如下。

•“样式”：单击对话框左上角的“样式”选项，在设置参数区域会显示默认的样式列表，如图 4-33 所示。单击其中的某一种样式即可为当前图层中的图像应用这种样式。

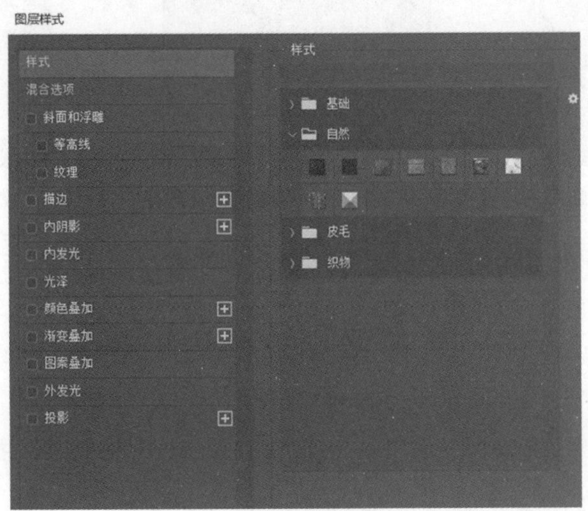

图 4-33　“样式”选项

•“混合选项”：单击“混合选项”可以协调当前图层的混合选项，设置参数区域显示“常规混合”“高级混合”等选项，其中可以设置图层的混合模式、不透明度等参数。

•图层样式选项：在此所列的均是各个图层样式的名称。选中其对应的复选框即可设置各个图层样式的详细参数，以得到精美的图层样式效果。

4.6.2　图层样式效果表现

1.“投影”图层样式

单击选中“投影”复选框，并对“投影”参数进行适当设置，可以为图层中的图像添加阴影，如图 4-34、图 4-35 所示。

2.“外发光”图层样式

单击“外发光”复选框，并对“外发光”参数进行适当设置，可以使图层图像的外边缘有发白色光的效果，如图 4-36、图 4-37 所示。

图 4-34　添加“投影”效果前

图 4-35　添加“投影”效果后

图 4-36　添加“外发光”效果前

3.“内发光”图层样式

单击“内发光”复选框，并对“内发光”参数进行适当设置，可以使图层图像的里面发出白色的光，如图 4-38、图 4-39 所示。

图 4-37　添加“外发光”效果后

图 4-38　添加“内发光”效果前

图 4-39　添加“内发光”效果后

4.“颜色叠加”图层样式

单击“颜色叠加”复选框，可以为当前图层中的图像设置要叠加的颜色，该选项的参数很少，最主要的是选择合适的叠加颜色。

5.“渐变叠加”图层样式

若取消“颜色叠加”复选框，单击“渐变叠加”复选框，可以为图层中的图像设置叠加的渐变。

6.“斜面和浮雕”图层样式

单击“斜面和浮雕”复选框，可以为图层添加斜面和浮雕效果，如图 4-40、图 4-41 所示。

7.“图案叠加”图层样式

单击“图案叠加”复选框，可为图像添加叠加图案。

8.“描边”图层样式

单击“描边”复选框，可为图像添加白色描边效果，如图 4-42、图 4-43 所示。“描边”参数区域中的选项和“编辑”菜单中的“描边”命令的参数选项。

图 4-40　添加“斜面和浮雕”效果前

图 4-41　添加“斜面和浮雕”效果后

图 4-42　添加“描边”效果前

9.“光泽”图层样式

单击“光泽”复选框，可以使图层图像的上方有一层光泽，如图 4-44、图 4-45 所示。

图 4-43　添加“描边”效果后

图 4-44　添加“光泽”效果前

图 4-45　添加“光泽”效果后

"光泽"的颜色和模式在混合模式选项中设置。在"等高线"下拉列表框中选择不同的等高线也可以得到不同的光泽效果。

4.6.3 复制与粘贴图层样式

通过操作为某一个图层设置图层样式后,可以通过复制、粘贴图层样式将该图层所具有的图层样式粘贴至其他图层中,从而简化为其他图层设置同样图层样式的操作。

复制图层样式的操作非常简单,在具有图层样式的图层中单击鼠标右键,在弹出的菜单中选择"拷贝图层样式"命令,然后切换至需要粘贴样式的图层上单击鼠标右键,在弹出的菜单中选择"粘贴图层样式"命令即可。

4.6.4 隐藏与删除图层样式

如果在设置某一个图层样式后,需要对比设置此图层样式前的效果,可以在"图层"控制面板通过反复单击该图层样式名称左侧的眼睛图标以显示或隐藏该图层样式达到对比的目的。

如果要隐藏全部图层样式,可以单击"图层"控制面板中"效果"左侧的眼睛图标将图层样式全部隐藏。

如果要删除某一个图层样式,可以在"图层"控制面板中将该图层样式拖动到删除按钮上。

如果要删除全部图层样式,可以在"图层"控制面板中将"效果"栏拖动到删除按钮上。

4.7 项目实训

4.7.1 项目实训 1——立方体制作

效果说明

本实训案例将制作图 4-46 所示的立方体效果。本实训案例中主要用到图层的自由变换、复制、不透明度调整等命令操作。

制作步骤

(1)按"Ctrl+N"键或执行"文件"→"新建"命令创建一新文件,在弹出对话框中进行适当设置:输入图像的"名称"为"立方体";将"宽度"和"高度"都设置为"10 厘米",其他为默认设置,如图 4-47 所示,点按"创建"确认后创建新文件。

(2)设置前景色为"R=45,G=163,B=230",如图 4-48 所示;背景色为"R=66,G=106,B=150",如图 4-49 所示;选择"渐变工具",在"渐变工具"的选项栏中单击渐变设置按钮,在弹出对话框中选择"前景色到背景色渐变",如图 4-50 所示;在新文件中从上到下拉出渐变色,效果如图 4-51 所示。

图 4-46　立方体效果

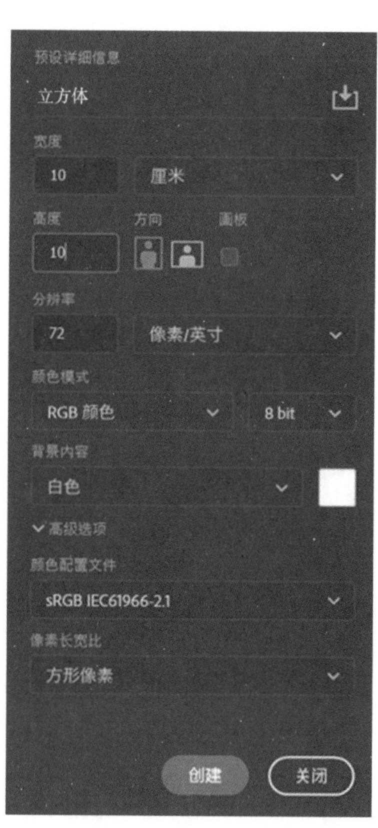

图 4-47　新建文件设置

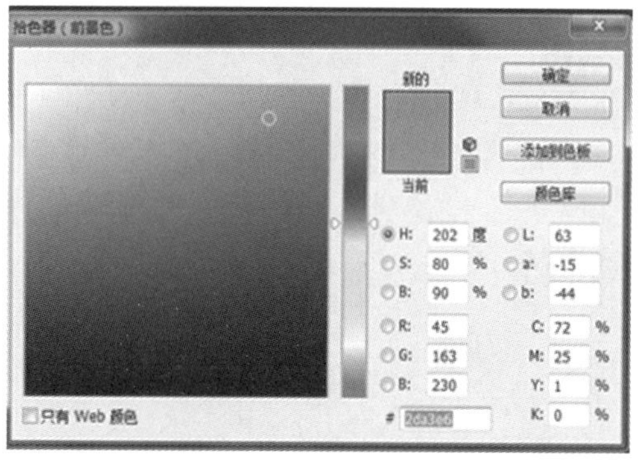

图 4-48　前景色设置

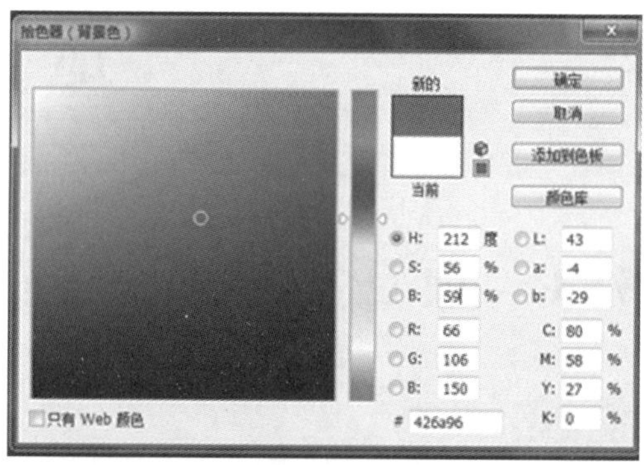

图 4-49　背景色设置

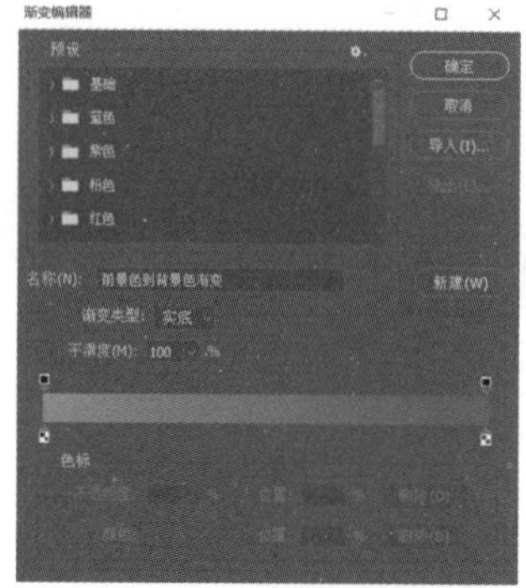

图 4-50　“渐变编辑器”对话框

图 4-51　渐变填充

(3)点按“图层”控制面板右下方的新建图层按钮,新建图层名称为“图层 1”;选择“矩形选框工具”,在画面中画一矩形选区,设置前景色为白色,按“Alt+Delete”组合键为矩形选区填色,按“Ctrl+D”键取消选区。效果如图 4-52 所示。

(4)点按并拖动“图层 1”到“图层”控制面板的“创建新图层”按钮上,复制“图层 1”,得“图层 1 拷贝”,然后将“图层 1 拷贝”移到工作区右边,按“Ctrl+T”组合键,对所复制图像进行缩放,然后选择“编辑”→“变换”→“透视”命令对其进行透视变形;选择“魔棒工具”点选调整好的矩形,将前景色设为“R=80,G=81,B=82”,如图 4-53 所示,背景色设为白色,然后从左往右拉矩形,形成立方体的右侧面,效果如图 4-54 所示。

图 4-52 绘制矩形

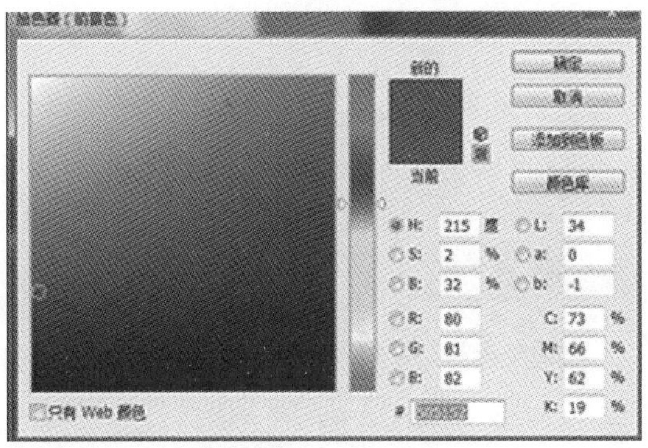

图 4-53 前景色设置

(5)复制“图层 1 拷贝”,把它移动到上面,按“Ctrl+T”组合键,对所复制图像进行缩放,然后选择“编辑”→“变换”→“透视”命令对其进行透视变形;调整缩放后图形的角度,选择“魔棒工具”点选调整好的矩形,将前景色设为“R=200,G=202,B=205”,背景色设为白色,然后从左往右拉,形成立方体顶面,效果如图 4-55 所示。

(6)复制“图层 1”和“图层 1 拷贝”各一次,在“图层”面板中单击其他图层左侧的眼睛图标将它们都暂时隐藏(只有刚复制的两个对象的图层没有隐藏),点按“图层”面板右上角的,在弹出菜单中选取“合并可见图层”或按快捷键“Shift+Ctrl+E”,将刚复制的两个图层合并后拉到下面,效果如图 4-56 所示。

图 4-54 立方体右侧面绘制

图 4-55 立方体顶面绘制

(7)在“图层”控制面板上点按“添加图层蒙版”按钮,选择“渐变工具”在刚复制的图形中从下往上拉,制作倒影效果,并将图层的“不透明度”设为“67%”。最后的效果如图 4-57 所示。按快捷键“Shift+Ctrl+E”合并所有图层后,以“立方体”为文件名保存。

图 4-56　立方体正面和侧面效果

图 4-57　完成效果

4.7.2　项目实训 2——水果结冰效果

效果说明

本实训案例将制作图 4-58 所示的水果结冰效果。本实训案例中主要用到图层窗口中的色相/饱和度调整功能和图层样式设置等命令操作。

图 4-58　水果结冰效果

制作步骤

(1)打开素材文件冰块图像和水果图像,如图 4-59、图 4-60 所示。

图 4-59　冰块图像

图 4-60　水果图像

(2)在水果图像文件中选择菜单栏的“选择”→“主体”命令,效果如图 4-61 所示。

(3)在水果图像文件中,选择“移动工具”,按住鼠标左键把选中的水果点拖复制到冰块图像文件中去,再关闭水果图像文件。效果如图 4-62 所示。

图 4-61 选择主体

图 4-62 复制水果图像

(4)对水果图像的大小进行调整。在“水果”图层中,按住“Ctrl+T”键,在出现的自由变换状态下按住 Shift 键并把光标放置在边角位置点拖缩小图像的大小,调整到大小合适的状态后按 Enter 键确定,再选择“移动工具”把水果移动到合适位置,效果如图 4-63 所示。

(5)按“Ctrl+J”键复制“水果”图层,得到“水果 拷贝”图层,同时关闭“水果 拷贝”图层的显示,如图 4-64 所示。

图 4-63 调整图像大小及位置

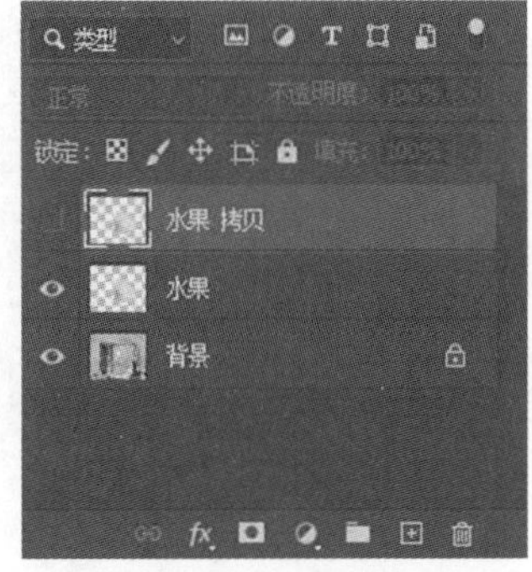

图 4-64 “图层”面板

(6)选中“水果”图层,在“图层”面板下方选择“创建新的填充或调整图层”按钮→“色相/饱和度”,调出色相/饱和度设置面板,如图 4-65 所示。

(7)把光标放在“色相/饱和度 1”图层与“水果”图层之间,按住 Alt 键创建一个剪贴蒙版,如图 4-66 所示。

图 4-65 调出色相/饱和度设置面板

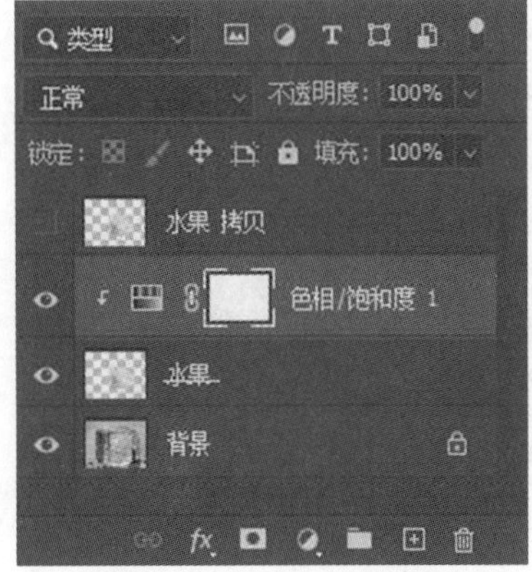

图 4-66 创建剪贴蒙版

(8)在“色相/饱和度 1”图层中,选择色相/饱和度设置面板,先勾选“着色”,再调整“色相”“饱和度”“明度”等数据,把水果的色相调至和冰块色相接近。效果如图 4-67 所示。

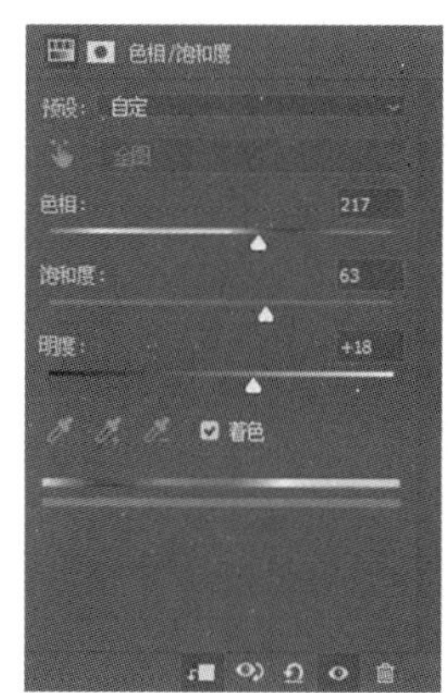

图 4-67 调整水果色相

(9)在“图层”面板中,把“不透明度”降低,目标是把水果调到好像隔着冰层。效果如图 4-68 所示。

图 4-68 调整不透明度后的效果

(10)选择“水果”图层,在“图层”面板下方选择“添加图层样式”→“混合选项”,调出“图层样式”对话框,在“混合颜色带”中“下一图层”里按住 Alt 键调整黑色和白色效果,调出冰块的肌理效果。最终效果如图 4-69 所示。

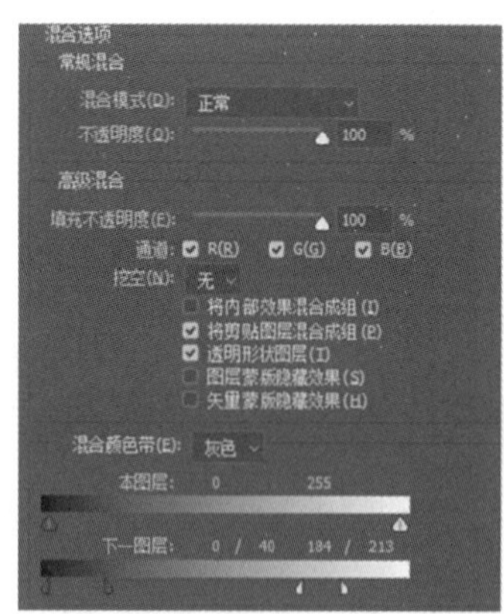

图 4-69 最终效果

第五章
图像绘图应用和批处理

本章主要讲解绘图类工具在实践中的应用及图像的批处理。Photoshop 中的绘图和装饰等系列工具功能强大，能帮助我们完成图形设计和数码照片装饰处理等工作。图像的批处理也非常重要，如果每天都会对照片进行重复的处理工作，例如学校要统一更改学生照片、公司要制作胸卡或将自己的多张照片更改为标准照片大小等，重复的操作是烦琐而乏味的，学会使用 Photoshop 的"动作"命令，一系列重复的工作，只要按一下就可以执行批处理了。

5.1 图像绘图应用

5.1.1 绘画类工具

1. 画笔工具

"画笔工具"如图 5-1 所示，是十分常用的一种绘图工具，使用方法也非常具有代表性，一般绘图和修图工具的用法都与它类似。使用"画笔工具"只要指定一种前景色，设置好画笔的属性，然后用鼠标在图像上直接描绘即可。

在"画笔工具"选项栏中，可以选择 Photoshop 中自带的各种形状的画笔并对它们的各种属性进行设置，如图 5-2 所示。

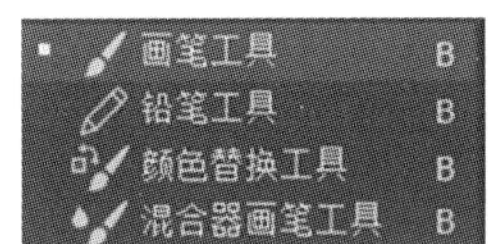

图 5-1 "画笔工具"

图 5-2 "画笔工具"选项栏

- 画笔大小：在此下拉列表中选择合适的画笔大小。
- "模式"：设置用于绘图的前景色与作为画纸的背景之间的混合效果。"模式"下拉列表中的大部分选项与图层混合模式相同。
- "不透明度"：设置绘图颜色的不透明度。数值越大，绘制的效果越明显；反之，则越不清晰。
- "流量"：设置拖动光标一次得到图像的清晰度，数值越小，越不清晰。
- "启用喷枪模式"：单击此图标，将"画笔工具"设置为喷枪模式，在此状态下得到的笔画边缘更柔和。

(1)"画笔设置"控制面板介绍。

选择"窗口"→"画笔设置"命令或按快捷键 F5，可弹出图 5-3 所示的"画笔设置"控制面板。通过对控制面板的参数进行设置，能灵活地使用画笔绘制出丰富、逼真的效果。

下面对"画笔设置"控制面板中各个区域的作用进行介绍。

①"画笔"："画笔"选项这里相当于是所有画笔的一个控制台，可以利用描边缩览图显示方式方便地观看画笔描边效果，或对画笔进行重命名、删除等操作。拖动画笔形状列表框下面的"大小"滑块，还可以调节画笔的直径。

②"画笔笔尖形状"：选择该选项后，"画笔设置"控制面板如图 5-3 所示，此时可以对画笔的基本属性，如直径、角度及圆度进行设置。此时，只需单击面板中相应的笔刷图标即可选择需要的画笔形状。选择好画笔后，可在图像中绘制各种图案。操作时，只需将鼠标移动到图像窗口中，然后按下鼠标左键不放并拖动鼠标，这样

随着鼠标的移动,画面上就会产生和笔刷形状相对应的图像,效果如图 5-4 所示。

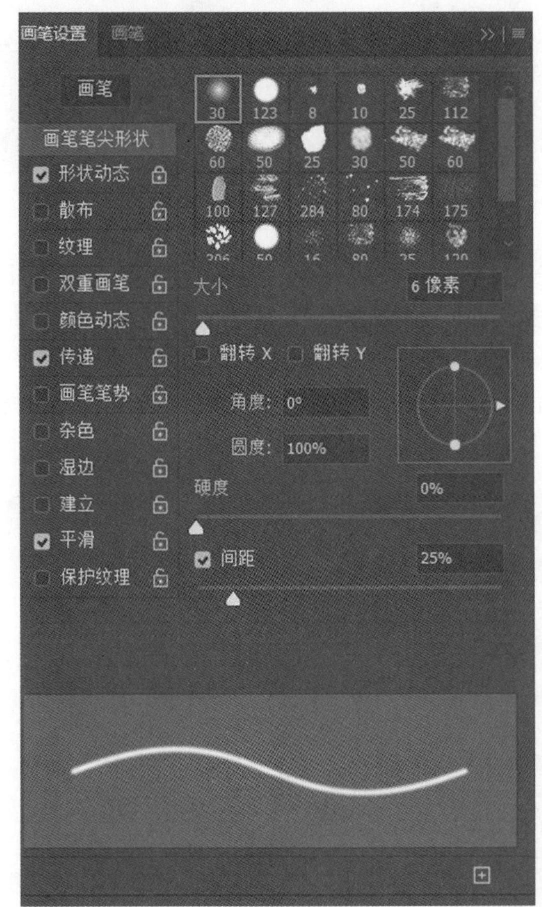

图 5-3 "画笔设置"控制面板

图 5-4 各种画笔形状绘制效果

选择"画笔笔尖形状"选项时,"画笔设置"控制面板中的参数含义如下:

• "大小":在该数值框中输入数值或调节滑块,可以设置笔刷的大小。数值越大,笔刷直径越大。

• "翻转 X":选择该选项后,画笔方向将水平翻转。

• "翻转 Y":选择该选项后,画笔方向将垂直翻转。

• "角度":对于圆形画笔,在"圆度"值小于"100%"时,在该数值框中输入数值,可以设置笔刷旋转的角度;而对于非圆形画笔,在该数值框中输入数值,则可以设置画笔旋转的角度。

• "圆度":在该数值框中输入数值,可以设置笔刷的圆度。数值越小,笔刷越扁。

• "硬度":在该数值框中输入数值或拖动滑块,可以设置笔刷边缘的硬度。数值越大,笔刷的边缘越清晰;数值越小,边缘越柔和。

• "间距":在该数值框中输入数值或调节滑块,可以设置绘图时组成线段的两点距离。数值越大,间距越大。

③"形状动态":选择该选项后,"画笔设置"控制面板中有"大小抖动""控制""最小直径""角度抖动""圆度抖动"等选项,对其进行设置,会出现很多特殊的效果。

在"画笔设置"控制面板中还有"散布""纹理""双重画笔""颜色动态"等选项,可以根据需要进行选择后再设置,也会使画笔效果产生不同的变化,大家可以自己练习设置、使用。

(2)将纹理拷贝到其他工具。

在一个包含"纹理"动态参数的画笔中,"画笔设置"控制面板允许将其中所选的纹理复制到其他支持该动态参数的绘图工具中,其操作步骤如下:

①显示“画笔设置”面板，并选择“纹理”选项。

②在此时的“画笔设置”面板中选择需要复制的纹理图案。

③单击“画笔设置”面板右上方的三角形按钮，在弹出的菜单中选择“将纹理拷贝到其它工具”命令，如图 5-5 所示。

④选择目标工具，如选择“图案图章工具”，在“画笔设置”控制面板中选择“纹理”选项，可以看出，此时控制面板顶部的图案已经变为刚刚复制的图案。

(3)创建自定义画笔。

除了编辑画笔的形状外，用户还可以自定义图案画笔，以创建更丰富的画笔效果。其操作方法非常简单，只要利用选区将要定义为画笔的区域选中，Photoshop 就可以将任意一种图像定义为画笔。下面以例子说明。

①按“Ctrl+N”组合键或执行“文件”→“新建”命令创建一新文件，在弹出对话框中进行适当设置，如图 5-6 所示：输入图像的名称为“定义画笔”；将“宽度”和“高度”都设置为“3 厘米”，其他为默认设置，单击“创建”按钮创建新文件。

图 5-5　选择“将纹理拷贝到其它工具”命令

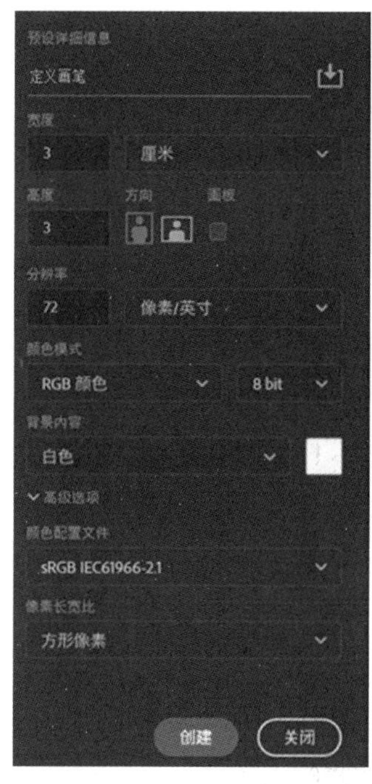

图 5-6　新建文件设置

②在工具箱中选中“横排文字工具”，在工具选项栏中进行设置(没有特殊要求可以随便设置)，然后输入“艺缘”二字，如图 5-7 所示。

③选择“编辑”菜单→“定义画笔预设”命令，弹出“画笔名称”对话框，如图 5-8 所示。

④单击“确定”按钮，画笔定义完成；选择“窗口”→“画笔”命令弹出“画笔”控制面板，就可以看到刚定义的画笔，如图 5-9 所示。

(4)存储画笔。

通过“存储画笔”，可以将画笔保存为一个文件，以便其他用户使用。要保存画笔，可以单击“画笔”控制面板的“画笔预设”选项，然后在控制面板弹出菜单中选择“存储画笔”命令，在弹出的“存储”对话框中输入画笔名称并选择适合的路径，单击“保存”按钮，将其以文件形式保存起来。

(5)载入画笔。

Photoshop 中有多种预设的画笔，在默认情况下，这些画笔并未调入“画笔”控制面板中，要调入这些画笔，可以在控制面板弹出菜单中的预设画笔区选中相应的画笔名称，在弹出的对话框中单击“追加”按钮。

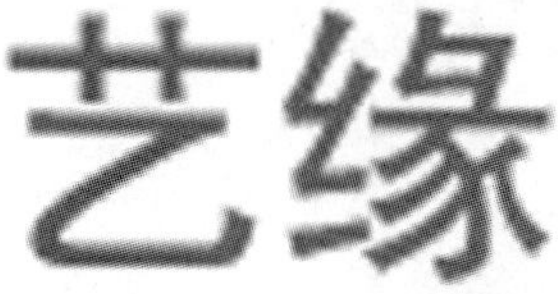

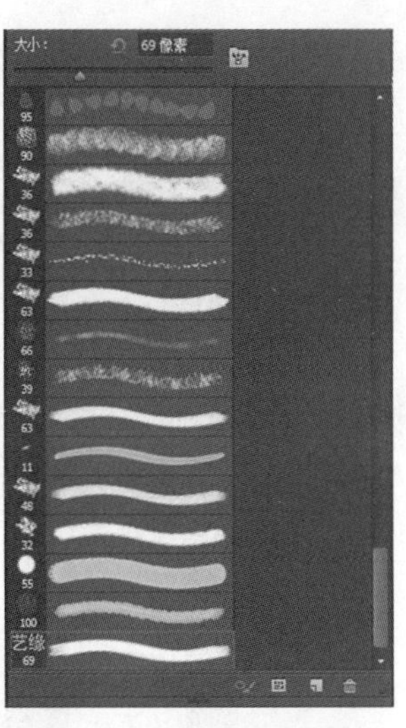

艺缘

图 5-7 输入文字“艺缘”

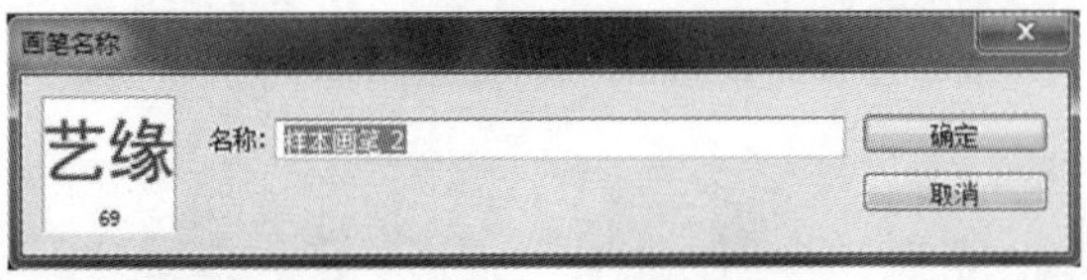

图 5-8 “画笔名称”对话框

图 5-9 自定义画笔显示

2. 铅笔工具

使用“铅笔工具”可以模拟铅笔的效果,创建硬边线条。“铅笔工具”选项栏如图 5-10 所示。

“铅笔工具”选项栏中有一个比较特殊的选项,即“自动抹除”选项,在此选项被选中的情况下,可以将“铅笔工具”作为橡皮擦来使用。一般情况下,“铅笔工具”将以前景色绘制图形;在选中“自动抹除”选项时,利用“铅笔工具”绘制图形,如果“铅笔工具”单击处存在以前使用该工具绘制的图形,则此工具暂时转换为擦除工具,通过绘制操作可以擦除以前绘制的图形。

3. 橡皮擦工具

“橡皮擦工具”用来擦除图像,如图 5-11 所示。它的使用方法很简单,像使用画笔一样,先选中“橡皮擦工具”,按住鼠标左键在图像上拖动即可。当作用于背景图层时,擦除过的地方会用背景色填充;当作用于普通图层时,擦除过的地方会变成透明。在“橡皮擦工具”的选项栏中可设置画笔的大小与类型,这与“画笔工具”很相似。

图 5-10 “铅笔工具”选项栏

图 5-11 “橡皮擦工具”

4. 背景色橡皮擦工具

使用“背景色橡皮擦工具”,可以将图层擦为透明,即使擦除的是背景层中的图像,被擦除的区域也会变为透明。

5. 魔术橡皮擦工具

“魔术橡皮擦工具”可以自动擦除颜色相近的区域。此工具具有“背景色橡皮擦工具”和“魔棒工具”的功能。

6. 特效画笔设置——画笔工具基本应用

(1)选择“文件”→“新建”命令,在“新建”对话框中设定图像“宽度”“高度”为“15 厘米”,“分辨率”为“72 像素/英寸”,“颜色模式”为“RGB 颜色”,“背景内容”为“白色”,如图 5-12 所示,单击“创建”按钮。

(2)设置前景色为黑色,按“Alt+Delete”组合键给文件背景填充黑色,如图 5-13 所示。

(3)单击工具箱中的“画笔工具”,按 F5 键,调出“画笔设置”对话框,切换至“画笔”选项卡,如图 5-14(a)所示;确认“画笔笔尖形状”选项被选中,设置如图 5-14(b)所示。

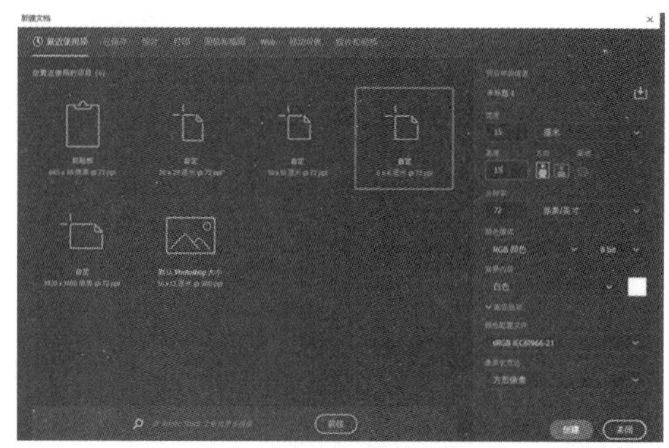

图 5-12　新建文件设置

图 5-13　填充黑色

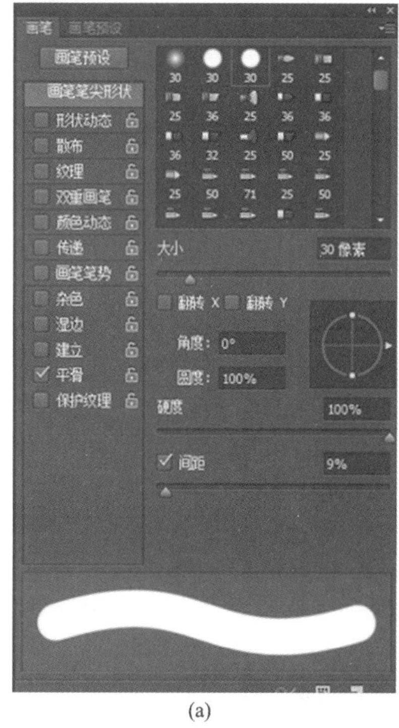

(a)

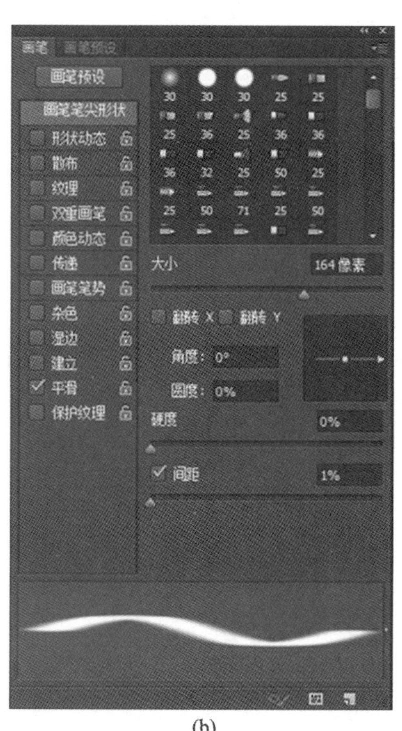

(b)

图 5-14　画笔设置

(4)进行绘制,可以得到图 5-15 所示的画笔效果。

(5)如果将“画笔”对话框中“角度”设置为“45°”,画笔将变成 45°的斜度,效果如图 5-16 所示。

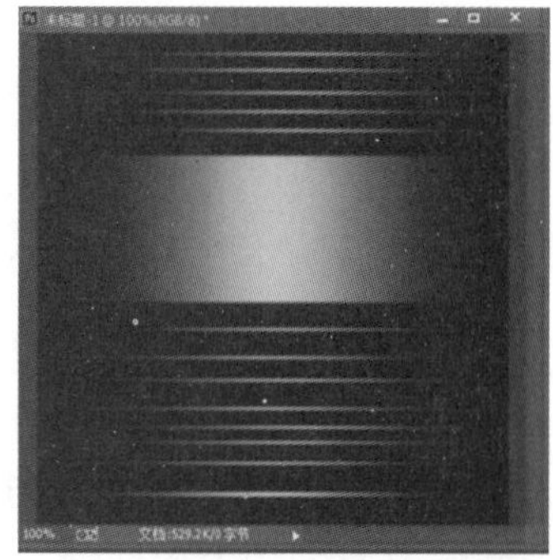

图 5-15　设置后的画笔效果

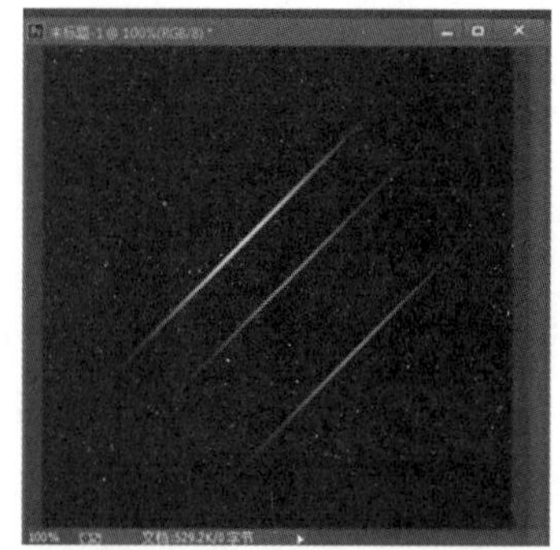

图 5-16　“角度”设置为“45°”的画笔效果

5.1.2 图像修饰工具

图像修饰工具比较多，主要包括“仿制图章工具”“图案图章工具”以及修复画笔、修补、模糊、锐化、涂抹、减淡、加深与海绵工具，可以使用它们来修复、修补及擦除图像等。

1. 图章工具组

图章工具组主要包括“仿制图章工具”“图案图章工具”两种常用工具，如图 5-17 所示。

(1)仿制图章工具。

使用“仿制图章工具”，可准确复制图像的一部分或全部，以弥补图像的不足之处。它是修补图像时常用的工具。

单击选择工具箱中的“仿制图章工具”，其选项栏如图 5-18 所示。

图 5-17 图章工具组

模式：正常 不透明度：100% 流量：100% 对齐 样本：当前图层

图 5-18 “仿制图章工具”选项栏

在画笔预览图的弹出控制面板中，可选择不同类型的画笔来定义“仿制图章工具”的笔刷大小、形状和边缘软硬程度。在“模式”下拉菜单中，可选择复制的图像及与底图的混合模式，并可设定“不透明度”和“流量”，还可以选择喷枪效果。

在有很多图层的情况下，选择用于“所有图层”选项后再用“仿制图章工具”，不管当前选择了哪个图层，此选项对所有的可见图层都起作用。图 5-19 为素材图像，选择“仿制图章工具”，如图 5-20 所示，然后按住 Alt 键，同时在右上角红色块旁单击(对单击部分进行复制)，然后放开 Alt 键，用鼠标在图像其他位置单击并拖动，红色块将被刚复制的部分覆盖。也可以按住 Alt 键，同时在女孩脸部单击，用鼠标在其他位置单击并拖动，效果如图 5-21 所示。

图 5-19 使用“仿制图章工具”前

图 5-20 选择“仿制图章工具”

图 5-21 使用“仿制图章工具”后的效果

(2)图案图章工具。

使用“图案图章工具”，可将各种图案填充到图像中。“图案图章工具”的选项栏如图 5-22 所示，和前面所讲的“仿制图章工具”的设定项相似。不同的是，“图案图章工具”直接以图案进行填充，不需要按住 Alt 键进行取样。

图 5-22 “图案图章工具”选项栏

可以在图案预览图的弹出调板中选择预定好的图案，也可以使用自定义的图案。用“矩形选框工具”选择一个没有羽化设置的区域(羽化半径=0)，执行“编辑”→“定义图案”命令，弹出“图案名称”对话框，在“名称”栏中输入图案的名称，单击“确定”按钮，即可将图案存储起来。在“图案图章工具”选项栏的图案弹出调板中可以看到新定义的图案。

定义好图案后，直接以“图案图章工具”在图像内绘制，即可将图案一个挨一个整齐排列在图像中。“图案图章工具”选项栏中，同样有一个“对齐”的选项，选择这一选项时，无论复制过程中停顿多少次，最终的图案位置都会非常整齐；而取消勾选这一选项，一旦“图案图章工具”使用过程中断，再次开始时图案即无法以原先的规则排列。

2. 数码照片效果制作——“图案图章工具”基本应用

(1)打开素材文件图像，如图 5-23 所示。

(2)在工具栏中选择“矩形选框工具”，在画面中画一方形选区；执行“编辑”→“定义图案”命令，如图 5-24 所示。

图 5-23 素材图像

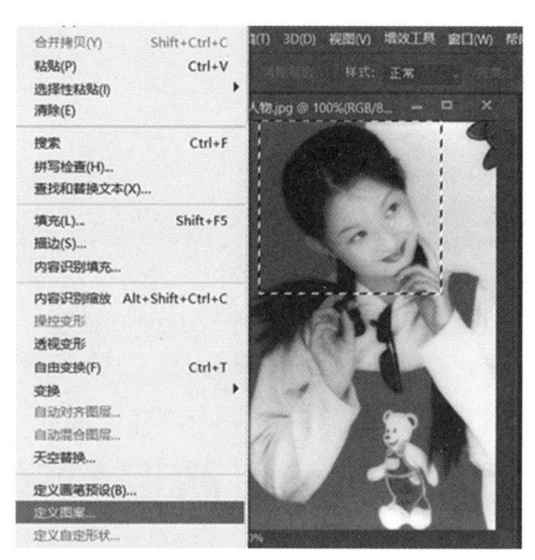

图 5-24 画方形选区并选择“定义图案”

(3)在弹出对话框中单击“确定”按钮，如图 5-25 所示。

(4)在工具栏中选择“图案图章工具”，然后在工具选项栏中单击图案缩览图旁边的倒三角形符号，在弹出的众多图案中选择刚定义的图案，如图 5-26 所示。

图 5-25 “图案名称”对话框

图 5-26 选择刚定义的图案

(5)使用“图案图章工具”在画面上单击鼠标并拖动，所得效果如图 5-27 所示。

3. 修复画笔工具组

修复画笔工具组主要包括修复画笔、修补、红眼等工具，如图 5-28 所示。

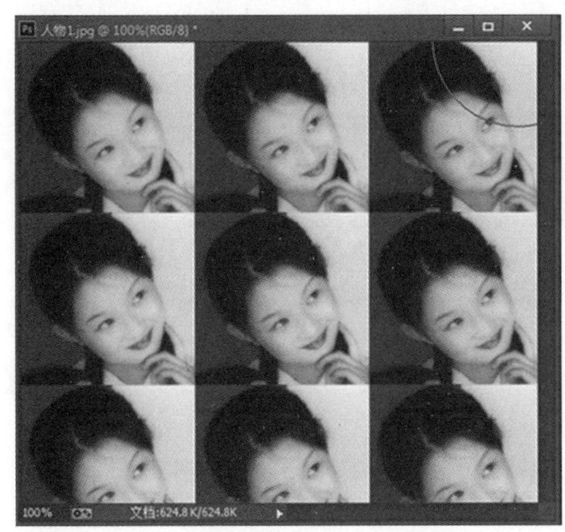

图 5-27 完成效果

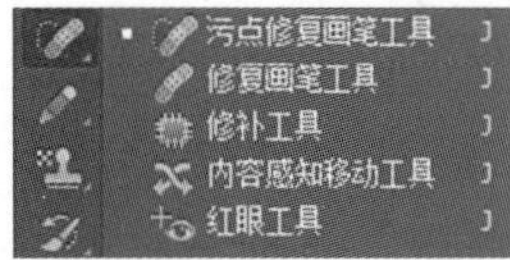

图 5-28 修复画笔工具组

(1)修复画笔工具。

“修复画笔工具”用于修复图像中的缺陷，并能使修复的结果自然融入周围的图像。和图章工具类似，“修复画笔工具”也是从图像中取样复制到其他部位，或直接用图案进行填充。但不同的是，“修复画笔工具”在复制或填充图案的时候，会将取样点的像素信息自然融入复制的图像位置，并保持其纹理、亮度和层次，使被修复的像素和周围的图像完美结合。

“修复画笔工具”选项栏如图 5-29 所示。在画笔弹出面板中选择画笔笔刷的大小来定义“修复画笔工具”的笔刷大小；在“模式”后面的下拉菜单中选择复制或填充的像素和底图的混合方式。在画笔弹出面板中只能选择圆形的画笔，只能调节画笔的粗细、硬度、间距、角度和圆度的数值，这是和图章工具的不同之处。

“对齐”选项的使用和前面讲到的“仿制图章工具”中此选项的使用完全相同。如果是在两个图像之间进行修复工作，同样要求两个图像有相同的图像模式。

模式: 正常 源: 取样 图案: 对齐 样本: 当前图层

图 5-29 “修复画笔工具”选项栏

例如，打开素材荷花图像，如图 5-30 所示；选择“修复画笔工具”，按住 Alt 键，同时在荷花尖端部位单击，然后用鼠标在其他地方涂抹，即可轻松得到图 5-31 所示的效果(操作方法与“仿制图章工具”完全相同)。

图 5-30 使用“修复画笔工具”前

图 5-31 使用“修复画笔工具”后

(2)修补工具。

“修补工具”选项栏如图 5-32 所示。使用“修补工具”可以从图像的其他区域或使用图案来修补当前选中的区域;和“修复画笔工具”相同之处是修复的同时也保留图像原来的纹理、亮度及层次等信息。在执行修补操作之前,首先要确定修补的选区,可以直接使用“修补工具”在图像上拖拉形成任意形状的选区,也可以采用其他的选框工具进行选区的创建。

当从图像中选择像素修补其他区域时,尽量选择较小的区域,这样修补的效果会好一些。

图 5-32 “修补工具”选项栏

4. 模糊工具组

“模糊工具”“锐化工具”“涂抹工具”(合称模糊工具组)可以用来对图像的细节进行局部的修饰,在修正图像的时候非常有用。它们的使用方法都和“笔刷工具”类似。

(1)模糊工具。

“模糊工具”是一种通过笔刷绘制使图像局部变得模糊的工具。它的工作原理是,通过降低像素之间的反差,使图像产生柔化朦胧的效果。在对两幅图进行拼贴时,使用“模糊工具”能将参差不齐的边界变得柔和并产生阴影效果。“模糊工具”选项栏如图 5-33 所示。

图 5-33 “模糊工具”选项栏

(2)锐化工具。

“锐化工具”与“模糊工具”相反,它是一种可以让图像色彩变得锐利的工具,也就是增强像素间的反差,提高图像的对比度,使图像变得更清晰、色彩更亮。单击“锐化工具”按钮时,在屏幕的上方便弹出“锐化工具”选项栏,如图 5-34 所示。

图 5-34 “锐化工具”选项栏

“强度”所控制的是“压力”值,其值越大,锐化的效果就越明显。选择“对所有图层取样”选项用来设置对所有的图层有效;否则,只对当前图层有效。

(3)涂抹工具。

“涂抹工具”就好比我们的手指,它可以模仿我们用手指在湿漉的图像中涂抹,得到很有趣的变形效果。“涂抹工具”选项栏如图 5-35 所示。涂抹的大小、软硬可通过单击画笔调板来选择,通常系统是从光标处的颜色开始,与鼠标拖动处的颜色混合进行涂抹,使用时最好沿着一个方向进行涂抹。

图 5-35 “涂抹工具”选项栏

5. 减淡工具组

使用“加深工具”“减淡工具”“海绵工具”这三个工具(合称减淡工具组)也可以对图像的细节进行局部的修饰,使图像得到细腻的光影效果。

“减淡工具”和“加深工具”用于改变图像的亮调与暗调细节,两者的作用刚好相反。它们的作用原理类似于胶片曝光显影后,通过部分暗化和亮化,来改善曝光的效果。

“海绵工具”可以用来调整图像的色彩饱和度,通过提高或降低色彩的饱和度,达到修正图像色彩偏差的效果。

6. 修补旧照片——图像修饰工具基本应用

(1)打开素材文件小孩图像。照片需要修改的地方有:照片中小孩右额部有黑点,衣服上有蓝色脏色块等,如图 5-36 所示。

(2)在工具箱中点选"仿制图章工具",其选项栏中设置如图 5-37 所示。按住 Alt 键,同时在黑点旁边单击一下(选中填补黑点的颜色),然后松开 Alt 键,用"仿制图章工具"涂抹目标黑点(要比较黑点周围的颜色,一定要根据需要选择填补色,使修补自然)。用同样的方法去掉蓝色脏色块等其他要修改的地方,注意要根据需要设置"仿制图章工具"的笔刷大小。

图 5-36 素材图像

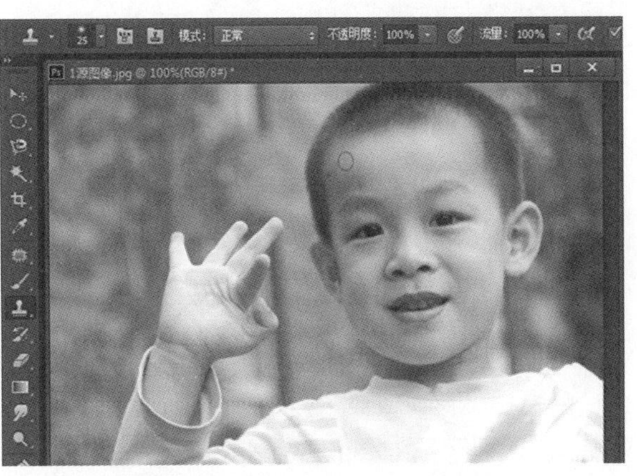

图 5-37 设置"仿制图章工具"选项栏

有时,我们在修补图片时有些细节看不清,打印时,有很多细小的部分没有修改,面对这种情况,我们可利用"缩放工具"将图像放大进行修改。

(3)可以在工具箱中点选"加深工具",在其工具选项栏中进行适当设置,用"加深工具"调整右额部太亮部位使其变暗一点,然后在工具箱中选择"海绵工具"调整图像的色彩饱和度,使效果更加自然。

(4)利用"缩放工具",将图像缩小或放大,仔细观察比较,适当调整。完成效果如图 5-38 所示。

图 5-38 完成效果

5.1.3 其他与绘图相关的工具

1. "历史记录画笔工具"和"历史记录艺术画笔"

"历史记录画笔工具"和"历史记录艺术画笔"如图 5-39 所示,这两个工具具有纠正错误的功能,能以绘画的形式自由纠正发生在图像中的错误。

(1)历史记录画笔工具。

“历史记录画笔工具”用来记录图像中的每一步操作。单击选中“历史记录画笔工具”,在屏幕的上方便弹出“历史记录画笔工具”选项栏,再单击“历史记录画笔工具”选项栏中的选项,便可看到在“历史记录”控制面板上记录了有关的执行动作。

“历史记录画笔工具”一般配合“历史记录”控制面板一起使用。用户可以通过在“历史记录”控制面板中定位某一步操作,而把图像在处理过程中的某一状态复制到当前图层中。选中“历史记录画笔工具”,选项栏如图 5-40 所示。

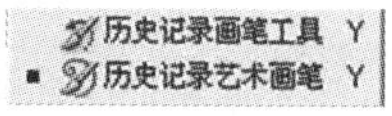

图 5-39 “历史记录画笔工具”和“历史记录艺术画笔”

图 5-40 “历史记录画笔工具”选项栏

(2)历史记录艺术画笔。

“历史记录艺术画笔”的使用方法基本与“历史记录画笔工具”相同,区别在于使用此工具进行绘图时,可选一种笔触画出颇具艺术风格的效果。

2. 内容感知移动工具

“内容感知移动工具”是强大的修复工具,它可以选择和移动局部图像,在图像重新组合后,对出现的空洞自动填充相匹配的图像内容,不需要我们进行复杂的选择,即可产生出色的视觉效果。“内容感知移动工具”选项栏如图 5-41 所示。

图 5-41 “内容感知移动工具”选项栏

5.2 图像批处理

5.2.1 动作

动作就是播放单个文件或一批文件的一系列命令,它会根据定义操作步骤的顺序逐一显示在“动作”浮动面板中,这个过程我们称为“录制”。大多数命令和工具操作都可以记录在动作中,以后需要对图像进行此类重复操作时,只需把录制的动作“搬”出来播放,一系列的动作就会应用在新的图像中了。

1. 动作的基本功能

(1)将常用的两个或多个命令及其他操作组合为一个动作,在执行相同操作时,直接执行该动作即可。

(2)对于 Photoshop 中精彩的滤镜,若对其使用“动作”功能,可以将多个滤镜操作录制成一个单独的动作;执行该动作,就像执行滤镜操作一样,可对图像快速执行多种滤镜的处理。

2. “动作”面板

“动作”面板是建立、编辑和执行动作的主要场所,在该面板中用户可以记录、播放、编辑或删除单个动作,也可以存储和载入动作文件。执行“窗口”→“动作”命令,将弹出图 5-42 所示的“动作”面板。单击“动作”面板右上边■按钮，弹出图 5-43 所示的菜单，菜单底部包含了 Photoshop 预设的一些动作，例如“命令”“画框”等动作，选择任何一个动作命令，可将其载入“动作”面板中。执行该菜单中的“按钮模式”命令，则所有动作会变成按钮状，如图 5-44 所示。

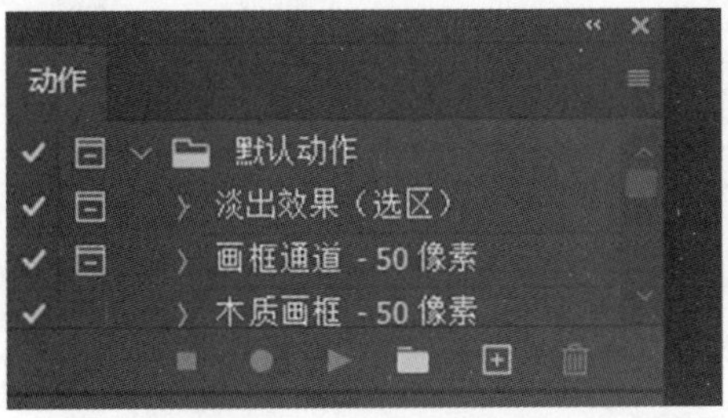

图 5-42　“动作”面板

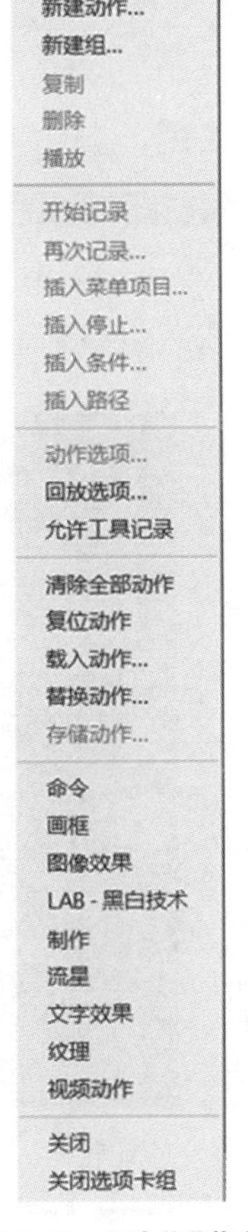

图 5-43　“动作”菜单

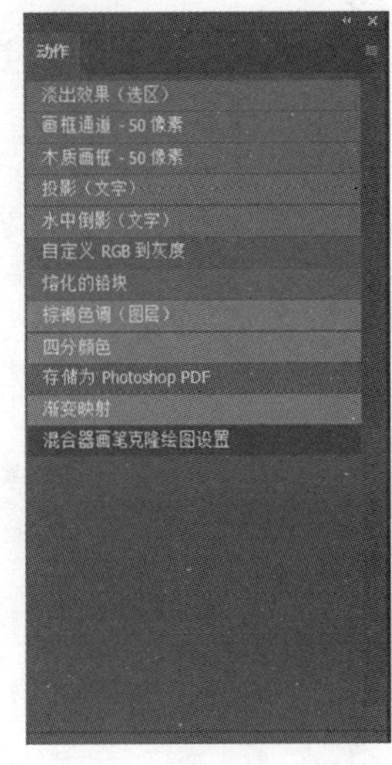

图 5-44　按钮状“动作”面板

“动作”面板中各个按钮的含义如下：

• “切换对话开/关”按钮 ：命令前显示该图标，表示动作执行到该命令时会暂停并打开相应的对话框，此时可修改命令的参数，按下“确定”按钮可继续执行后面的动作；动作组和动作前出现该图标，则表示该动作中有部分命令设置了暂停。

• “切换项目开/关”按钮 ✓：动作组、动作和命令前显示该图标，表示该动作组、动作和命令可以执行；动作组或动作前没有该图标，表示该动作组或动作不能被执行；某一命令前没有该图标，则表示该命令不能被执行。

• 展开/折叠按钮 〉：单击该按钮可以展开/折叠动作组，以便查看动作组的组成。

• “创建新组”按钮 ：单击该按钮可以创建一个新的动作组。

• “创建新动作”按钮 ：单击该按钮可以创建新的动作。

• “开始记录”按钮 ●：单击该按钮可以录制动作。

• “停止播放/记录”按钮 ■：该按钮一般呈现灰色，为不可用状态，在记录动作或播放动作时呈现出可用状态，单击该按钮可以停止当前的记录或播放操作。

• “播放选定的动作”按钮 ▶：单击该按钮可以播放当前选择的动作。

• “删除”按钮 ：在选择动作组、动作和命令后，单击该按钮可以将其删除。

“动作”控制面板中的序列在使用意义上与“图层”控制面板中的图层组相同，如果录制的动作较多，可将同类动作保存在一个动作序列中，以便查看。

3.“动作”与“自动”命令的区别

“动作”与“自动”命令都可提高图像处理工作效率，不同之处在于，“动作”命令的灵活性更大，而“自动”命令类似于由 Photoshop 录制完成的“动作”。

“自动”命令包括“批处理”“PDF 演示文稿”“创建快捷批处理”“裁剪并修齐照片”“Photomerge”“合并到 HDR Pro”“镜头校正”“条件模式更改”“限制图像”9 个命令。

4. 木质画框效果——动作的使用

(1)选择“文件”→“打开”命令，打开素材图像，如图 5-45 所示。

(2)按“Alt+F9”组合键或 F9 键，在弹出的“动作”控制面板中选中“木质画框”动作，如图 5-46 所示；然后在“动作”面板中点按播放按钮 ▶，将自动为图像增添“木质画框”效果，如图 5-47 所示。

图 5-45　素材图像

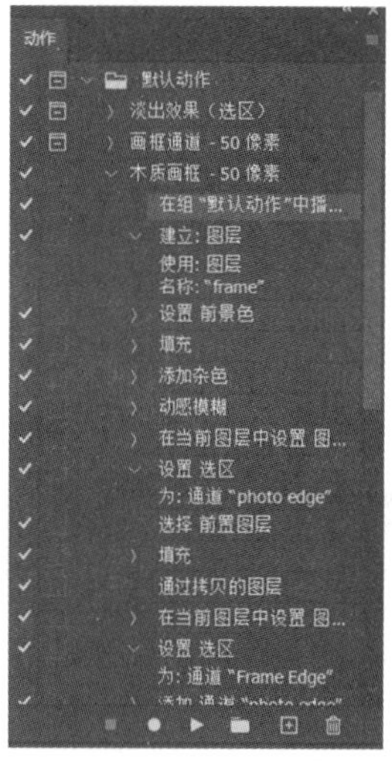

图 5-46　“动作”面板

图 5-47　“木质画框”效果

5.“去色”效果——动作编辑

(1)选择“文件”→“打开”命令，打开素材文件图像，如图 5-45 所示。

(2)选择“窗口”→“动作”命令，将弹出“动作”面板。单击“动作”面板上“创建新组”按钮，打开“新建组”对话框，将动作组名称设为“人物去色”，如图 5-48 所示，单击“确定”按钮，新建一个动作组，如图 5-49 所示。

图 5-48　“新建组”对话框

图 5-49　“动作”面板

(3)单击“动作”面板上“创建新动作”按钮，打开“新建动作”对话框，动作“名称”设为“去色”，如图 5-50 所示，将“颜色”设置为“灰色”，单击“记录”按钮，新建一个动作。单击“开始记录”按钮 ●，开始录制动作，此时，面板中的“开始记录”按钮 ● 会变成红色。“动作”面板如图 5-51 所示。

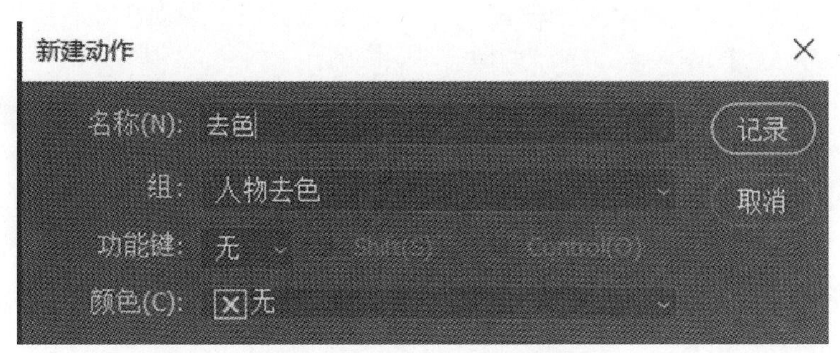

图 5-50 “新建动作”对话框

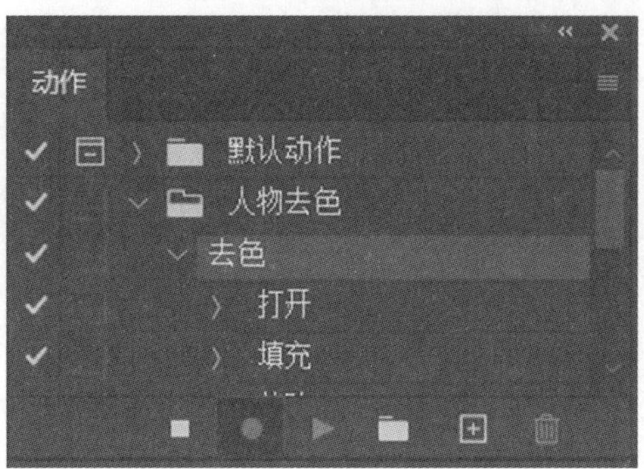

图 5-51 “动作”面板

(4)选择“图像”→“调整”→“去色”命令,将上述命令都记录为动作,“去色”效果如图 5-52 所示。

(5)按下“Shift+Ctrl+S”组合键,将文件另存为“人物去色”,然后关闭;单击“动作”面板上“停止播放/记录”按钮■,完成动作的录制。

(6)打开原来的素材文件,在“动作”面板中选择“人物去色”,单击“播放选定的动作”按钮▶,这时素材文件会“自动”执行“去色”命令,变成“灰色”效果。

5.2.2 “自动”命令的应用

在 Photoshop 中,除了可以应用相关的动作操作提升对图像的编辑速度外,还可以应用一系列“自动”命令成批地对图像进行编辑处理。

1. 关于“自动”命令

选择“文件”→“自动”,可见其子菜单,如图 5-53 所示,其主要包括“批处理”“PDF 演示文稿”“创建快捷批处理”“裁剪并修齐照片”“Photomerge”“合并到 HDR Pro”“镜头校正”“条件模式更改”“限制图像”9 个命令。

图 5-52 “去色”效果

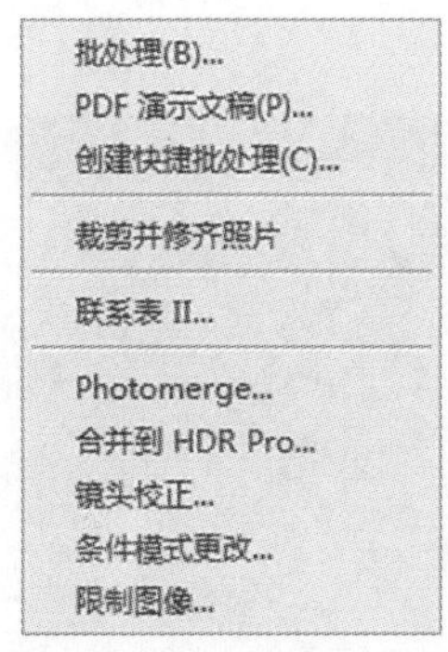

图 5-53 “自动”子菜单

• “批处理”:批处理图像即成批地对图像进行整合处理;“批处理”命令可以自动执行“动作”面板中已定义的动作命令(即将多步操作组合在一起作为一个“批处理”命令),将其快速应用于多张图像,同时对多张图像进行处理,从而在很大程度上节省了处理时间,提高了工作效率。

• “PDF 演示文稿”:PDF 格式是一种跨平台的文件格式,Adobe Illustrator 和 Adobe Photoshop 都可以直

接将文件存储为 PDF 格式。

• "创建快捷批处理"：使用该命令可将系统默认或新创建的动作单独作为一个载体，对图像进行批量处理，其应用非常广泛，可同时对多个图像进行操作，如添加画框、添加水印等。

• "裁剪并修齐照片"：使用该命令不仅可以将图像中不必要的部分最大限度地进行裁剪，还能自动调整图像的倾斜度，多应用于对打印图像的分解上。

• "Photomerge"：使用该命令可将使用普通相机拍摄、角度相同的多张图像进行合成，快速得到全景图像，使合成后图像呈现一种大气、开阔的状态。

• "合并到 HDR Pro"：HDR 图像是通过合成多幅以不同曝光度拍摄的同一场景或同一人物的照片而创建的高动态范围图片。该命令主要用于影片、特殊效果、3D 作品及某些高端图片。

• "镜头校正"：利用该命令可对批量图像进行镜头校正。

• "条件模式更改"：利用该命令可根据图像原来的模式将图像的颜色模式更改为用户指定的模式。

• "限制图像"：利用该命令可以限制图像的尺寸。

2. 全景图效果——"Photomerge"命令的基本应用

"Photomerge"命令可以将多张照片进行不同形式的拼接，来得到具有整体效果的全景照片。本案例通过使用"Photomerge"命令合成全景图，效果如图 5-54 所示。

图 5-54　全景图效果

(1)选择"文件"→"打开"命令，打开素材文件图像，如图 5-55 所示。

图 5-55　素材图像

(2)选择"文件"→"自动"→"Photomerge"命令，弹出"Photomerge"对话框，单击"添加打开的文件"按钮，此时打开的图像被添加到文件列表框中。其他设置如图 5-56 所示。

(3)单击“确定”按钮,软件会自动对图像进行合成,命名为“全景图”;“图层”面板如图 5-57 所示,效果如图 5-54 所示。

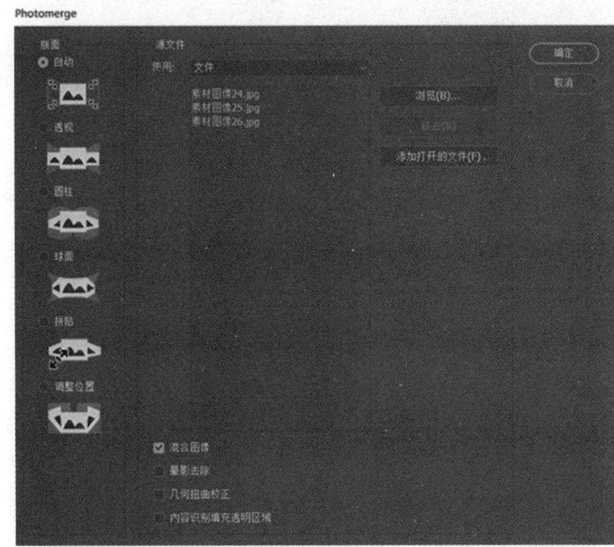

图 5-56 “Photomerge”对话框

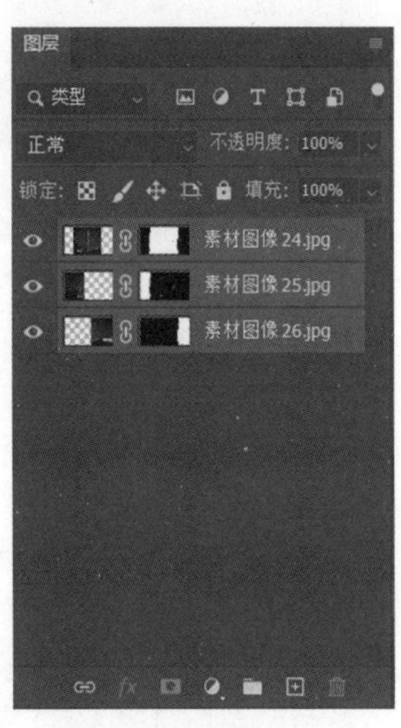

图 5-57 “图层”面板

3.“PDF 演示文稿”效果——“PDF 演示文稿”命令的基本应用

本案例通过制作“PDF 演示文稿”效果,让读者进一步了解“自动”命令的应用。图 5-58 所示为生成的 PDF 文件(打开效果)。

图 5-58 “PDF 演示文稿”效果

(1)选择“文件”→“自动”→“PDF 演示文稿”命令,弹出“PDF 演示文稿”对话框,如图 5-59 所示。

(2)在“PDF 演示文稿”对话框中,单击“浏览”按钮,弹出“打开”对话框,按住 Crtl 键,点击文件“素材图像 20”和“素材图像 23”,将这 2 个文件同时打开。此时可见在“源文件”列表框中显示所添加的所有文件,如图 5-60 所示。

(3)单击“存储”按钮,弹出“另存为”对话框,设置相应保存路径和名称,如图 5-61 所示,单击“保存”按钮,弹出“存储 Adobe PDF”对话框,如图 5-62 所示。

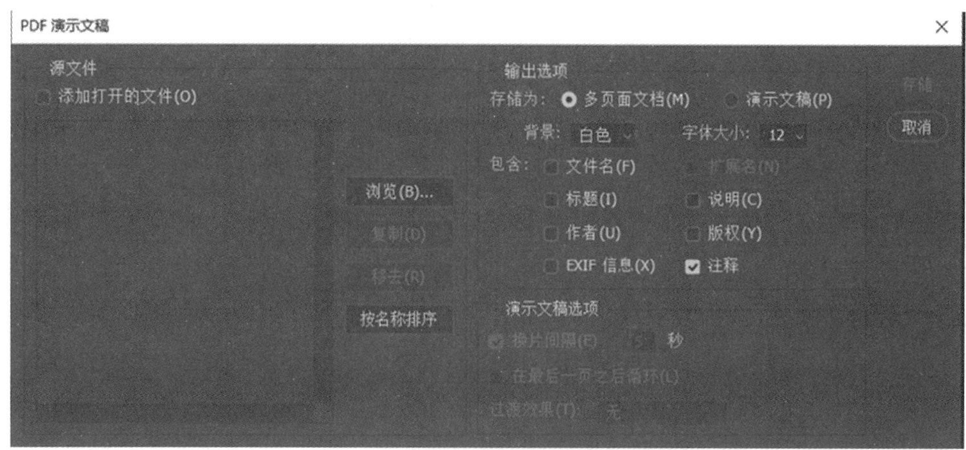

图 5-59 “PDF 演示文稿”对话框

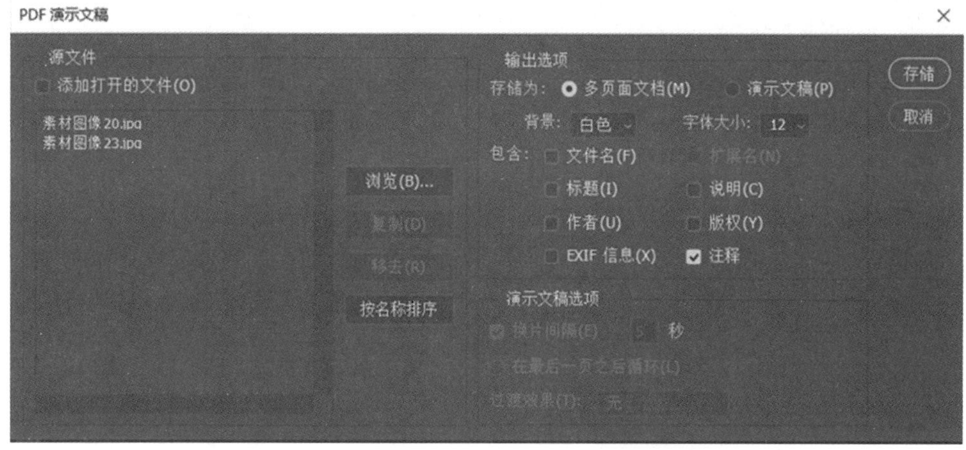

图 5-60 添加文件后的“PDF 演示文稿”对话框

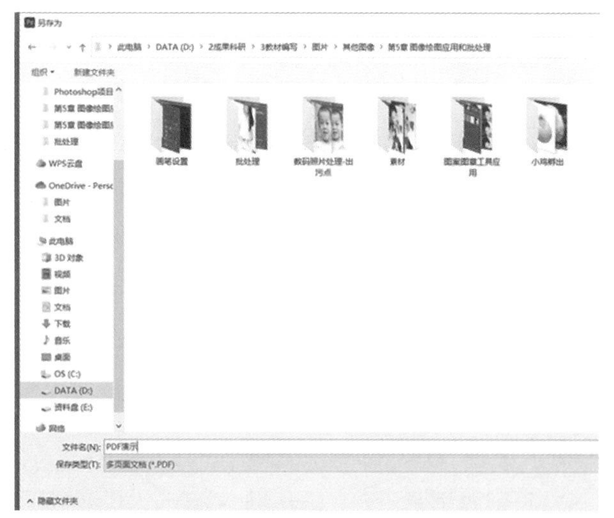

图 5-61 “另存为”对话框

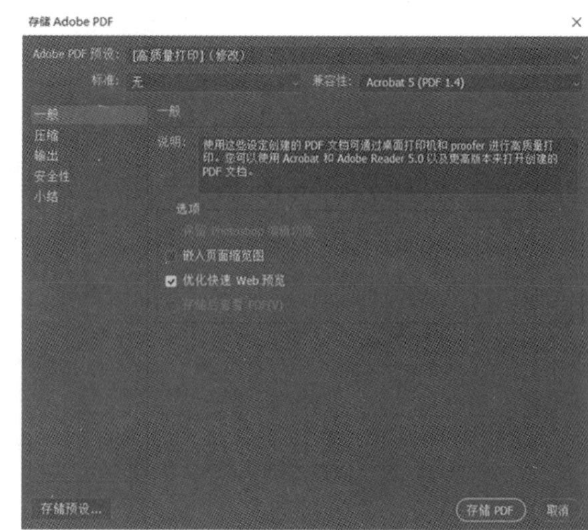

图 5-62 “存储 Adobe PDF”对话框

(4)单击“存储 PDF”按钮，将文件存储为 PDF 格式，在相应文件夹中可以查看 PDF 文件，如图 5-58 所示。

5.3 项目实训

5.3.1 项目实训1——邮票制作

效果说明

本实训案例制作出的效果如图5-63所示。本实训案例主要应用选框工具、文字工具、定义图案及“填充”等工具和命令操作完成。

图5-63 邮票制作效果

制作步骤

(1)按“Ctrl+N”组合键新建一个文件,弹出对话框中设置如图5-64所示,点按“创建”创建新文件。

(2)设置前景色为黑色,在工具箱中选用“椭圆选框工具”,按住Shift键同时在工作区描绘一正圆选区,按“Alt+Delete”组合键为正圆选区填色,效果如图5-65所示。

(3)在工具箱中选择“矩形选框工具”,在正圆外围描绘方形虚线框,选择“编辑”菜单→“定义图案”命令,弹出“图案名称”对话框,如图5-66所示。

(4)点按“确定”确定后,按“Ctrl+D”键取消方形选框,并设置前景色为白色,点按“Alt+Delete”组合键为工作区填色,如图5-67所示。

(5)在工具箱中选择“图案图章工具”,在工具选项栏中会自动保存刚定义的图案,点按工具选项栏中图案缩览图旁的倒立三角形符号就能见到,如图5-68所示。

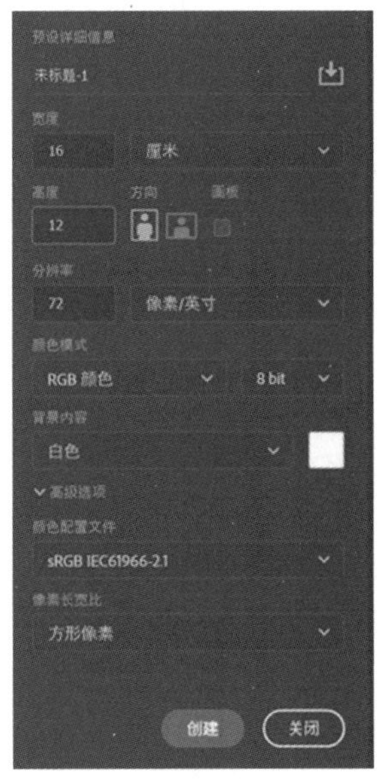

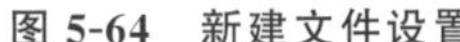
图 5-64　新建文件设置

图 5-65　描绘正圆选区并填色

图 5-66　“图案名称”对话框

图 5-67　工作区填充白色

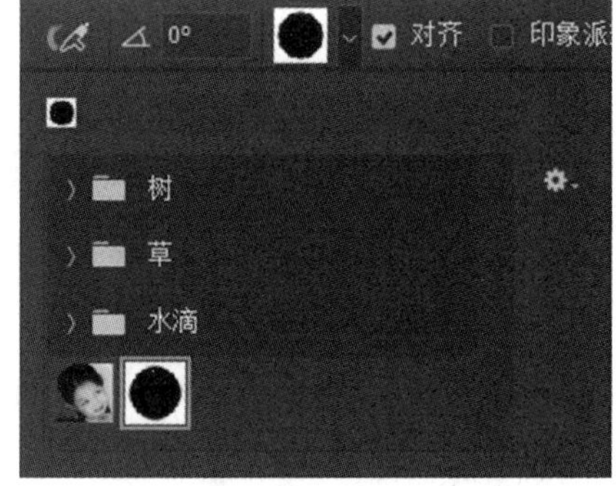

图 5-68　选择刚定义的图案

(6)选用“图案图章工具”，在工作区中点按鼠标左键并拖动，描绘出图 5-69 所示的图案效果。

(7)选用“矩形选框工具”，在工作区描绘方形虚线框(不要选中黑色正圆)，设置前景色为白色，点按“Alt＋Delete”组合键为方形选框填充白色，如图 5-70 所示。

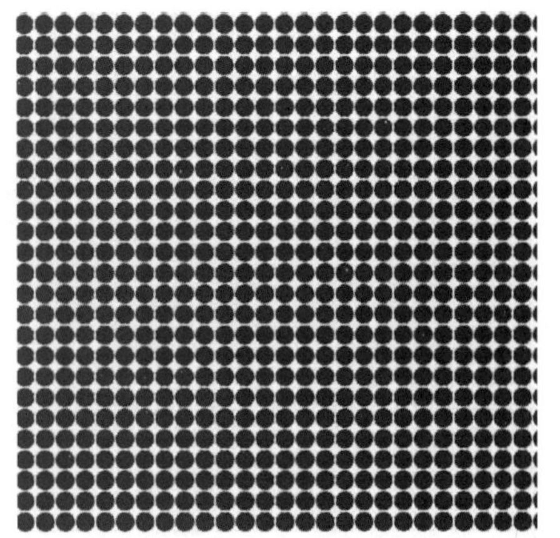
图 5-69　图案效果

图 5-70　绘制方形选框并填充白色

(8)选用"矩形选框工具"，在黑色正圆上描绘方形虚线框，选择"选择"菜单→"反选"命令，设置前景色为黑色，按"Alt+Delete"组合键填充黑色，如图 5-71 所示。

(9)打开素材文件图像，如图 5-72 所示。

图 5-71　反选并填充黑色

图 5-72　打开素材图片

(10)使用"移动工具"将素材图像拖入图 5-71 所示邮票制作文件中，按"Ctrl+T"键适当调整大小，然后选用"矩形选框工具"在刚拖入的素材图像边缘画一方形虚线框，并选择"编辑"菜单→"描边"命令，在弹出的对话框中选用黑色描边，效果如图 5-73 所示。

(11)选择文字工具输入文字"中国邮政""60""分""CHINA"(字体均为"黑体")，根据需要设置文字大小，适当调整后效果如图 5-74 所示。

图 5-73　描边效果

图 5-74　完成效果

5.3.2　项目实训 2——"小鸡孵出"效果

效果说明

本实训案例制作出的效果如图 5-75 所示。本实训案例主要应用"椭圆选框工具""魔棒工具""画笔工具""加深工具""羽化""减淡工具"等工具和命令操作完成。

制作步骤

(1)按"Ctrl+N"组合键新建文件，弹出对话框中设置如图 5-76 所示，点按"创建"后创建新文件。

图 5-75　完成效果

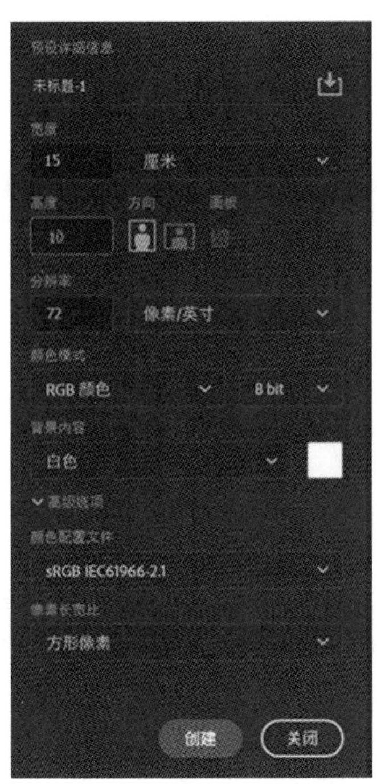

图 5-76　新建文件设置

(2)在“图层”面板底部，点按“创建新图层”按钮，新建“图层 1”；选择“椭圆选框工具”绘制一椭圆形(鸡蛋外形)，设置前景色为浅橙色(R=235，G=190，B=157)，如图 5-77 所示；按“Alt+Delete”组合键填色，效果如图 5-78 所示。

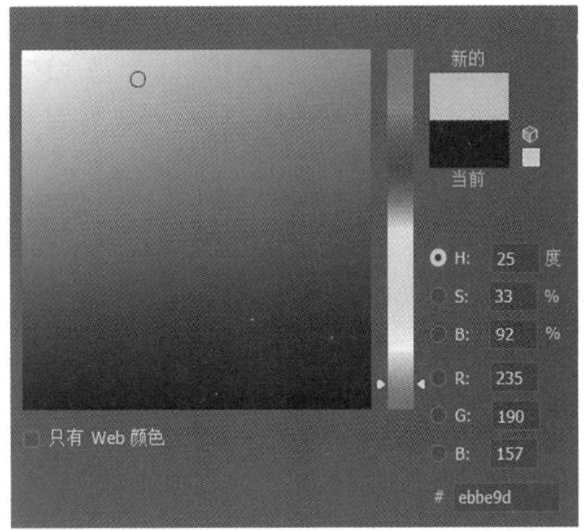

图 5-77　前景色设置

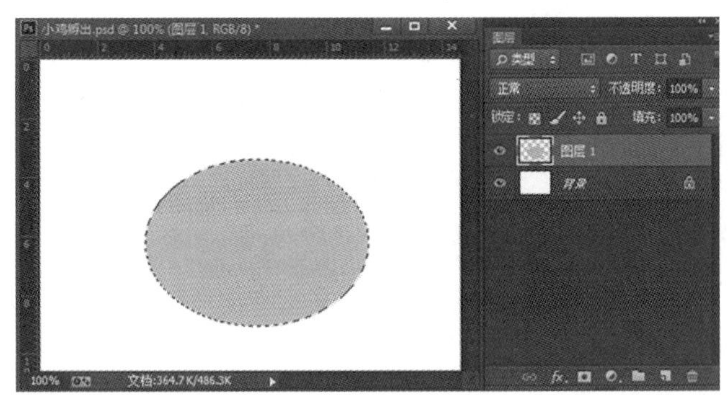

图 5-78　前景色填充

(3)在“图层”面板新建“图层 2”，设置前景色为白色，选择“画笔工具”，在“画笔工具”选项栏将笔头设置为“柔边圆”，大小为“60 点”左右(开始设置为“90 点”左右，再根据需要变化大小)，“不透明度”为“10%”左右，点选喷笔图标；在椭圆形区域慢慢地喷绘，在“图层”面板上选择图层混合模式为“强光”，效果如图 5-79 所示。

(4)按“Ctrl+E”键将“图层 2”与“图层 1”合并为“图层 1”；选择“加深工具”，“曝光度”设得小一点(不要超过“10%”)，画笔稍微大一点，加深背光的部分的阴影，多次加深；再选择“减淡工具”修改完善亮部，效果如图 5-80 所示。

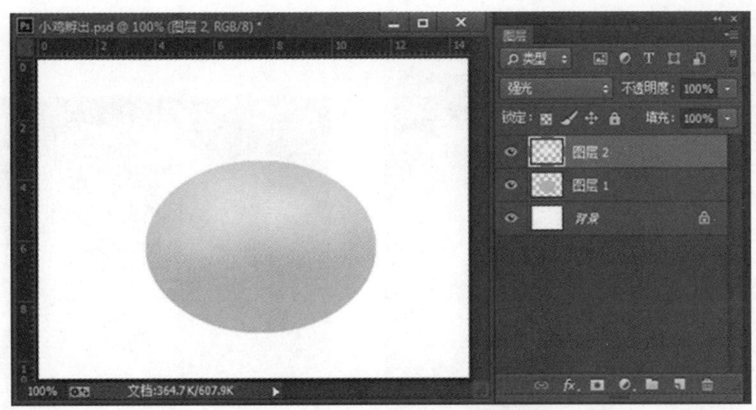

图 5-79　画笔喷色绘制亮部效果

图 5-80　加深和减淡效果

(5)选用“多边形套索工具”绘制小鸡啄出的蛋壳痕迹,建立选区,如图 5-81 所示。

(6)按 Delete 键,删除被选区域;选择“选择”→“变换选区”菜单命令,将选区适当往下拉一下,再选择“图像”→“调整”→“亮度/对比度”,“亮度”调到“60”左右,这时蛋壳皮有一定的“厚度”了,然后选择“加深工具”在上部选区适当加深,效果如图 5-82 所示。

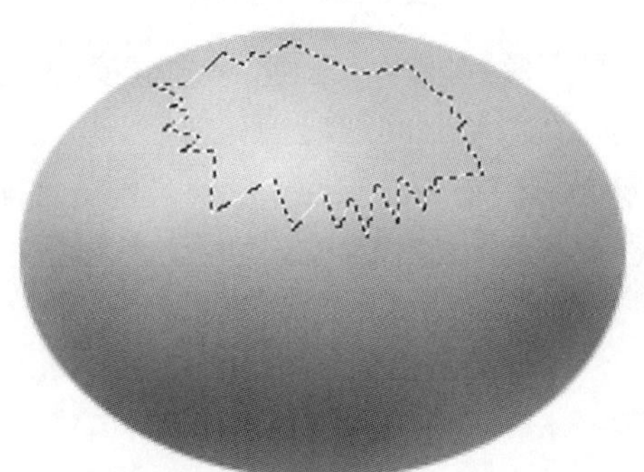

图 5-81　建立选区

图 5-82　删除选区并调整、加深

(7)打开素材文件小鸡图像,如图 5-83 所示。

(8)选择“魔棒工具”,在“魔棒工具”的选项栏中设置“容差”为“80”,在小鸡图像上半身上点选,然后点选“添加到选区”按钮,将“容差”变成“30”左右继续点选;再选择“套索工具”,在其选项栏中点选“从选区减去”,根据需要调整选区,得到的选区效果如图 5-84 所示。

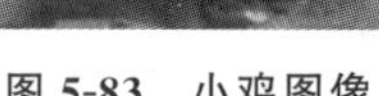
图 5-83 小鸡图像

图 5-84 为小鸡建立选区

(9)使用“移动工具”将选区中小鸡图像拖入图 5-82 所示的鸡蛋文件中,按“Ctrl＋T”键适当调整大小,如图 5-85 所示。

图 5-85 调整大小

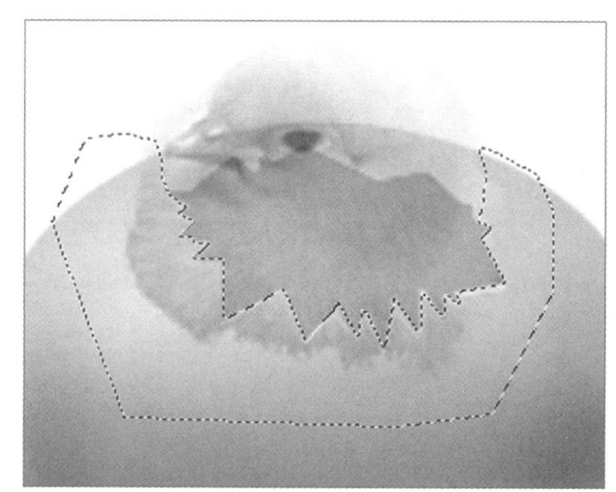
图 5-86 建立选区

(10)在“图层”面板上将刚拖入的“小鸡”图层“不透明度”降低到“30％”左右,然后点按“多边形套索工具”,根据啄出的蛋壳痕迹的基本形绘制不规则选区,如图 5-86 所示。

(11)点击刚拖入的“小鸡”图层,将“不透明度”设为“100％”,按 Delete 键,删除被选部分;再使用“套索工具”选中小鸡图像的多余部分,然后将其删除。适当调整后得到的效果如图 5-87 所示。

图 5-87 调整后效果

(12)如果想制作阴影效果,可用“椭圆选框工具”在鸡蛋的下部绘制一椭圆形选区(将“羽化”值设置为“40像素”左右),如图 5-88 所示;将前景色设置为深灰色,按“Alt+Delete”键填色,然后根据需要适当调整,阴影效果如图 5-89 所示。

图 5-88 建立椭圆形选区

图 5-89 添加阴影效果

Photoshop Xiangmushi Jiaocheng

第六章

文本的创建与编辑

“图文不分家”，在 Photoshop 实践应用中，文字具有不可替代的重要作用。通过本章的学习，读者将会了解到对文字进行创建、修改和处理等的步骤和方法，掌握一些常见文字的特殊效果的制作。

6.1 文字的基本操作

Photoshop 中的文字创建工具包括“横排文字工具”“直排文字工具”2 种，单击T.按钮右下角的三角形就可以看到这些文字创建工具，如图 6-1 所示；按键盘上的“Shift＋T”组合键，可以在不同文字工具之间进行切换。Photoshop 中和文字创建工具放在一起的还有“横排文字蒙版工具”“直排文字蒙版工具”，利用这些工具能够创建不同方向和形状的文字及选区。

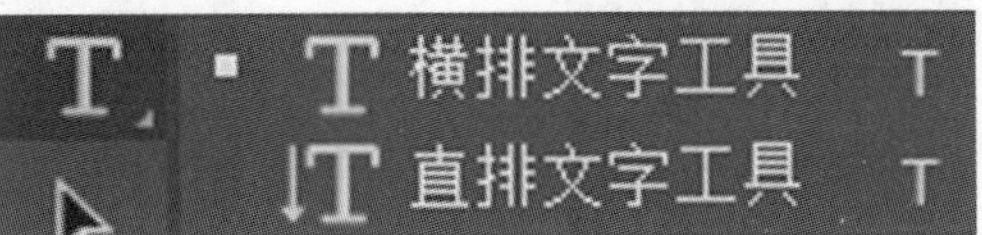

图 6-1　文字创建工具

6.1.1　输入文字

1. 输入横排文字

在 Photoshop 中点击工具箱中的文字工具按钮 T.，选择“横排文字工具”，此时文字工具选项栏如图 6-2 所示。在图像上欲输入文字的地方单击鼠标左键，开始输入我们所需的文字，输入完毕，按快捷键“Ctrl＋Enter”结束文字编辑状态。

图 6-2　“横排文字工具”选项栏

选择“横排文字工具”，输入的文字呈横向排列，如图 6-3 所示。

2. 输入直排文字

选择“直排文字工具”，在图像上欲输入文字的地方单击鼠标左键，开始输入所需的文字，输入完毕，按快捷键“Ctrl＋Enter”结束文字编辑状态，效果如图 6-4 所示。

输入横排文字

图 6-3　横排文字效果

图 6-4　竖向排列的文字

文字的水平与垂直排列的设置方法很多。在设置文字的排列方式时，可以选择“横排文字工具”T或者“直排文字工具”IT，也可以在创建后进行修改，方法有两种：一种是选择“图层”→“文字”→“水平”（或“垂直”）菜单命令进行转换；另外一种是单击文字工具选项栏中的“切换文本取向”按钮IT。

3. 输入点文字

点文字命令对于输入一个字或一行字很有用。输入点文字时，每行文字都是独立的，行的长度随着内容编辑增加或缩短，但不会自动换行；输入的文字即出现在新的文字图层中。

选择“横排文字工具”或“直排文字工具”，在图像中点按后，为文字设置插入点。在工具选项栏、“字符”控制面板或“段落”控制面板中设置文字选项。输入所需的字符，点按选项栏中的“提交所有当前编辑”按钮✓。如要另起一行，可按主键盘上的 Enter 键。

在工具箱中选择“横排文字工具”T，在文件中输入文字“互联网‘＋’”，效果如图 6-5 所示。这时候，文字图层就建立成功了，在“图层”面板中就出现了一个有“T”标志的文字图层，如图 6-6 所示。

图 6-5　输入文字

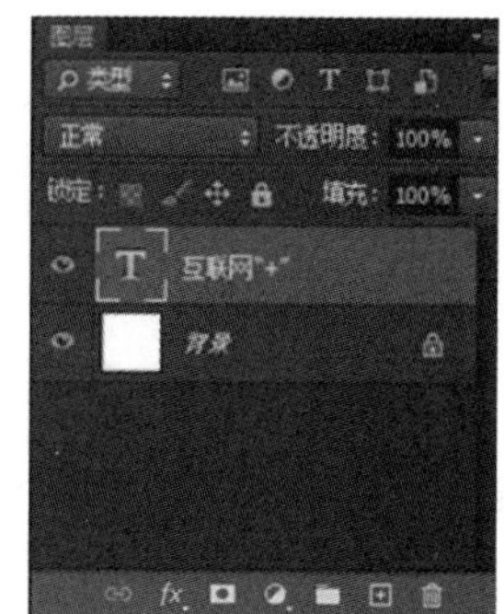

图 6-6　“图层”面板中出现文字图层

4. 输入段落文字

段落文字命令对于以一个或多个段落的形式输入文字并设置格式而言非常有用。输入段落文字时，文字基于定界框的尺寸换行，如图 6-7 所示；可以输入多个段落并选择段落调整选项。

我们可以在输入文字后调整定界框的大小，这将使文字在调整后的矩形内重新排列，也可以在输入文字时或创建文字图层后调整定界框，还可以使用定界框旋转、缩放和斜切文字。

具体操作如下：

(1)选择“横排文字工具”或“直排文字工具”。

(2)沿对角线方向拖移，为文字定义定界框。点按或拖移时按住 Alt 键，以显示“段落文字大小”对话框，输入“宽度”和“高度”的值，并点按“确定”按钮。

(3)在工具选项栏中设置文字选项。

(4)输入所需的字符，点按工具选项栏中的“提交所有当前编辑”按钮✓确认。若要另起一段，则按主键盘上的 Enter 键。如果需要，可调整定界框的大小，也可旋转或斜切定界框。

5. 输入文字选区

使用“横排文字蒙版工具”或“直排文字蒙版工具”时，可创建文字形状的选区，如图 6-8 所示。文字选区出现在图层中，并像任何其他选区一样可移动、拷贝、填充或描边。

为获得最佳效果，应在正常图像图层上而不是文字图层上创建文字选区。

具体操作如下：

(1)选择“横排文字蒙版工具”或“直排文字蒙版工具”。

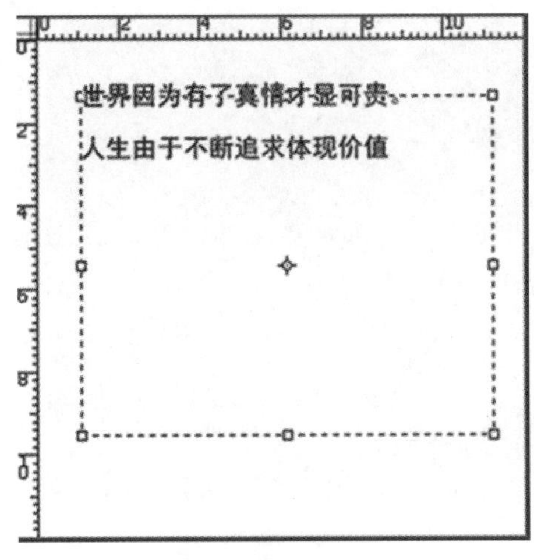

图 6-7 输入段落文字

图 6-8 文字形状的选区

(2)选择其他的文字选项,并在某一点或在定界框中输入文字。

(3)输入文字时当前图层上会出现一个红色的蒙版;文字提交后,当前图层上的图像中会出现文字选框。

6.1.2 编辑文字

1. 创建文字图层

单击工具箱中的T.按钮,然后在图像上输入文字就可以创建一个文字图层。文字图层作为一种特殊的图层,它有一些操作与普通图层不同,如改变文字的排列方向等,下面分别做介绍。

利用文字工具在图像中输入文字、创建文字图层的具体操作步骤如下。

(1)选择"文件"→"打开"菜单命令,打开图 6-9 所示的素材图像;选择"矩形选框工具"绘制一矩形选框,如图 6-10 所示。

图 6-9 原图像

图 6-10 矩形选框

(2)点按"图层"命令面板中"创建新图层"按钮,新建图层;选择"编辑"→"描边"菜单命令,在弹出的"描边"面板(见图 6-11)中点"确定"按钮,效果如图 6-12 所示。

(3)单击工具箱中"横排文字工具"按钮T.,在图像中单击,出现闪烁的光标,在光标处输入自己喜欢的文字,效果如图 6-13 所示(根据需要在"字符"命令面板中进行设置)。

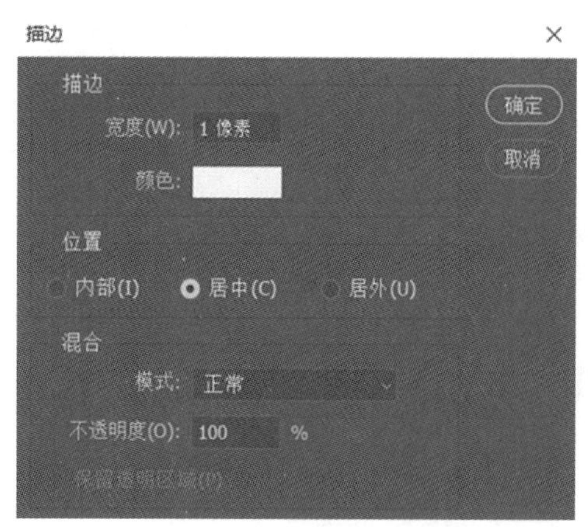

图 6-11 “描边”面板

图 6-12 描边效果

图 6-13 文字效果

2. 设置文字属性

点击工具箱中的文字工具按钮，文字工具选项栏如图 6-14 所示，包括字体、大小、颜色等文字的基本属性选项。“字符”面板的功能与文字工具选项栏类似，但“字符”面板功能更全面。“字符”面板可以通过执行“窗口”→“字符”菜单命令来显示。默认情况下“字符”面板和“段落”面板是一起出现的，以便用户快速进行切换运用。

图 6-14 文字工具选项栏

若要设置文本的格式，可以在输入前先在工具选项栏中设置，也可以在输入文字以后用文字工具将要设文本格式的文字选中，再在此工具选项栏中进行设置。如果要控制文字的更多属性，可以单击工具选项栏右侧的显示文字和段落属性控制面板的按钮，弹出图 6-15 所示的“字符”面板，并进行相应设置。

“字符”面板还可以通过执行“窗口”→“字符”菜单命令来显示。默认情况下“字符”面板和“段落”面板是一起出现的，以便用户快速进行切换运用。“字符”面板的功能与文字工具选项栏类似，但“字符”面板功能更全面。

3. 设置文字段落属性

在文字工具选项栏中，单击“切换字符和段落面板”按钮可弹出“段落”面板，如图 6-16 所示，这个面板是用来设置文字的段落格式的，面板包含了各种对齐和缩进格式的设置。

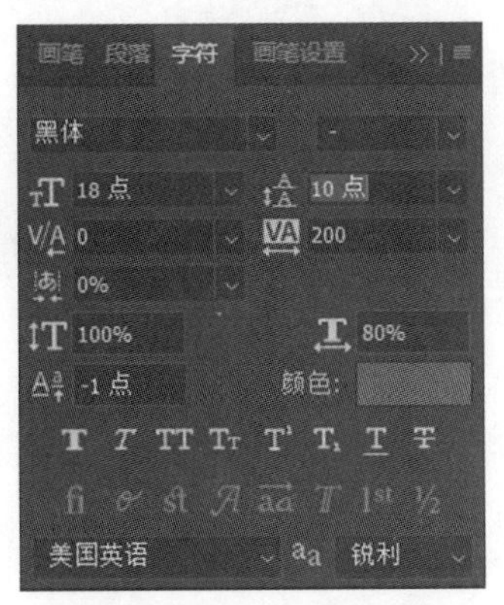

图 6-15 “字符”面板

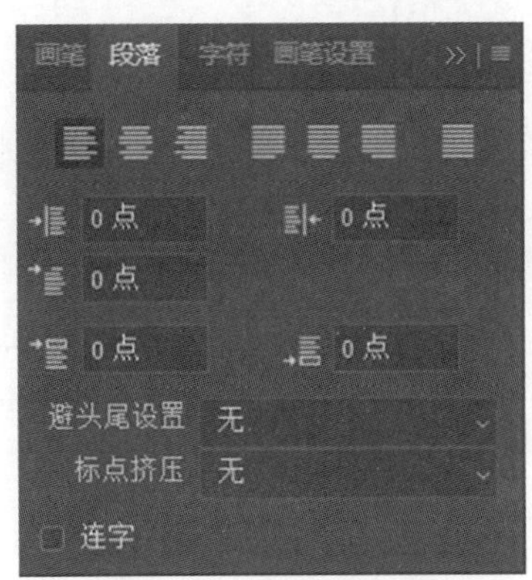

图 6-16 “段落”面板

“段落”面板中各参数的含义如下：

• 对齐方式按钮组 ：从左到右依次为左对齐文本、居中对齐文本、右对齐文本、最后一行左对齐、最后一行居中对齐、最后一行右对齐和全部对齐。

• “左缩进” ：设置当前段落的左侧相对于左定界框的缩进值。

• “右缩进” ：设置当前段落的右侧相对于右定界框的缩进值。

• “首行缩进” ：设置选中段落的首行相对于其他行的缩进值。

• “段前添加空格”：设置当前段落与上一段落之间的垂直间距。

• “段后添加空格”：设置当前段落与下一段落之间的垂直间距。

• “避头尾法则设置”下拉列表框：可将换行行距设置为宽松或严格。

• “间距组合设置”下拉列表框：可以设置内部字符集间距。

• “连字”复选框：选择该复选框可将一行文字的最后一个英文单词拆开，形成连字符号，而剩余的部分则自动换到下一行。

4. 文字变形

在文字工具选项栏中，单击 按钮可以弹出图 6-17 所示的“变形文字”对话框，在该对话框中可以对文字进行变形设置。

“样式”下拉列表中有各种各样的变形效果，如图 6-18 所示，包括“扇形”“下弧”“上弧”“拱形”“凸起”“贝壳”“花冠”“旗帜”“波浪”“鱼形”“增加”“鱼眼”“膨胀”“挤压”“扭转”。

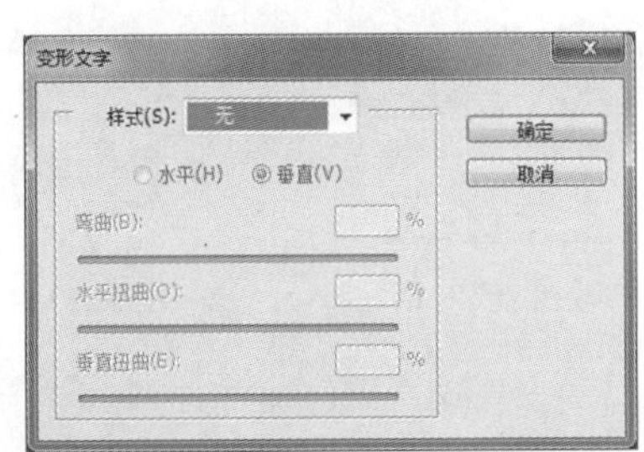

图 6-17 “变形文字”对话框

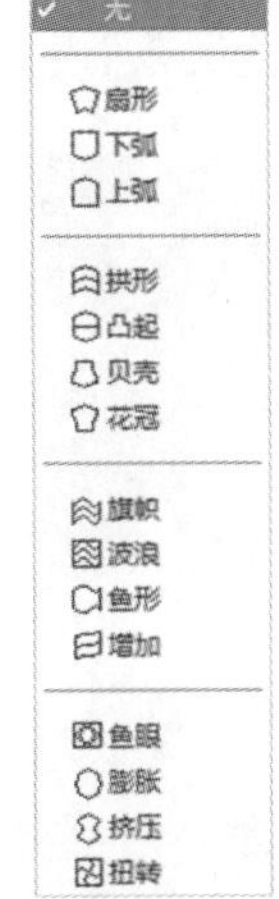

图 6-18 “样式”下拉列表

下面简单制作几个文字的变形效果。

(1)将“为人民服务”设置为“扇形”变形效果。在“样式”下拉列表中选择“扇形”选项,如图6-19所示;在该对话框上进行参数的设置,然后单击“确定”按钮,得到图6-20所示的“为人民服务”文字效果。

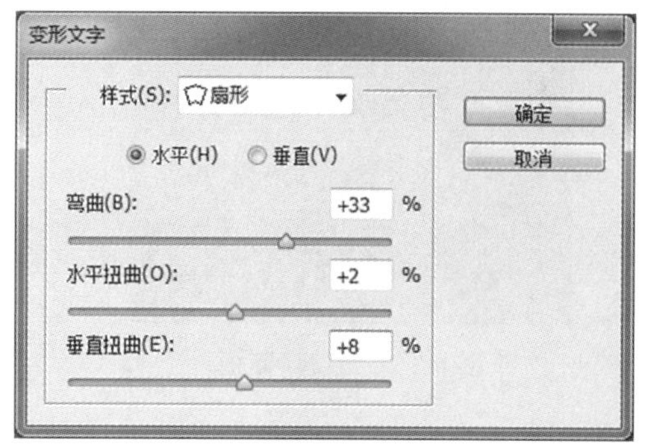

图6-19 选择“扇形”样式

图6-20 “扇形”变形后的文字效果

(2)将文字“为人民服务”设置为“挤压”变形效果。在“样式”下拉列表中选择“挤压”,如图6-21所示;在该对话框上进行参数的设置,然后单击“确定”按钮,得到图6-22所示的“为人民服务”文字效果。

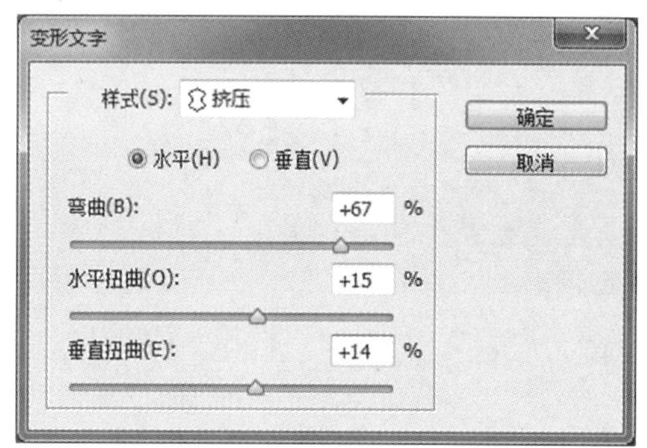

图6-21 选择“挤压”样式

图6-22 “挤压”变形后的文字效果

对于其他变形效果设置,读者可自己选择学习。

5. 拼写检查

如果要检查当前文本中英文单词拼写是否有误,可选择“编辑”→“拼写检查”命令,打开“拼写检查”对话框,检查到错误时,Photoshop会提供修改建议,例如,对图6-23所示的文本执行“拼写检查”命令后,出现的对话框如图6-24所示,单击“更改”按钮,效果如图6-25所示。

图6-23 拼写检查前

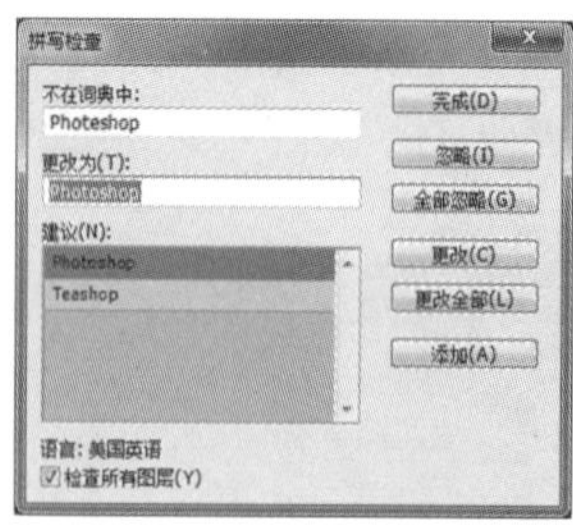

图6-24 “拼写检查”对话框

图6-25 拼写检查后更改效果

6. 查找和替换文本

利用“查找和替换文本”命令可以查找当前文本中需要修改的文字、单词、标点或其他字符,并将其替换为指定的内容。选择“编辑”→“查找和替换文本”命令,弹出图6-26所示的“查找和替换文本”对话框,在“查找内容”选项内输入要查找的内容,在“更改为”文本框内输入用来替换查找内容的内容,然后单击“查找下一个”按钮,Photoshop 会搜索并突出显示查找到的内容,如果要替换内容,单击“更改”按钮;如果要替换所有符合条件要求的内容,可单击“更改全部”按钮。已经栅格化的文字不能进行查找和替换操作。

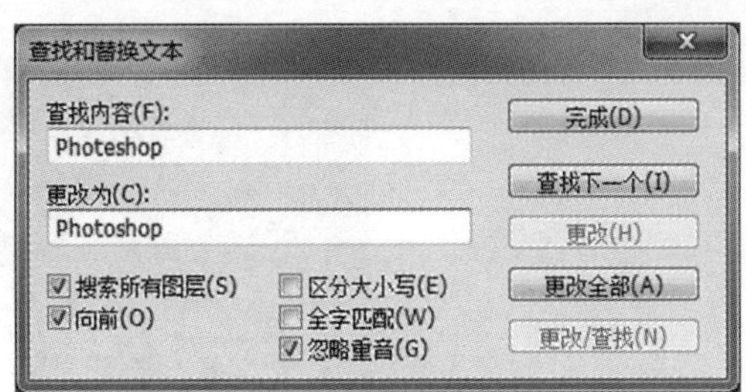

图 6-26　“查找和替换文本”对话框

对于图 6-23 所示的文字,在“查找内容”选项中输入“Photeshop”,然后在“更改为”选项内输入“Photoshop”,其他设置如图 6-26 所示,单击“更改全部”按钮,就可见图 6-25 所示效果。

7. 更新所有文字图层

选择“文字”→“更新所有文字图层”菜单命令,可以更新当前文件中所有文字图层的属性。

8. 替换所有缺欠字体

打开文档时,如果该文档中的文字使用了系统中没有的字体,会弹出一条警告信息,指明缺少哪些字体。出现这种情况时,可以选择“文字”→“替换所有缺欠字体”菜单命令,使用系统中安装的字体替换文档中欠缺的字体。

9. OpenType 字体

OpenType 字体是 Windows 和 Macintosh 操作系统都支持的字体文件,因此使用 OpenType 字体后,在这两个操作平台间交换文件时,不会出现字体替换或其他导致文本重新排列的问题。

输入文字或编辑文本时,可以在文字工具的选项栏或“字符”面板中选择 OpenType 字体,其图标为 *O* ,如图 6-27 所示。使用 OpenType 字体后,可在“字符”面板或“文字”→“OpenType”子菜单中选择一个命令,为文字设置格式,如图 6-28 及图 6-29 所示。

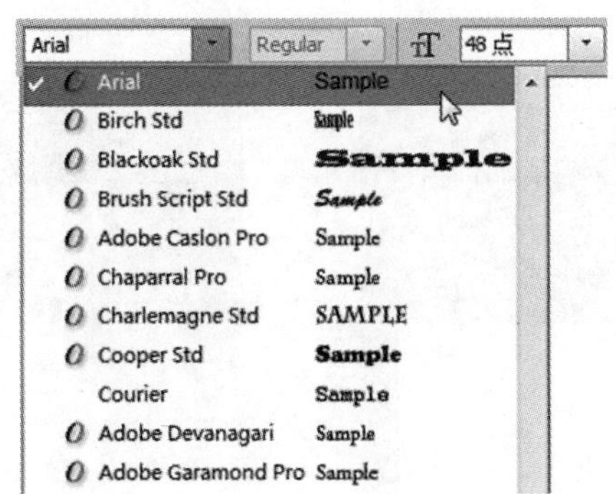

图 6-27　选择 OpenType 字体

图 6-28　“字符”面板中设置格式

6.1.3　黑白文字效果——文字工具基本应用

本例文字黑白效果如图 6-30 所示。本例主要用到选框工具、文字工具、“渐变工具”等工具和命令操作。

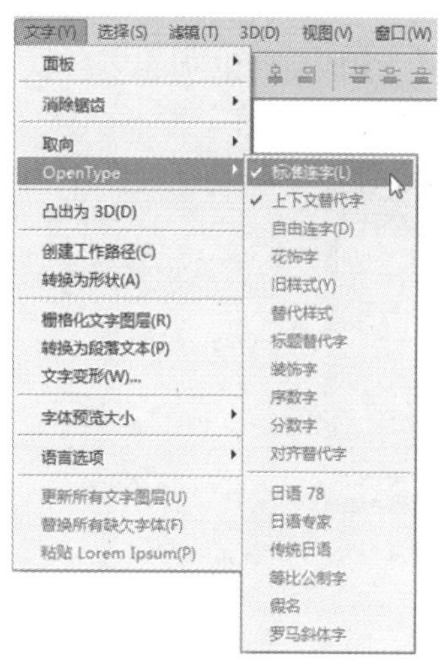

图 6-29　通过“文字”菜单设置 OpenType 字体格式

图 6-30　黑白效果

制作步骤如下。

(1)按“Ctrl+N”组合键新建一个文件,弹出对话框中的设置如图 6-31 所示,点按“创建”创建新文件。

(2)选择“矩形选框工具”,绘制一个矩形选区;设置前景色为黑色,按“Alt+Delete”组合键为选区填色,效果如图 6-32 所示。

(3)设置前景色为白色,选择“横排文字工具”,输入文字“黑白效果”,字体为“黑体”,大小为“65”左右,如图 6-33 所示。

图 6-31　新建文件设置

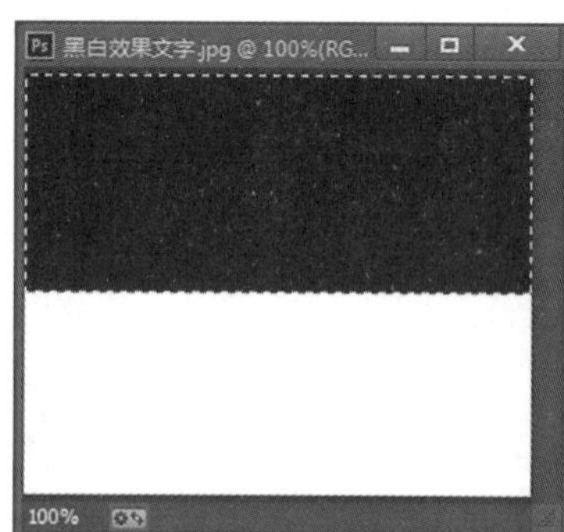

图 6-32　填色

图 6-33　输入文字

(4)在“图层”面板上选择“黑白效果”文字层并点按鼠标右键,在弹出菜单中选择“栅格化文字”,栅格化文字图层,然后点按“锁定透明像素”按钮,如图 6-34 所示。

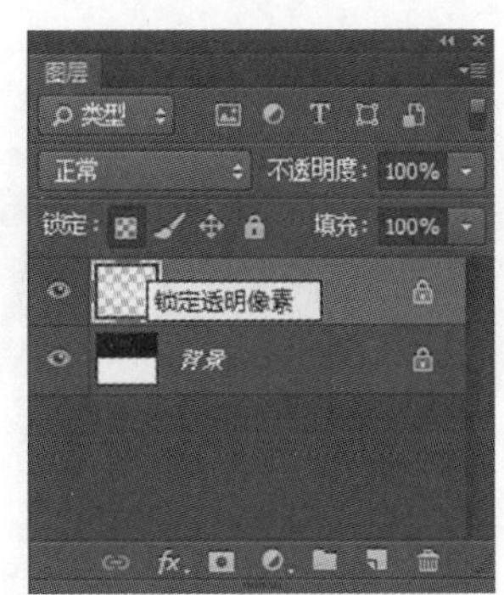

图 6-34 锁定透明像素

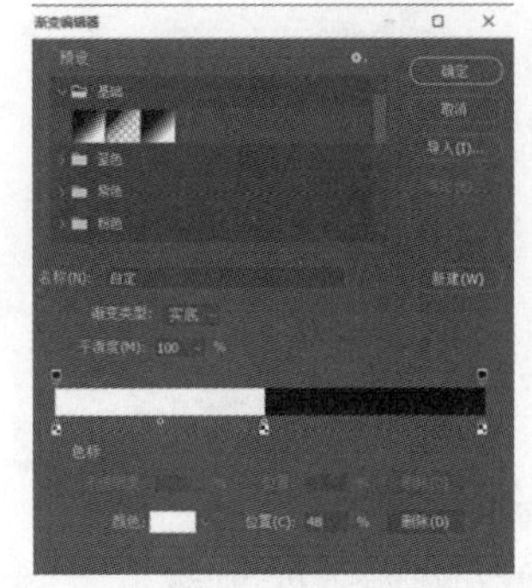

图 6-35 “渐变编辑器”对话框

(5)设置前景色为白色，背景色为黑色；选择“渐变工具”，在渐变工具选项栏中单击按钮编辑渐变，在弹出对话框(见图 6-35)中选择“前景色到背景色渐变”，然后在渐变条的下方点击，添加并调整色标(中间是有两个色标的，分别是白色和黑色，因为重叠在一起了，所以只显示一个色标)。

(6)从上往下为“黑白效果”文字拉出渐变效果，如图 6-30 所示(一次拉不好，可多拉几次，也可拉出渐变效果后适当上下移动“黑白效果”文字位置)。

6.2 文字图层的转换

6.2.1 将文字图层转换成图像图层

文字图层是一种特殊的图层，它具有文字的特性，因此可以对文字大小、字体等进行修改，但无法对文字图层应用画笔、描边、色彩调整等命令，这时需要先通过栅格化文字操作将文字图层转换为普通图层，才能对其进行相应的操作。

栅格化文字图层有两种方法：

(1)选择文字图层后，执行“图层”→“栅格化”→“文字”命令。

(2)选择文字图层后在图层名称上右击鼠标，在弹出的快捷菜单中选择“栅格化文字”命令。

对文字图层进行栅格化操作后，文字图层效果如图 6-36 所示，对转换后的文字图层可以应用各种滤镜效果及相关工具，但是无法再对文件进行字体方面的更改。

6.2.2 将文字图层转换成路径

文字图层不仅可以转换成普通图像图层，还能转换成路径。执行“图层”→“文字”→“创建工作路径”命令，即可将文字图层转换成路径。

将文字图层转换成路径后，在“路径”面板上就会出现一个工作路径，如图 6-37 所示。

例如，用“路径选择工具”选择“人民”两字时，会将此两字的路径显示出来，其他字的路径还是隐形的，此时，“为人民服务”文字的效果如图 6-38 所示。

图 6-36　栅格化后的文字图层在“图层”面板上的效果

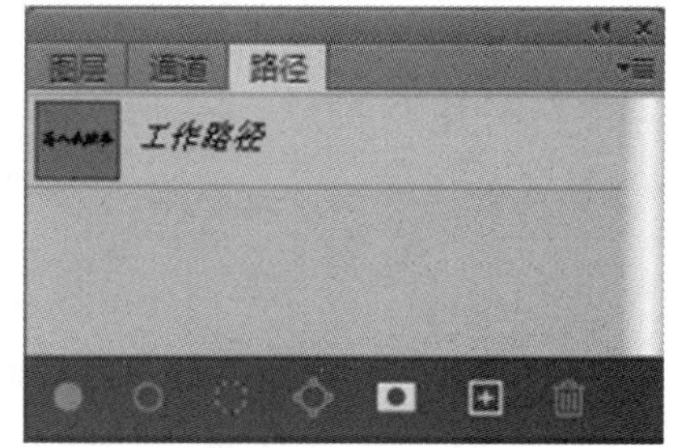

图 6-37　“路径”面板上的显示

6.2.3　将文字图层转换成形状

将文字图层转换成形状的方法:执行“图层”→“文字”→“转换为形状”命令,即可将文字图层转换成形状。

将“为人民服务”文字图层转换成形状后,文字效果和转换成路径的效果一样,在“路径”面板上也同时出现一个工作路径。和转换成路径不同的是,其“图层”面板效果如图 6-39 所示,其中文字图层效果变为路径效果。

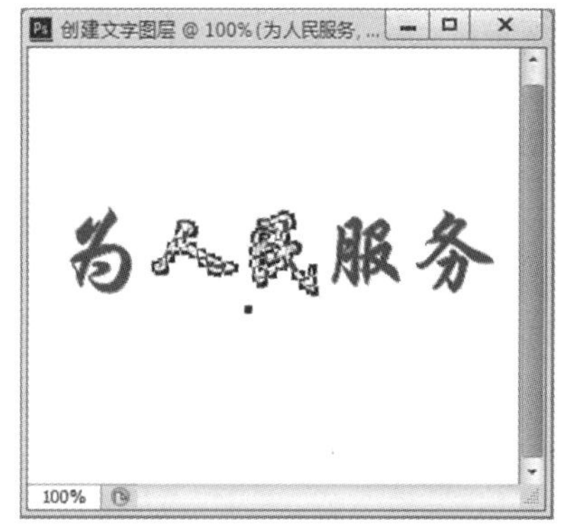

图 6-38　显示“人民”两字路径

图 6-39　转换成形状后的“图层”面板

6.3 沿路径绕排文字

可以使用钢笔或形状工具等绘制路径,然后沿着该路径键入文本。路径没有与之关联的像素,可以将它想象为文字的引导线,如图 6-40 所示。例如,要使文本呈球形分布,可以使用椭圆工具围绕球形绘制一条路径,然后在该路径上键入文本。

下面举例讲解 Photoshop 沿路径绕排文字的具体方法。

(1)按“Ctrl+N”新建文件,如图 6-41 所示,宽度、高度都为 6 厘米,其他设置默认即可。

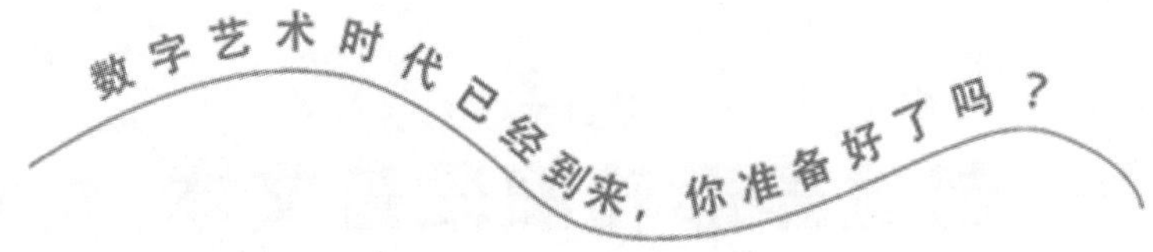

图 6-40 文字绕排路径

(2)在工具箱中选择“椭圆工具”，在工具选项栏中选择“路径”按钮，然后按住 Shift 键同时使用“椭圆工具”绘制一条正圆形路径，如图 6-42 所示。

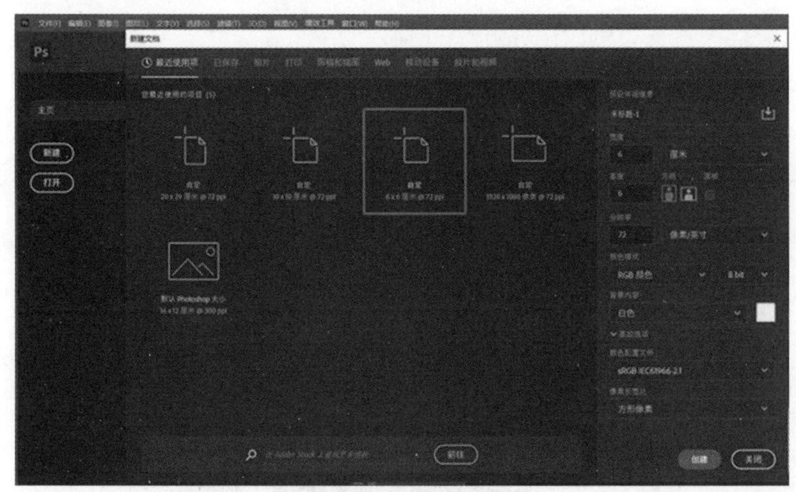

图 6-41 新建文件

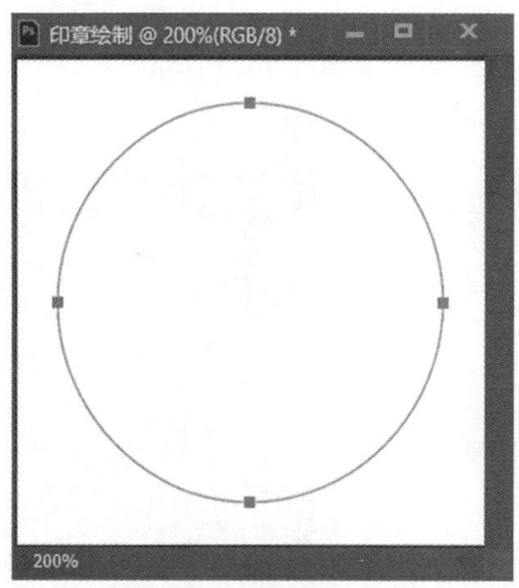

图 6-42 绘制正圆形路径

(3)在工具箱中选择“横排文字工具”，将此工具指针光标放于正圆形路径上，直至光标变为，单击鼠标左键，然后输入所需的文字，如图 6-43 所示。

(4)选择“直接选择工具”或“路径选择工具”，并将它的光标定位在文字上。指针光标会变为带箭头的光标。点按并拖移文字，可将文字调整到路径的另一侧，如图 6-44 所示；在“字符”命令面板上设置“”为“350”，设置“”为“10 点”，其他字体样式、字体大小等根据需要设定即可，如图 6-45 所示。

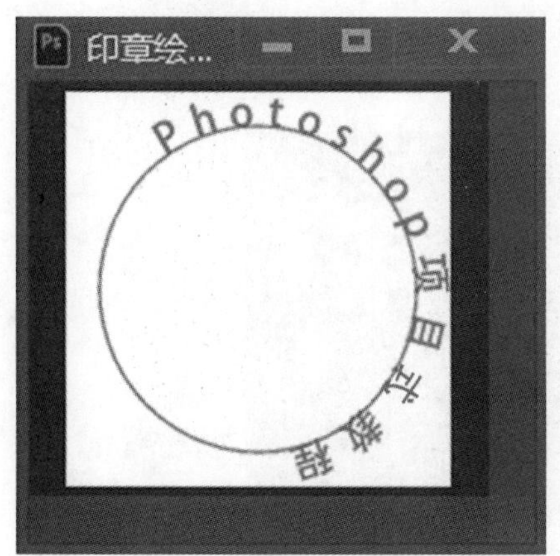

图 6-43 沿正圆形路径输入文字

图 6-44 将文字调整到路径的另一侧

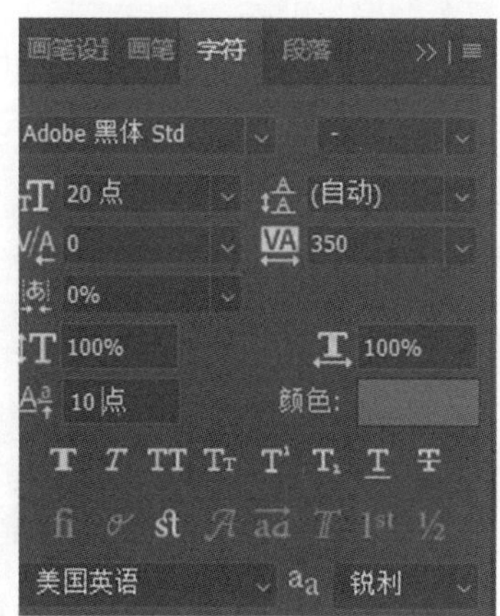

图 6-45 “字符”面板设置

6.4 创建异形轮廓段落文本

创建异形轮廓段落文本是指使输入的文本内容以一个规则路径为轮廓，将文本置入该轮廓中，使段落文字的整体外观有所变化。此功能与沿路径绕排文字类似，都需要依靠路径辅助，结合路径创建出不规则的图案类文字编排效果。

下面通过一个简单案例来讲解创建异形轮廓段落文本的应用，制作图 6-46 所示效果。

（1）打开图像，单击工具栏中“自定形状工具”，在其选项栏中“形状”项选择“野生动物”文件组中的“鹿”形状，如图 6-47 所示。

图 6-46　异形轮廓段落文本的效果

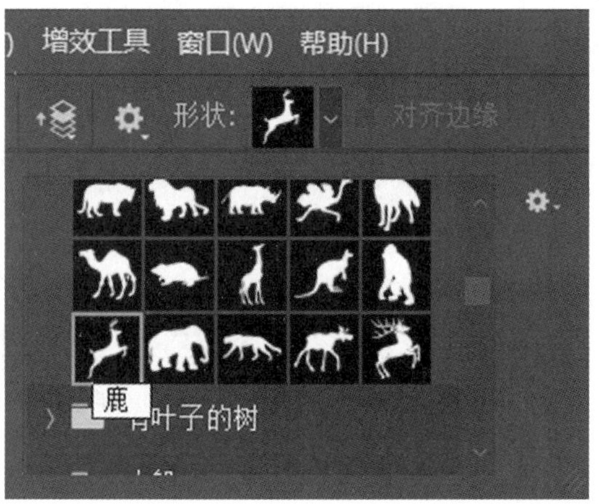

图 6-47　选择“鹿”

（2）将前景色设置为黑色，背景色设置为白色；选择“自定形状工具”，在图像编辑窗口中拖动绘制“鹿”形状，然后再执行“编辑”→“自由变换”命令或使用“Ctrl＋T”组合键，调整“形状 1”图层中“鹿”形状的大小及方向，如图 6-48 所示。

（3）选择“横排文字工具”T，在“字符”面板中设置文字字体为“黑体”，字体大小为“10 点”，颜色为白色，其他参数如图 6-49 所示。

图 6-48　绘制“鹿”形状后的效果

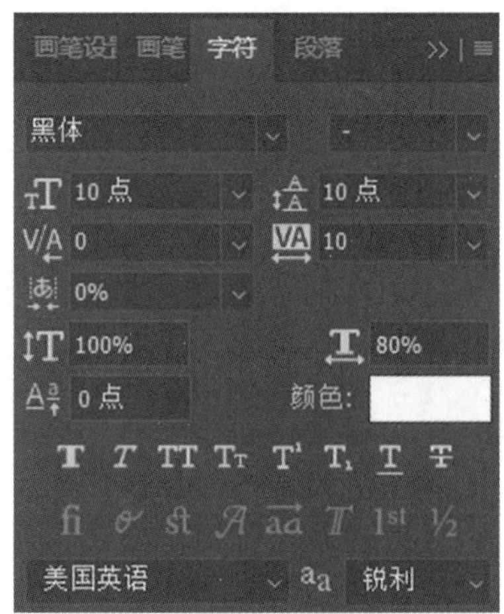

图 6-49　“字符”面板设置

(4)将光标移动到图像编辑窗口中"鹿"形状路径附近靠内面时,光标变为①,此时在绘制的路径内单击鼠标左键,光标自动在路径内定位文本插入点,同时显示出段落文本框,键入文字,如图6-50所示。

(5)按"Ctrl+Enter"组合键将"鹿"形状转换成选区,按"Ctrl+D"键将"鹿"形状去掉,最终效果如图6-51所示。

图6-50 根据"鹿"形状输入文字效果

图6-51 最终效果

6.5 项目实训

6.5.1 项目实训1——花朵文字

效果说明

本实训案例效果如图6-52所示。本实训案例主要用到文字工具、"渐变工具"、"自由变换"、"创建剪贴蒙版"及图层样式设置等工具和命令操作。

制作步骤

(1)按"Ctrl+N"组合键新建文件,弹出的对话框中的设置如图6-53所示(如果要打印输出,分辨率一般设置为"300"),点按"创建"后创建新文件。

(2)将前景色设置为白色,将背景色设置为蓝色。选择"渐变工具",再选择选项栏中的"径向渐变"。将鼠标放在画布的正中央竖直向上或者竖直向下拉出一个渐变,如图6-54所示。

(3)选择"移动工具",将素材花朵图片拖入图像文件中,生成"图层1",将其重命名为"花朵"。调整花朵图片,按"Ctrl+T"快捷键对花朵进行变换,使花朵覆盖背景层。变换好后,按Enter键确认变换。效果如图6-55所示。

图 6-52　花朵文字效果

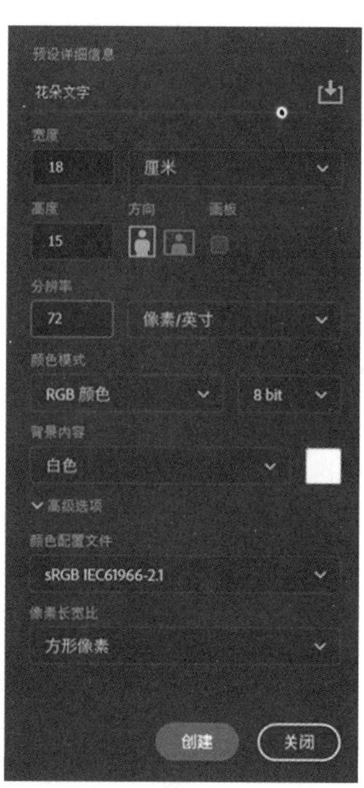

图 6-53　新建文件设置

图 6-54　“径向渐变”填充

图 6-55　拖入花朵图片并变换

(4)选择“横排文字工具”T,选择自己喜欢的一种字体,将字号设置为“150 点”,在图片上输入文字“光明温暖”,如图 6-56 所示。

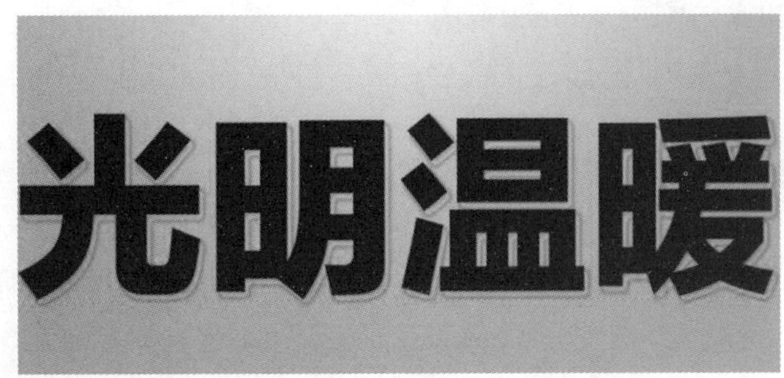

图 6-56 输入文字

(5)将“光明温暖”文字图层拖到“花朵”图层与背景图层之间,选中文字图层,再按 Alt 键,将鼠标移到文字图层与“花朵”图层之间,出现一个向下的小方框,点击一下,创建剪贴蒙版。“图层”面板如图 6-57 所示,创建剪贴蒙版效果如图 6-58 所示。

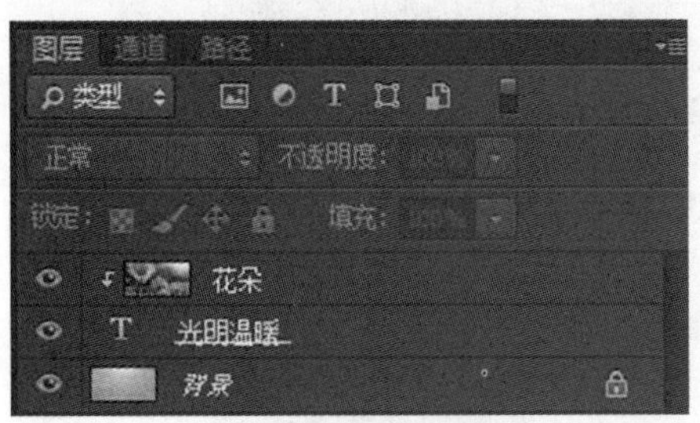

图 6-57 “图层”面板

图 6-58 创建剪贴蒙版效果

(6)双击文字图层给文字图层加一个“投影”图层样式,如图 6-59 所示。文字颜色设置为“#c0c0c0”,“等高线”设置为“环形”。最终效果如图 6-52 所示。

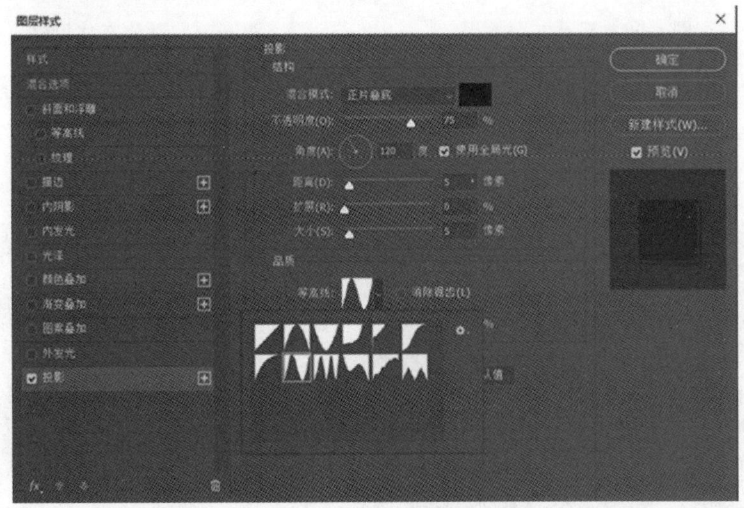

图 6-59 添加“投影”样式

6.5.2 项目实训 2——玉石文字

效果说明

本实训案例效果如图 6-60 所示。本实训案例主要用到文字工具、“渐变工具”、“自由变换”、“创建剪贴蒙版”及图层样式设置等工具和命令操作。

制作步骤

(1)按“Ctrl+N”组合键新建一个文件，弹出对话框中的设置如图 6-61 所示(如果要打印输出，分辨率一般设置为“300”)，点按“创建”后创建新文件。

图 6-60　玉石文字效果

图 6-61　新建文件设置

(2)选择“横排文字工具”T，选择圆润的字体，将字号设置为“100 点”，输入文字“鉴”。

(3)新建“图层 1”，设置前景色为黑色，背景色为白色，选择“滤镜”→“渲染”→“云彩”。“图层”面板如图 6-62 所示，“云彩”滤镜效果如图 6-63 所示。

图 6-62　“图层”面板

图 6-63　“云彩”滤镜效果

(4)选择“选择”→“色彩范围”，弹出对话框，如图 6-64 所示；点选云彩中的灰色，如图 6-65 所示。

(5)保持选区存在，新建“图层 2”，填充绿色，按“Ctrl+D”取消选区，效果如图 6-66 所示。

(6)将前景色设置为绿色，背景色设置为白色，选中“图层 1”，使用“渐变工具”填充“前景色到背景色渐变”，从左至右线性填充绿色。效果如图 6-67 所示。“图层”面板如图 6-68 所示。

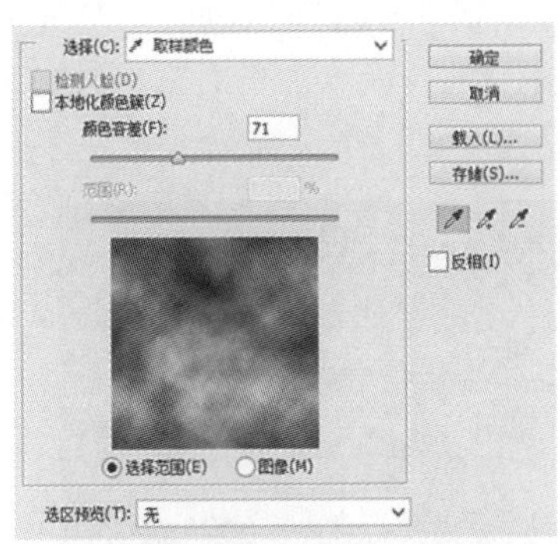

图 6-64　“色彩范围”对话框

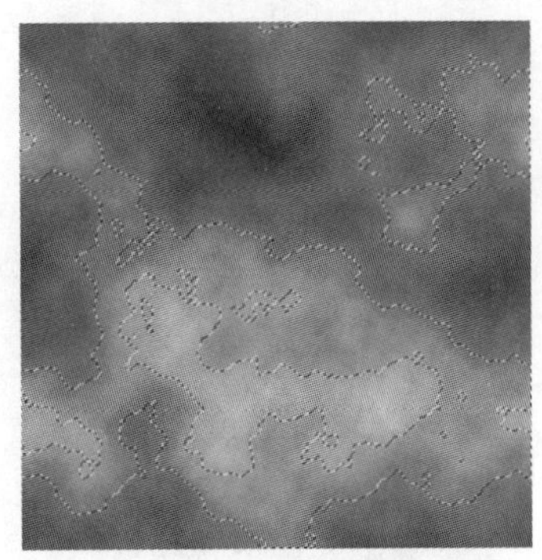

图 6-65　建立选区

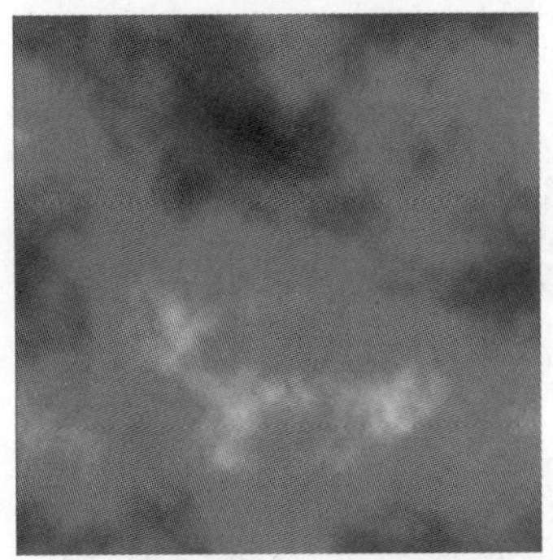

图 6-66　填充绿色

图 6-67　线性渐变效果

(7)合并“图层 1”和“图层 2”,得到新的“图层 2”,如图 6-69 所示。

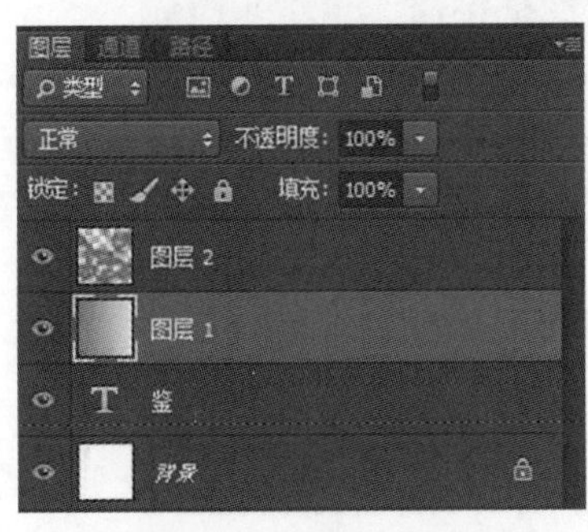

图 6-68　“图层”面板

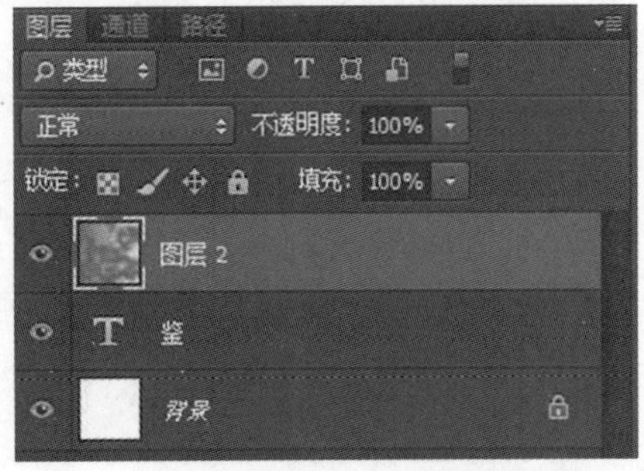

图 6-69　合并图层

(8)选中“图层 2”,按住 Ctrl 键,点击文字图层的缩览图,将文字载入选区;选择“图层”→“新建”→“通过拷贝的图层”命令,隐藏“图层 2”,得到“图层 3”,如图 6-70 所示。效果如图 6-71 所示。

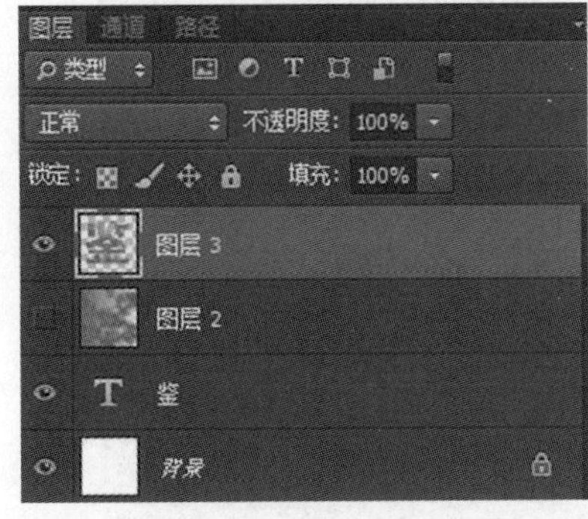

图 6-70　“图层”面板

图 6-71　文字效果

(9)在"图层 3"上双击,打开"图层样式"对话框,分别执行"斜面和浮雕""内阴影""光泽""外发光""投影"设置,参数如图 6-72 至图 6-76 所示。

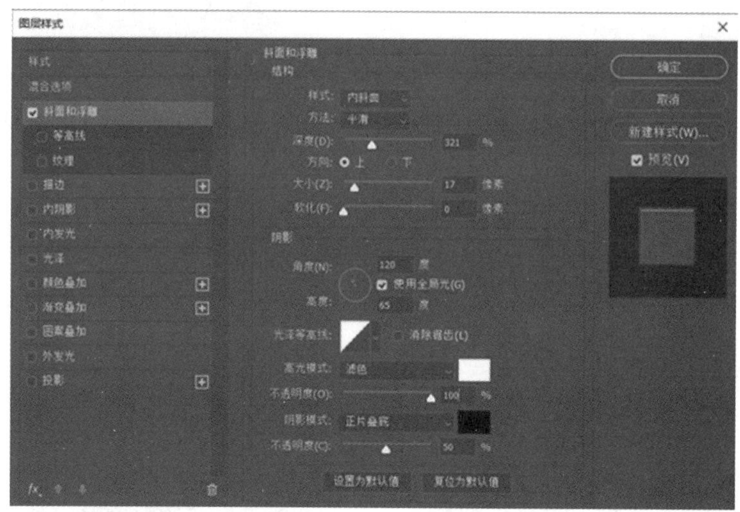

图 6-72 设置"斜面和浮雕"

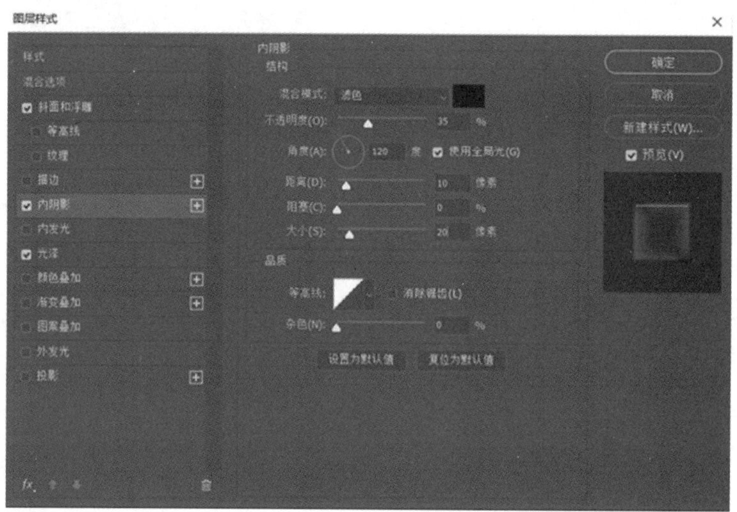

图 6-73 设置"内阴影"

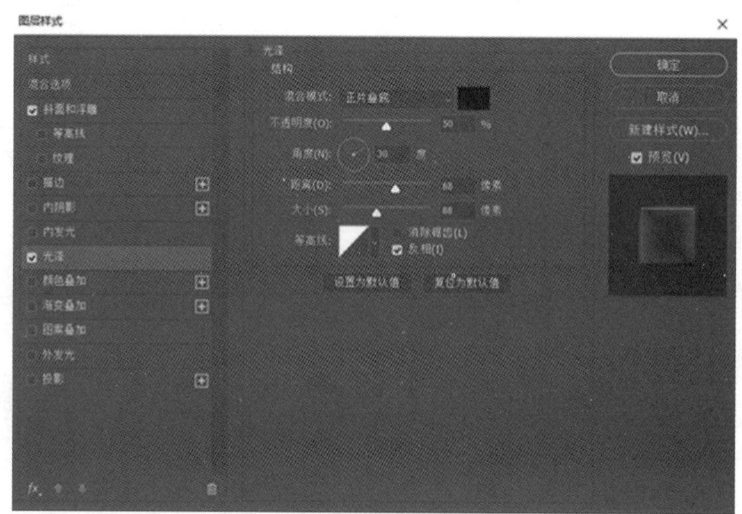

图 6-74 设置"光泽"

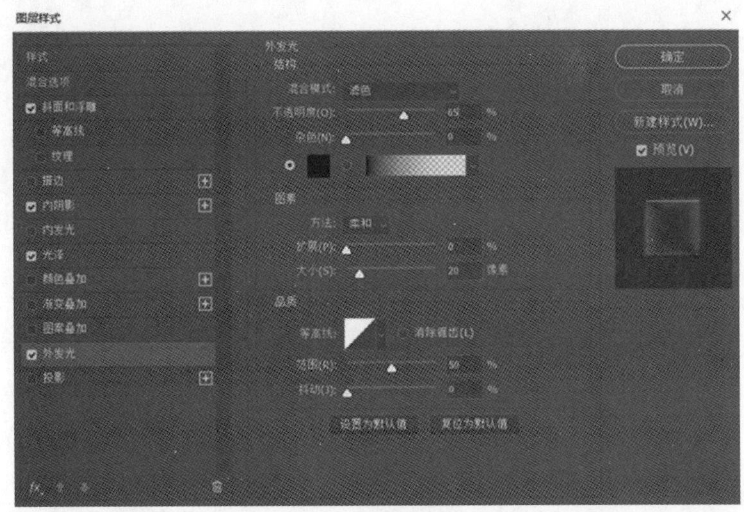

图 6-75　设置“外发光”

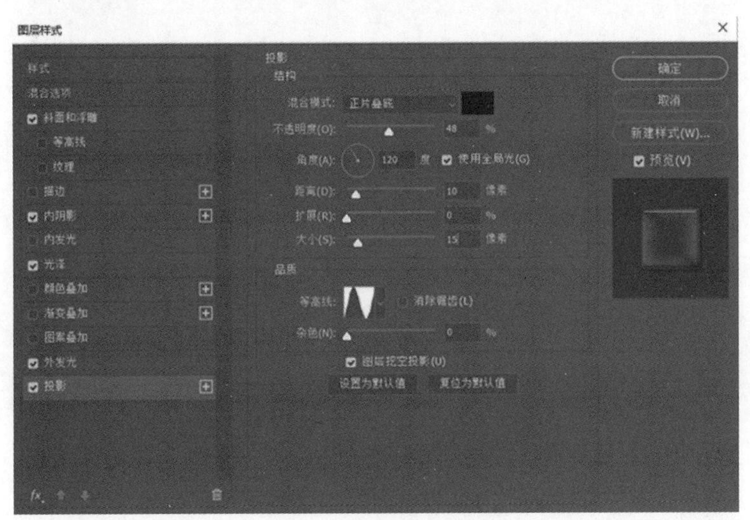

图 6-76　设置“投影”

(10)拷贝“图层 3”,然后在“图层 3 拷贝”上选择混合模式为“滤色”,“不透明度”设置为“50%”,“图层”面板如图 6-77 所示,效果如图 6-78 所示。

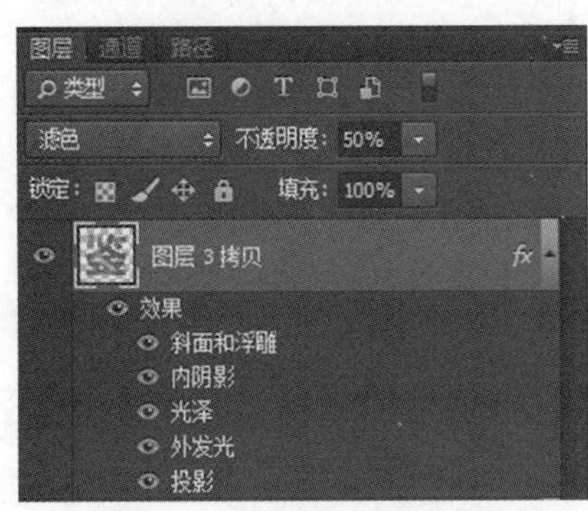

图 6-77　“图层”面板

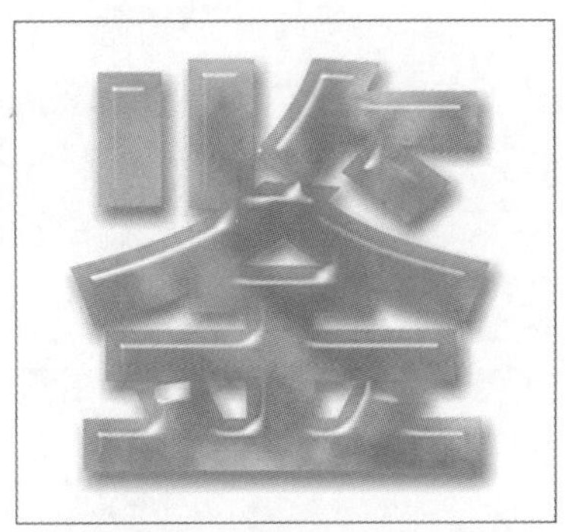

图 6-78　完成效果

Photoshop Xiangmushi Jiaocheng

第七章

路径与形状

路径和形状就是用“钢笔工具”、“自由钢笔工具”或形状工具所描绘出来的线或形，它是 Photoshop 绘制图形的重要元素，也是创建选区较灵活、精确的方法之一，比较适用于不规则的、难于使用其他工具进行选择的区域。本章主要讲解如何先使用“钢笔工具”“矩形工具”等绘制图形，再使用辅助绘图工具和命令调整编辑图形，最后对绘制的对象进行填充上色等。

7.1 绘制路径的工具

Photoshop 中提供了一组用于生成、编辑、设置路径的工具，它们位于 Photoshop 软件的工具箱浮动面板中，默认情况下，其图标呈现为“钢笔工具”图标，如图 7-1 所示。

使用鼠标左键点击“钢笔工具”图标并保持两秒钟左右，系统将会弹出隐藏的工具组。工具组中包含“钢笔工具”“自由钢笔工具”“弯度钢笔工具”等，用于绘制路径。

7.1.1 钢笔工具

单击“钢笔工具”按钮时，在屏幕的上方便弹出“钢笔工具”选项栏，如图 7-2 所示。使用“钢笔工具”可以创建比较精确的直线和平滑流畅的曲线，用“钢笔工具”绘图操作比用“自由钢笔工具”更加方便、准确。

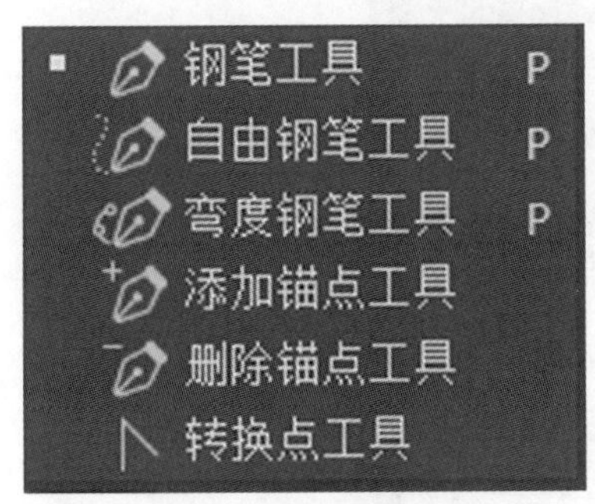

图 7-1 路径工具组

图 7-2 “钢笔工具”选项栏

• 选择工具模式：包括“形状”“路径”“像素”3 个选项。每个选项所对应的工具选项也不同。若选择“形状”选项，则可以使用“钢笔工具”或“自由钢笔工具”创建形状图层、工作路径、填充区域；若选择“路径”选项，则可以使用“钢笔工具”或“自由钢笔工具”创建工作路径；若选择“像素”选项，则可以创建填充区域。“像素”选项只有在选取工具箱中的“矩形工具”时才能选用，其他时候一般为不可操作状态，显示为灰色。

• “建立”选项：可以使路径与选区、蒙版和形状间的转换更加方便、快捷。若绘制完路径后单击“选区”按钮，则弹出“建立选区”对话框，如图 7-3 所示，在对话框中设置完参数后，单击“确定”按钮即可将路径转换为选区；若绘制完路径后单击“蒙版”按钮，则可以在图层中生成矢量蒙版；若绘制完路径后单击“形状”按钮，则可以将绘制的路径转换为形状图层。

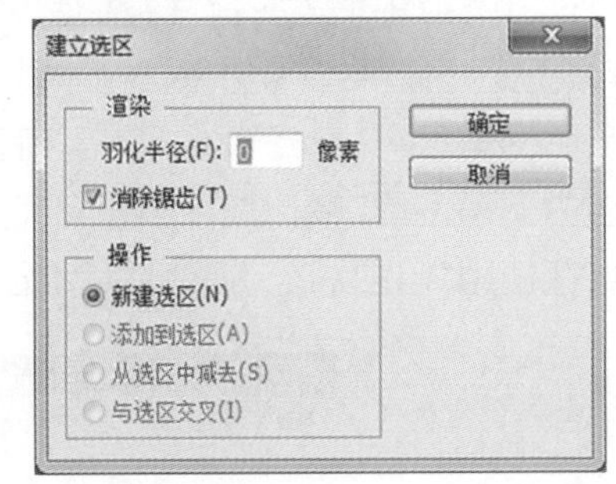

图 7-3 “建立选区”对话框

• 路径操作：单击该按钮，在下拉菜单中可见“新建图层”“合并形状”“减去顶层形状”“与形状区域相交”“排除重叠形状”“合并形状组件”命令，这些命令选项可以实现路径的相加、相减和相交等运算。其中，“合并

形状组件"命令可为现有形状或路径添加新区域;"减去顶层形状"命令可从现有形状或路径中删除重叠区域;"与形状区域相交"命令可将区域限制为新区域与现有形状或路径的交叉区域;"排除重叠形状"命令可从新区域和现有区域的合并区域中排除重叠区域。

• 路径对齐方式：可以设置路径的对齐方式(文档中有两条及以上的路径被选择的情况下可用),路径的对齐方式与文字的对齐方式类似。

• 路径排列方式：可设置路径的排列方式。

• "橡皮带":单击按钮，可弹出"橡皮带"复选框,可以设置路径在绘制的时候是否连续。

• "自动添加/删除"☑自动添加/删除:如果选择此复选框,绘制形状或者路径时,将鼠标指针移动到锚点上单击,将自动删除该锚点;将鼠标指针移动到没有锚点的路径上单击,将会自动添加锚点。

• "对齐边缘"☑对齐边缘:将矢量形状边缘与像素网格对齐。只有选取选项栏中的"形状"选项,"对齐边缘"命令才能使用,一般为不可操作状态,显示为灰色。

1. 绘制直线路径

"钢笔工具"可用来绘制直线路径,画直线时,首先单击创建第一个开始的锚点,然后移动光标到另一位置,再单击下一个锚点,这两点间就以直线连接。若按下 Shift 键单击绘制,则所拉引的直线方向仅限于水平、垂直与倾斜 45°。(见图 7-4)

2. 绘制曲线路径

使用"钢笔工具"可通过单击指定锚点并拖动光标画出曲线,拖动时,会出现一条方向线,从锚点起,往相反的方向延伸,方向线的长度与方向决定了曲线的形状。(见图 7-5)

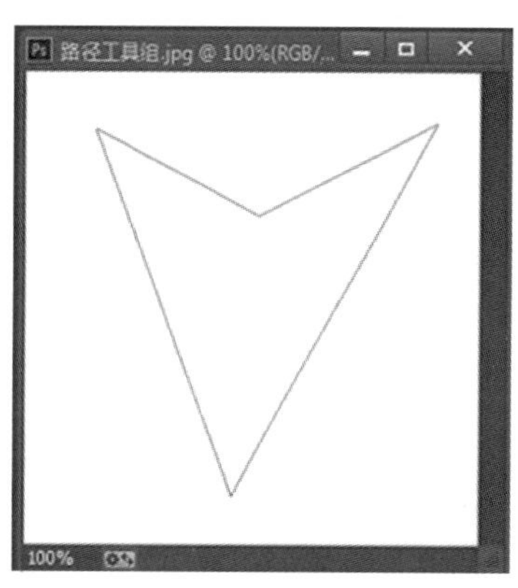

图 7-4 绘制直线路径

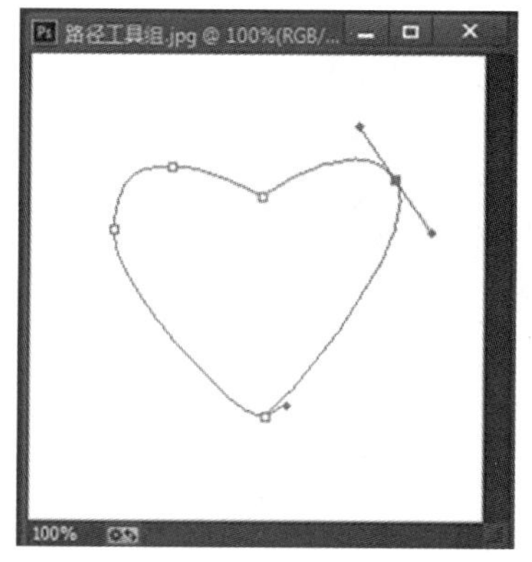

图 7-5 绘制曲线路径

7.1.2 自由钢笔工具

使用"自由钢笔工具",可以以自由拖移的方法直接绘制出路径。单击"自由钢笔工具"按钮时,在屏幕的上方便弹出"自由钢笔工具"选项栏(见图 7-6),点按选项栏中"形状"按钮旁边的上下向箭头将会弹出"自由钢笔工具"模式选项。若当前工具为"钢笔工具",按下"Shift+P"组合键,即可切换到"自由钢笔工具"。"自由钢笔工具"选项栏中没有"自动添加/删除"选项,功能相似的选项为"磁性的"选项☑磁性的,选择该复选框后,在使用"自由钢笔工具"绘制时,所绘制的路径会随着相似颜色的边缘创建。

图 7-6 "自由钢笔工具"选项栏

7.2 编辑路径的工具

7.2.1 节点增删工具

用“添加锚点工具”和“删除锚点工具”，可以在路径上添加和删除锚点。

• 选择“添加锚点工具”，将光标放在需要添加节点的路径上，当光标变为钢笔图标右加一个“＋”号时即可在路径上单击增加节点。

• 选择“删除锚点工具”，将光标放在需要删除节点的路径上，当光标变为钢笔图标右加一个“－”号时即可在路径上单击删除节点。

7.2.2 转换点工具

用“转换点工具”可以将平滑曲线转换成尖锐曲线或直线段，反之亦然。选择“转换点工具”，将光标放在要更改的锚点上单击并拖动，可以将此锚点转换为圆滑型锚点；反之，如果使用此工具单击圆滑型锚点，可以将圆滑型锚点转换成为直线型锚点。在绘制过程中配合 Ctrl 或 Alt 键可更加随心所欲地对路径或形状进行编辑。利用“转换点工具”可把图 7-4 或图 7-5 所示的图形调整成图 7-7 所示的心形路径(配合“路径选择工具”的调整效果会更好)。

7.2.3 路径选择工具

Photoshop 中用于选择路径的工具有“路径选择工具”和“直接选择工具”，如图 7-8 所示，通过这两个工具结合钢笔工具组中的其他工具可以对绘制后的路径曲线进行编辑和修改，完成路径曲线的后期调节工作。

图 7-7　用“转换点工具”调整心形路径效果

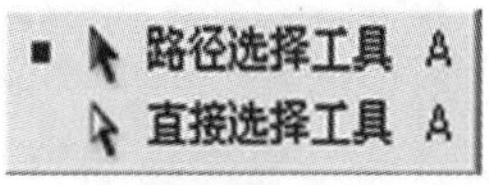

路径选择工具　A
直接选择工具　A

图 7-8　路径选择工具组

1. 路径选择工具

使用“路径选择工具”可以选择整条路径。可以选择至少两条路径曲线，然后单击选项栏中的“组合”按钮，将其组合为一条路径，还可以对选择的路径应用对齐(至少选择两条路径)和排列(至少选择三条路径)设置。

2. 直接选择工具

“直接选择工具”用于选择并移动部分路径，在调节路径曲线的过程中起着举足轻重的作用；对路径曲线来说，重要的锚点的位置和曲率都要用“直接选择工具”来调节。

7.2.4 简易杯子绘制——路径工具基本应用

(1)选择“钢笔工具”，首先单击创建开始锚点，然后按 Shift 键，同时移动光标在右边适当位置点击鼠标左键绘制一条直线，再往下移动鼠标，调整线条，如图 7-9(a)所示；继续绘制，直到完成杯子的基本形状(初学者若控制不好，可用“转换点工具”调整形体)，如图 7-9(b)所示。

(2)使用“钢笔工具”绘制杯子的手柄，如图 7-10 所示。

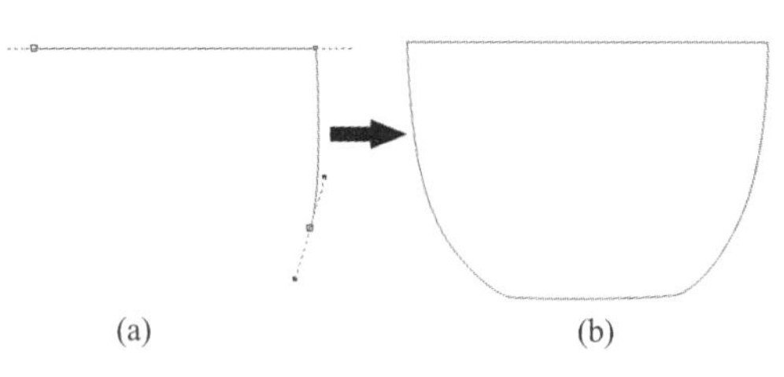

图 7-9　绘制杯子基本形状

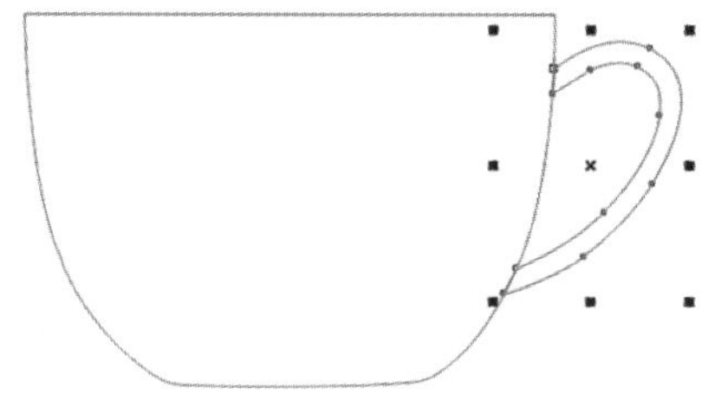

图 7-10　绘制杯子手柄

(3)用“矩形选框工具”绘制两个长方形选区，然后设置前景色为红色(C=0，M=100%，Y=100%，K=0)，按“Alt+Delete”组合键为刚绘制的长方形选区填色(也可用“钢笔工具”绘制长方形，然后在“路径”控制面板上点击“用前景色填充路径”，为长方形路径填色)，如图 7-11 所示。

(4)使用“钢笔工具”绘制两条直线，如图 7-12 所示，一个简单的杯子就完成了。

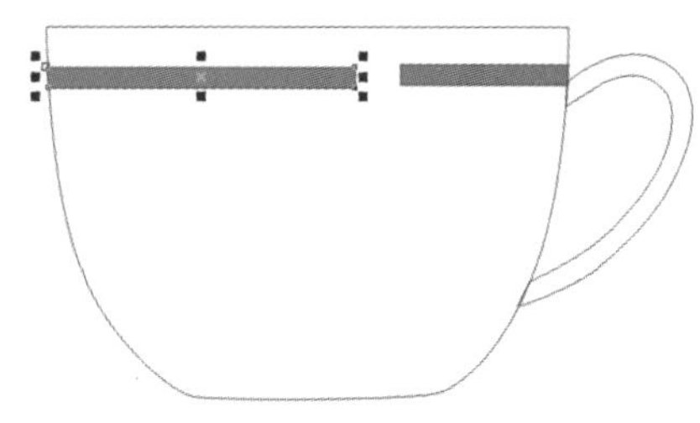

图 7-11　绘制长方形选区并填色

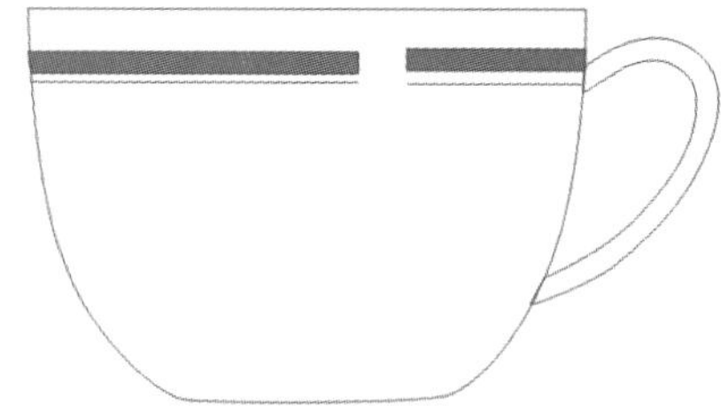

图 7-12　杯子完成效果

7.3
“路径”控制面板

如果说画布是“钢笔工具”的表现舞台，那么“路径”控制面板就是“钢笔工具”的后台了。我们所创建好的任何一条路径都会显示于“路径”控制面板中；要查看路径，必须先在“路径”控制面板中选择路径。“路径”控制面板如图 7-13 所示。

“路径”控制面板各按钮的含义如下：

• “用前景色填充路径”按钮：可以用前景色填充路径。

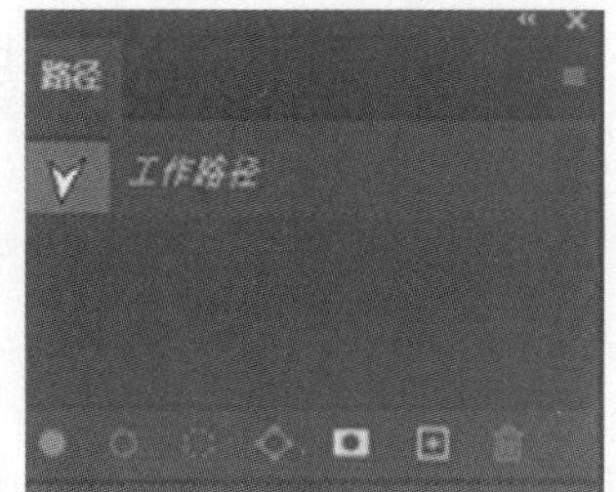

图 7-13 “路径”控制面板

- “用画笔描边路径”按钮：可以用前景色和默认的画笔大小(画笔大小可设置)描边路径。
- “将路径作为选区载入”按钮：可以将当前选择的路径转换为选区。
- “从选区生成工作路径”按钮：可以将当前选区存储为工作路径。
- “创建新路径”按钮：可以创建新路径。
- “添加蒙版”按钮：可以添加蒙版。
- “删除当前路径”按钮：可以删除当前路径。

7.3.1 显示“路径”控制面板

如果打开 Photoshop 找不到“路径”控制面板，可选取“窗口”菜单→“路径”命令即可调出“路径”控制面板。

7.3.2 创建新路径

使用“钢笔工具”沿物体边缘勾勒物体的轮廓，当终点与起点重合时，可形成一个封闭的路径，如图 7-14 所示，这时，“路径”面板中增加了一个工作路径。

(1)非临时性路径：点按“路径”控制面板底部的“创建新路径”按钮，可以创建空白路径。如果是第一次创建，系统会自动命名为“路径 1”，如图 7-15 所示。用“钢笔工具”绘制的路径能自动保存。这两种情况下创建的路径可以称为非临时性路径。

图 7-14 路径闭合后的效果

图 7-15 非临时性路径

(2)临时性路径：使用绘制路径的工具直接绘制路径时，Photoshop 会自动创建一个“工作路径”，这种情况下绘制的路径可以称为临时性路径。在没有保存的情况下，绘制的新路径会替代原来的旧路径。

7.3.3 选择路径或取消选择路径

如果要选择路径，可点按“路径”控制面板中相应的路径名。一次只能选择一条路径。如果要取消选择，可点按“路径”控制面板中的空白区域或按 Esc 键。

7.3.4 存储工作路径

如果要存储路径但不重命名它，可将目标工作路径拖移到“路径”控制面板底部的“创建新路径”按钮上。

如果要存储并重命名路径，可在“路径”控制面板中点按右上角的小三角按钮，从弹出的面板菜单中选取“存储路径”命令，然后在“存储路径”对话框中输入新的路径名，并点按“确定”按钮。

7.3.5 删除路径

在“路径”控制面板中点按路径名，将路径拖移到“路径”控制面板底部的“删除当前路径”按钮上，或在“路径”控制面板中点按右上角的小三角按钮，从弹出菜单中选取“删除路径”命令即可。

7.3.6 路径的复制及路径与选区的相互转换

1. 路径的复制

如果拖曳工作路径到“路径”面板中的“创建新路径”按钮上，可以复制该路径。如果把工作路径拖曳到另一个新图像文件中，则可以把该路径复制到新图像文件中；也可用“路径选择工具”在编辑窗口中将路径选中，然后使用“Ctrl+C”组合键进行复制，再在新图像文件中用“Ctrl+V”组合键进行粘贴。图 7-16(a)所示是直接在同一编辑窗口中复制“路径 1”后的“路径”面板的情况，图 7-16(b)所示是把路径复制到新的文件中的效果。

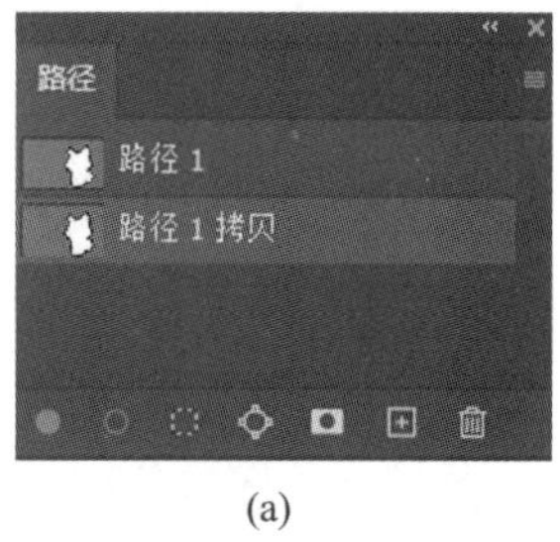

(a)

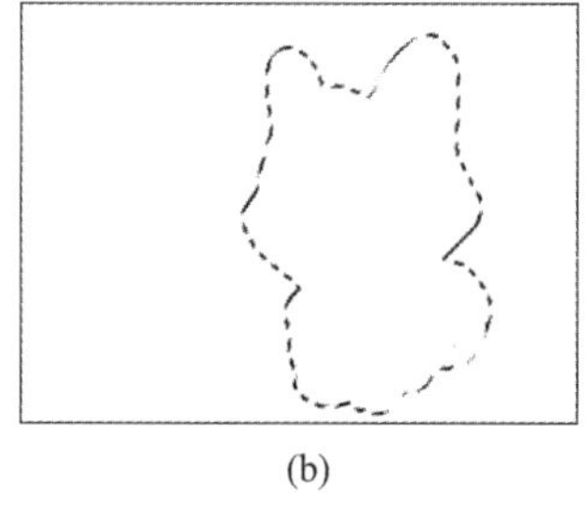
(b)

图 7-16 复制路径后的“路径”面板和效果

注意：路径也可以进行自由变换操作，只需要用“路径选择工具”把路径全部选中，就可以发现“编辑”→“自由变换”菜单命令变成了“自由变换路径”命令，“自由变换路径”操作方法和“自由变换”一样。

2. 路径与选区的相互转换

路径与选区是可以互相转换的。在很多情况下，绘制路径主要是为了获得更精确的选区。可以先用路径工具绘制精确的路径轮廓线，然后把路径转换为选区。也可以将选区转换为路径，并使用“直接选择工具”进行微调。

(1)将路径转换成选区。

• 将开放路径转换成选区：如果路径是开放的，在转换成选区时，Photoshop 会假定它的两个端点之间有一条直线段，然后转换成选区。

• 直接以当前的建立选区设置来建立选区：在“路径”面板中选择一条路径，然后单击“路径”面板底部的“将路径作为选区载入”按钮即可。

• 设置建立选区描边选项后再建立选区：在“路径”面板中选择一条路径，然后在“路径”面板的面板菜单中选择“建立选区”命令，将弹出“建立选区”对话框，如图 7-17 所示。

在“建立选区”对话框中，如果图像中已经存在选区，则“操作”选项组中除“新建选区”以外的其余 3 个单选项将变得有效。设置好各选项后单击“确定”按钮，路径即转换成选区，如图 7-18 所示。

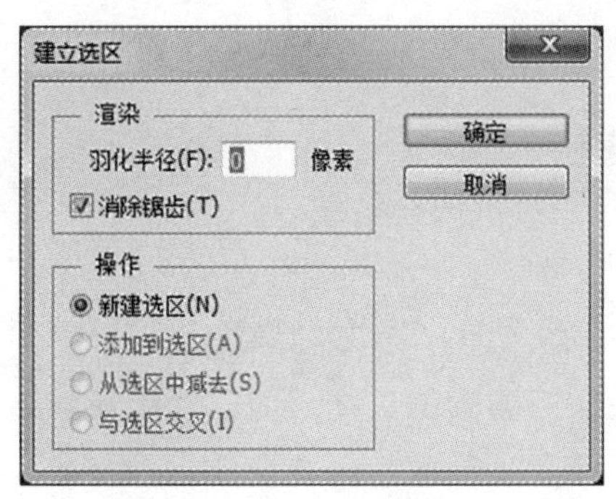

图 7-17 “建立选区”对话框

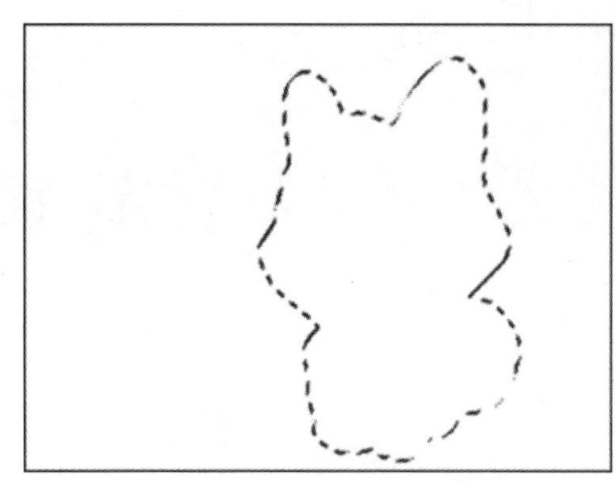

图 7-18 转换后的选区

(2)将选区转换成路径。

选区可以转换成工作路径,需要的话,可以将创建的工作路径做进一步的处理。

当图像编辑窗口中有图 7-19 所示选区存在时,单击“路径”面板右上角的面板菜单按钮,将弹出面板菜单,如图 7-20 所示,选择“建立工作路径”命令,将弹出“建立工作路径”对话框,如图 7-21 所示。设置好“容差”选项后单击“确定”按钮即可。图 7-22 所示就是由一个自定义形状选区转换成的工作路径。

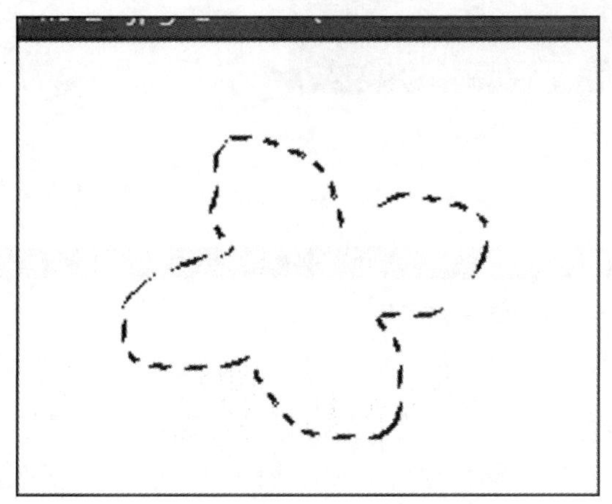

图 7-19 存在选区

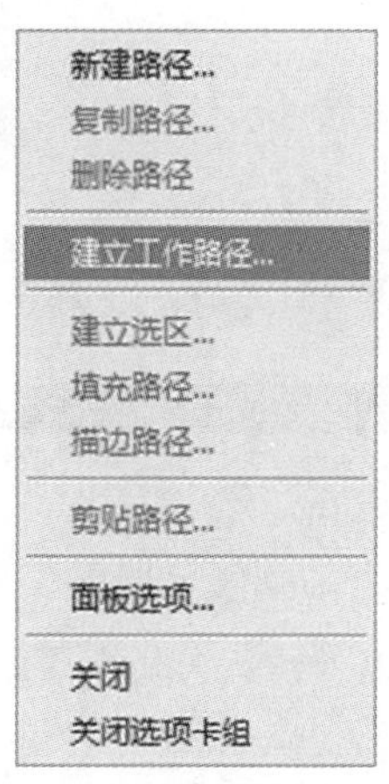

图 7-20 “路径”面板的面板菜单

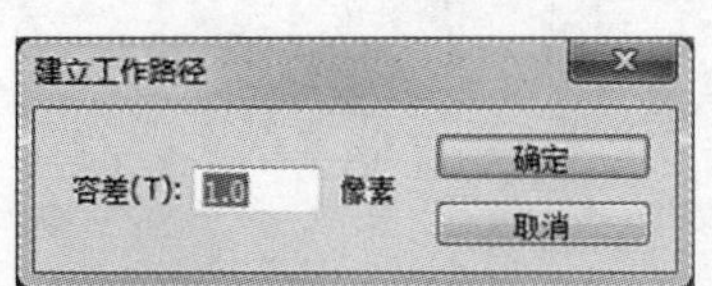

图 7-21 “建立工作路径”对话框

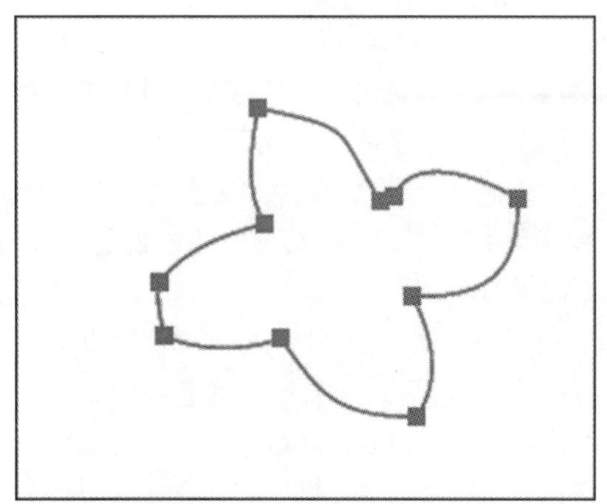

图 7-22 选区转换成路径后的效果

7.4 形状工具

使用绘图工具可创建形状图层和工作路径。形状与分辨率无关，因此，它们在调整大小、打印到 PostScript 打印机、存储为 PDF 文件或导入基于矢量的图形应用程序时，会保持清晰的边缘。可以使用形状建立选区，并使用预设管理器创建自定形状库。

在工具箱中的"矩形工具"上单击鼠标右键，将弹出图 7-23 所示的形状工具组，工具组中包括"矩形工具"、"椭圆工具"、"多边形工具"、"直线工具"和"自定形状工具"。

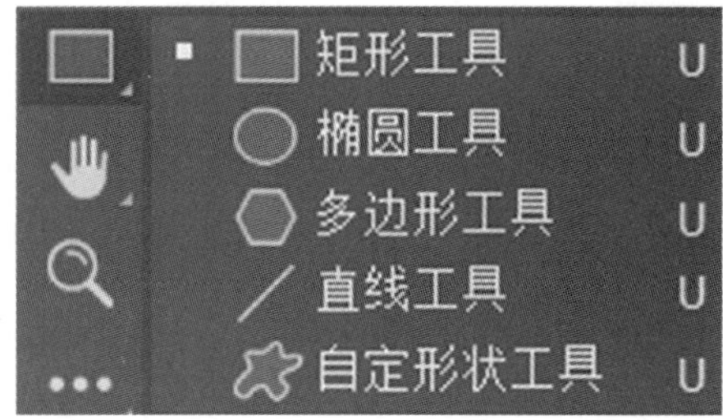

图 7-23 形状工具组

选择任意一种形状工具，工具选项栏显示类似于图 7-24。

图 7-24 形状工具选项栏

对形状工具组中的各工具的简要介绍如下：

• "矩形工具"：使用此工具可以很方便地绘制出长方形或者正方形。只需单击"矩形工具"按钮，然后在画布上单击并拖动鼠标即可绘制出所需矩形。在拖动鼠标时如果按住 Shift 键，则可绘制出正方形。

• "椭圆工具"：使用此工具可以绘制椭圆或圆。其使用方法与"矩形工具"类似，在画布上拖动鼠标即可。

• "多边形工具"：使用此工具可以绘制出所需的正多边形。绘制时，起点为多边形的中心，终点为多边形的一个顶点，其中，工具选项栏中的"边"选项可控制所需绘制的多边形的边数。

• "直线工具"：使用此工具可以绘制直线和有箭头的线段。鼠标拖动的起始点为线段起点，指定的终点为线段的终点。按住 Shift 键，可以使直线的方向控制在 0°、45°、90°方向。

• "自定形状工具"：使用此工具可以绘制出一些不规则的图形或是自定义的图形。其选项栏的"形状"选项库如图 7-25 所示，从中可以找到很多预设的形状，以方便调用。

图 7-25 "自定形状工具"选项栏中的"形状"选项库

7.5 项目实训

7.5.1 项目实训 1——鸡蛋变装形象绘制

效果说明

本实训案例将制作图 7-26 所示的鸡蛋变装形象卡通效果。本实训案例中主要用到形状工具、“钢笔工具”、“填充”、“描边”、混合模式设置、创建剪贴蒙版等命令操作。

制作步骤

(1)按“Ctrl+N”组合键，在弹出的对话框中进行设置，如图 7-27 所示，单击“创建”按钮，创建新文件。

图 7-26 鸡蛋变装形象卡通效果

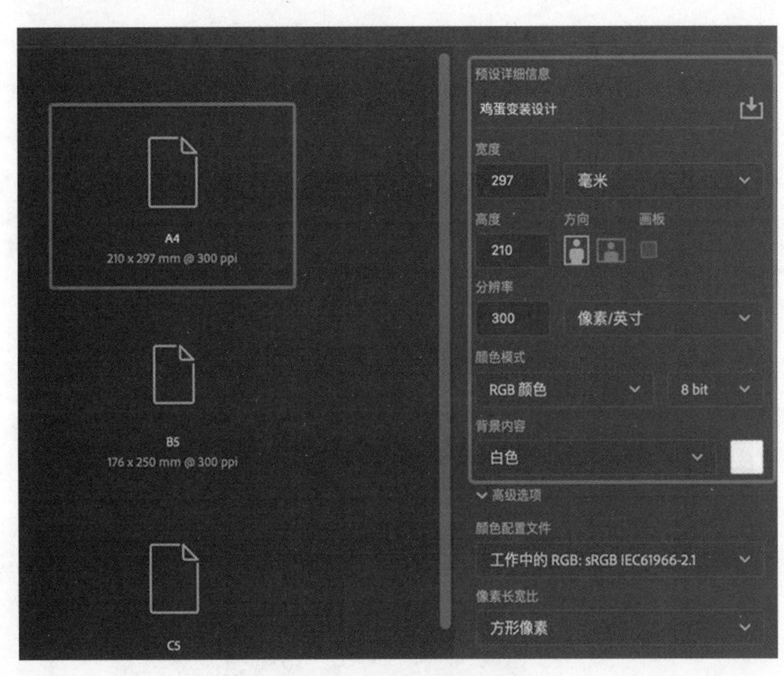

图 7-27 新建文件设置

(2)使用“油漆桶工具”，为背景填充颜色＃dddc76，如图 7-28 所示。

(3)使用“椭圆工具”画出适当大小的椭圆形，复制这个图形，将复制的图形调整成鸡蛋的外形，如图 7-29 所示，填充颜色＃dbfb04，描边宽度设为 6 像素，描边颜色为＃23272a。

(4)在描边设置界面点击图 7-30 中红框所示下拉菜单，选择“居中对齐”，端点和角点设置为“圆角”。圆角的设置会使图形在锚点的转折处更加圆润自然，本实训案例图形绘制的描边都采用这个设置。

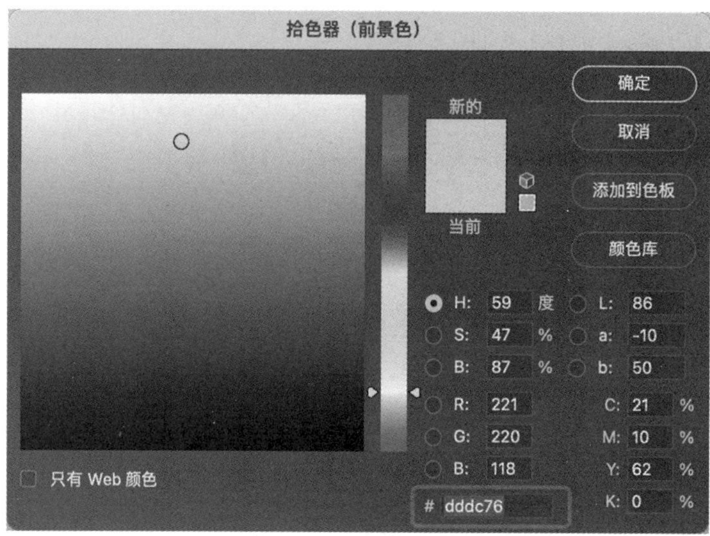

图 7-28 设置填充颜色

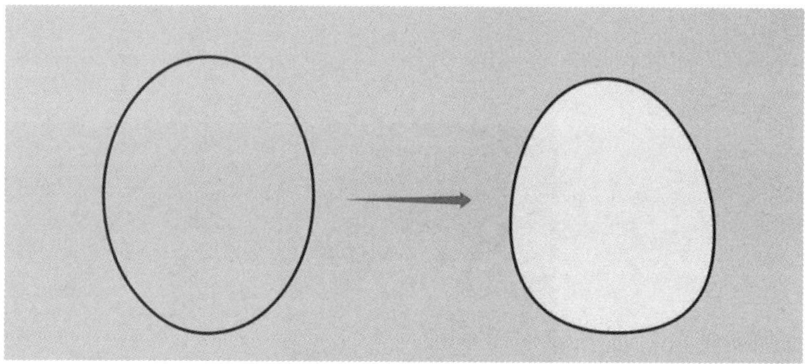

图 7-29 调整椭圆形

在调整形状工具绘制出的图形时，若弹出图 7-31 所示的对话框，点击“是”，将实时形状转换成常规路径。转换成常规路径并不会影响后续对该图形的修改。

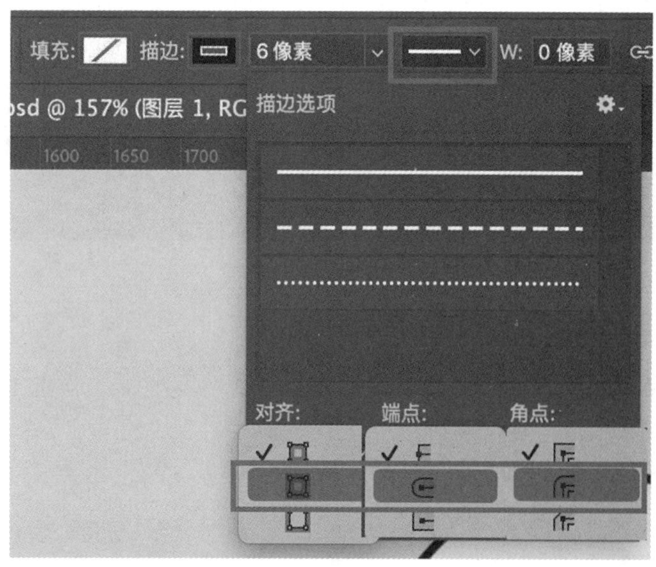

图 7-30 描边设置界面

图 7-31 转换提示对话框

(5)另外再绘制一个椭圆,关掉描边,填充白色,调整椭圆的边缘形状,放在合适的位置,当作卡通形象的腹部,如图 7-32 所示。

(6)复制这个白色形状,关掉填充,描边设置为白色,宽度为 8 像素,得到一个白色的环形图案,上移几个像素使它和第(5)步中的白色形状保持一定距离,如图 7-33 所示。

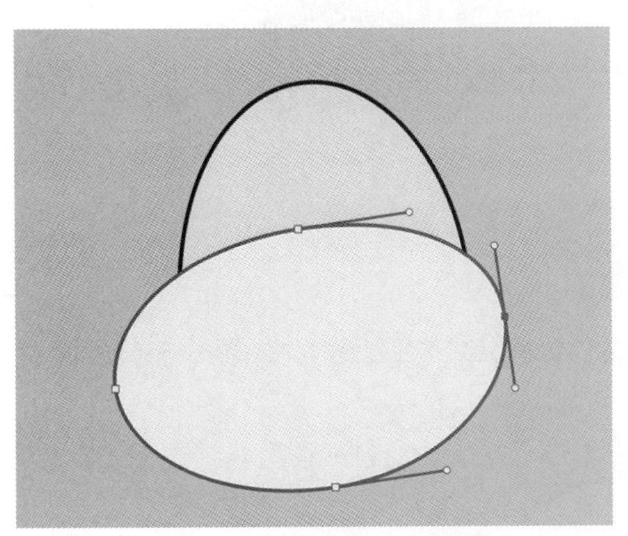

图 7-32　绘制椭圆并放在合适位置

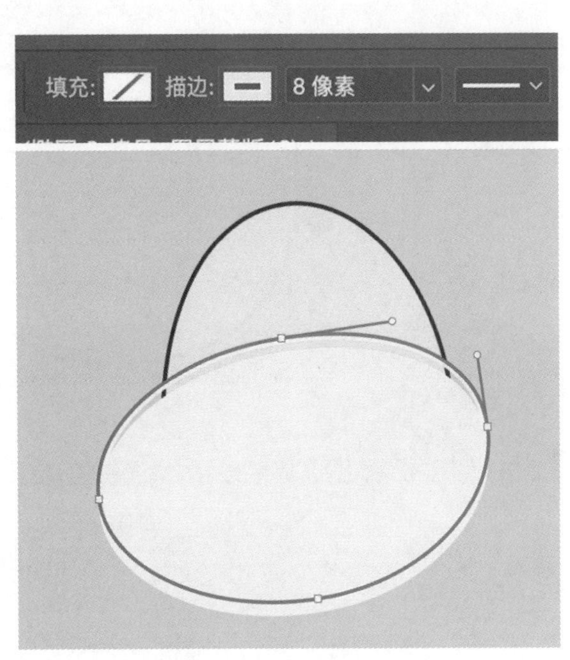

图 7-33　复制形状并设置

(7)保持这两个白色图层在第(3)步绘制的椭圆的上层,然后在图层上单击鼠标右键,在弹出的菜单里选择"创建剪贴蒙版",如图 7-34 所示;执行后效果如图 7-35 所示。

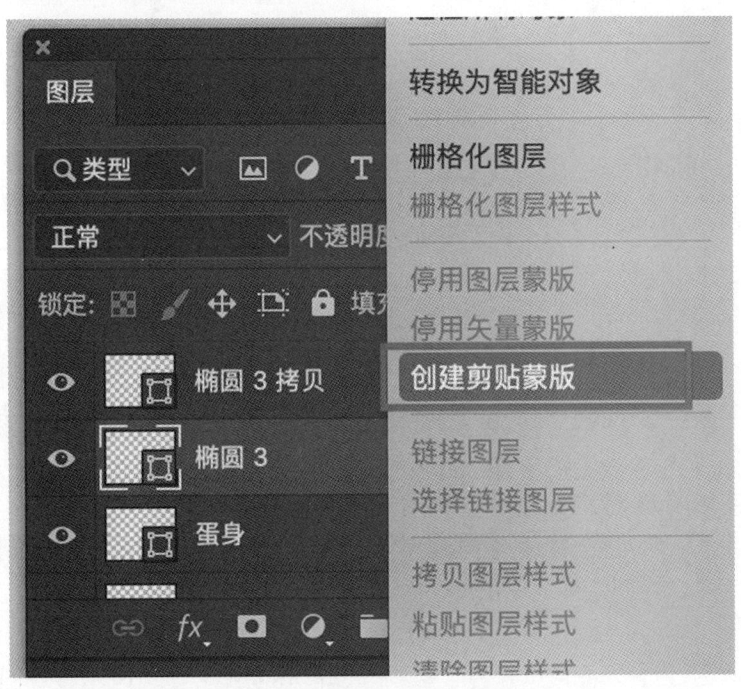

图 7-34　选择"创建剪贴蒙版"

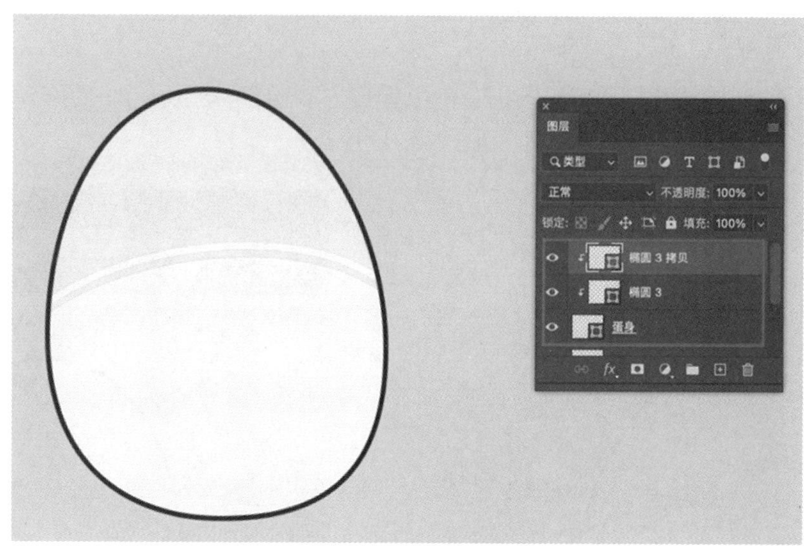

图 7-35 “创建剪贴蒙版”效果

(8)使用“钢笔工具”绘制翅膀,填充白色,描边宽度设为 6 像素,描边颜色为 # 23272a,如图 7-36 所示。

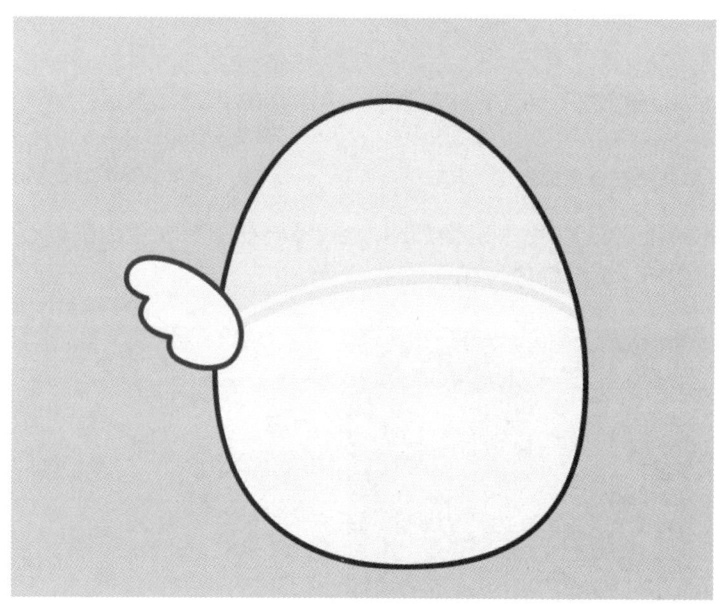

图 7-36 翅膀绘制

(9)绘制翅膀的阴影部分,将图层混合模式设置为“正片叠底”,关掉描边,填充颜色 # d5e2f3,略带蓝色的阴影会使白色翅膀的色彩显得更加丰富。将阴影图层置于翅膀图层之上,如图 7-37 所示。

(10)单击鼠标右键执行“创建剪贴蒙版”命令,剪贴蒙版会将上层形状超出下层形状的部分隐藏,我们在这个案例中利用它来绘制阴影部分,效果如图 7-38 所示。

(11)绘制耳朵。先绘制一个矩形,按住“钢笔工具”按钮右下角的三角形,调出“添加锚点工具”,在矩形右边的直线段上添加一个锚点,再用“直接选择工具”调整锚点,形成曲线,如图 7-39 所示。把这个图形放在蛋身合适的位置上。

绘制大、中、小三个椭圆,分别填充 # dbfb04(大)、# 23272a(中)、# c5e010(小)三种颜色,将三个椭圆从小到大依次排列,如图 7-40 所示,最后层叠组成耳朵的形状。

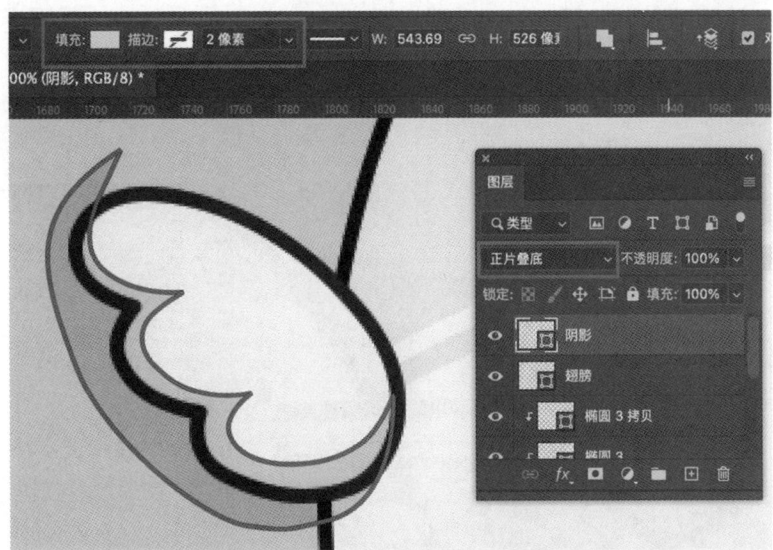

图 7-37 绘制阴影并设置图层属性

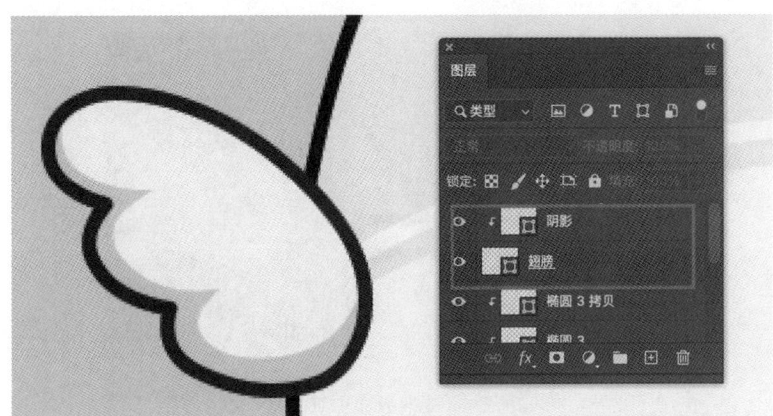

图 7-38 “创建剪贴蒙版”效果

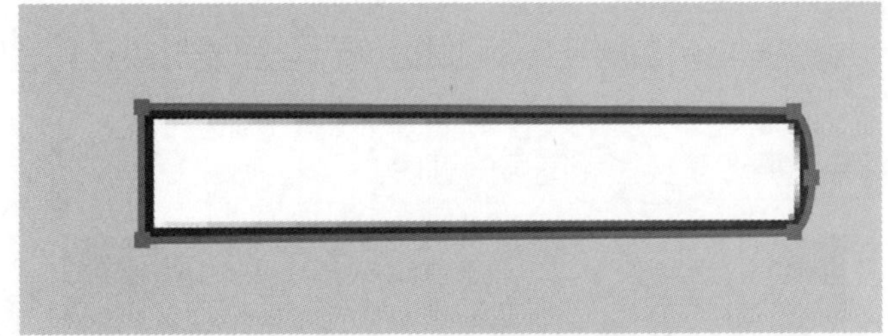

图 7-39 形状绘制

图 7-40 绘制三个椭圆并填充、排列

(12)绘制耳朵的阴影形状(见图 7-41),将图层混合模式设置为“正片叠底”,在耳朵阴影图层名称上右键单击,执行“创建剪贴蒙版”命令,效果如图 7-42 所示。

绘制阴影时,只要保证阴影在图形上的部分符合光影规律,其余部分直接覆盖图形即可,因为在创建剪贴蒙版之后,图形之外的部分不会显示,这样可以提高绘图的效率。

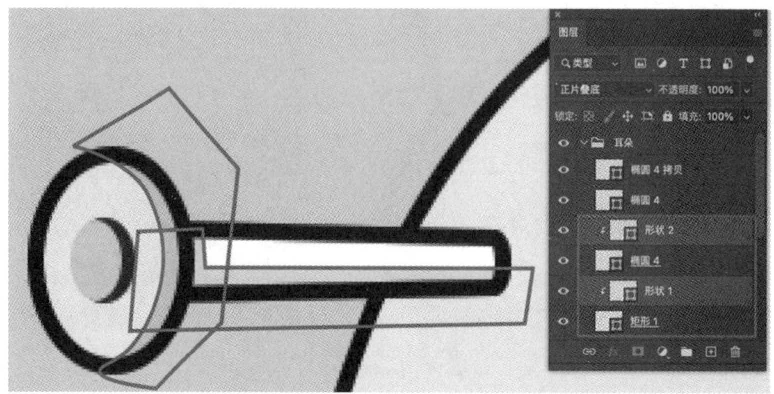

图 7-41　绘制耳朵的阴影形状

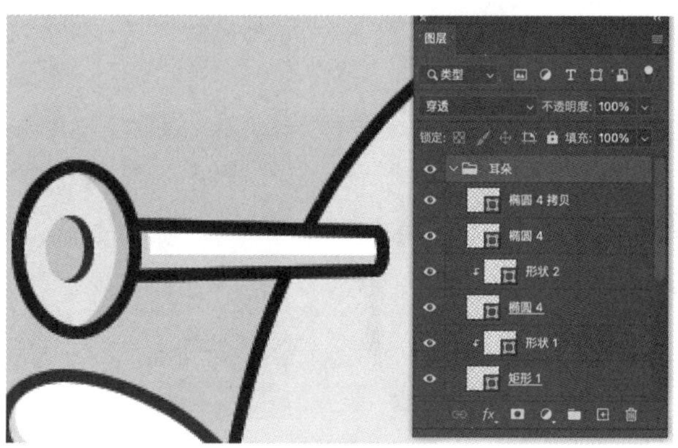

图 7-42　“创建剪贴蒙版”效果

(13)把翅膀和耳朵的图层各自编组并命名,选择菜单栏中的“编辑”→“变换”→“水平翻转”命令,使它们复制到另一边,如图 7-43 所示。将复制出的翅膀和耳朵的图层移动到卡通形象身体层的下面,缩小到 80%,摆放在相应的位置,如图 7-44 所示。

由于透视的关系,右边耳朵需要调整投影和图层的顺序。

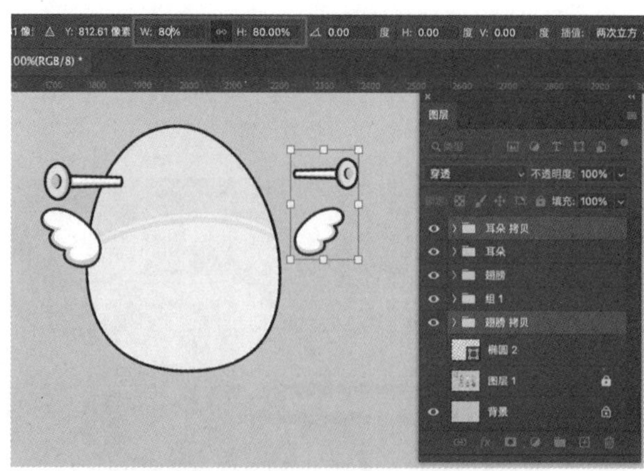

图 7-43　水平翻转翅膀和耳朵到另一边

(14)用类似的方法绘制脚,填充白色和颜色＃dbfb04;绘制头顶装饰,填充颜色＃dbfb04 和＃f7552a;绘制腹部装饰,填充颜色＃f5cf36。效果如图 7-45 所示。

图 7-44 翅膀和耳朵调整后效果

图 7-45 绘制脚、头顶装饰和腹部装饰效果

(15)使用“钢笔工具”绘制身体和腿部相接处的结构形状,填充颜色＃23272a,将两个形状图层放在身体图层上层,在形状图层上单击鼠标右键执行“创建剪贴蒙版”,隐藏多余的部分,如图 7-46 所示。

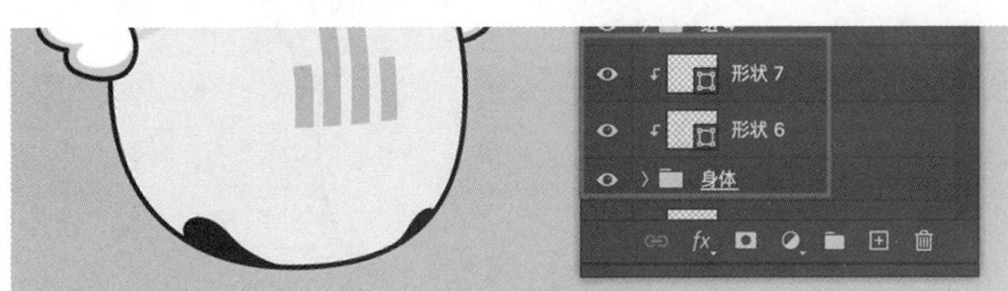

图 7-46 身体和腿部相接处形状绘制

(16)绘制身体上的阴影。使用“钢笔工具”沿身体边缘绘制出阴影部分,填充颜色＃d5e2f3,图层混合模式设为“正片叠底”,将“不透明度”设置为“60%”,如图 7-47 所示。

图 7-47 阴影部分图层设置

(17)使用形状工具绘制高光,调整锚点使形状符合透视规律,关掉描边并填充白色,将“不透明度”设置为“80%”,如图 7-48 所示。

图 7-48 高光绘制及设置

完成效果如图 7-49 所示。

图 7-49 完成效果

7.5.2 项目实训 2——绘制可爱的小猪

效果说明

本实训案例制作出的效果如图 7-50 所示。本实训案例主要用到“钢笔工具”、将路径转化为选区、“转换点工具”等工具和命令操作。

制作步骤

(1)按“Ctrl+N”组合键新建一个文件,设置如图 7-51 所示。

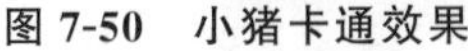
图 7-50　小猪卡通效果

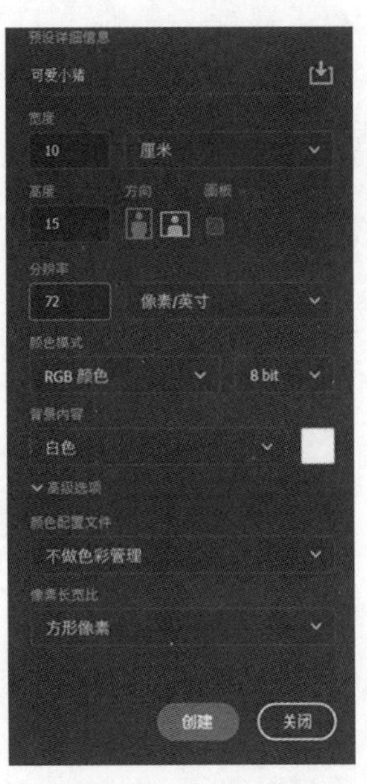

图 7-51　新建文件设置

(2)使用“钢笔工具”绘制一个椭圆，然后利用“转换点工具”调整椭圆形状(如果在绘制过程配合 Ctrl 或 Alt 键，将会更便于对路径或形状进行形体调整)；按“Ctrl＋Enter”组合键，将刚绘制的椭圆(用“钢笔工具”绘制的是路径)转换为选区，并为其填充淡淡的黄色(C＝2％，M＝10％，Y＝20％，K＝0)，效果如图 7-52 所示。

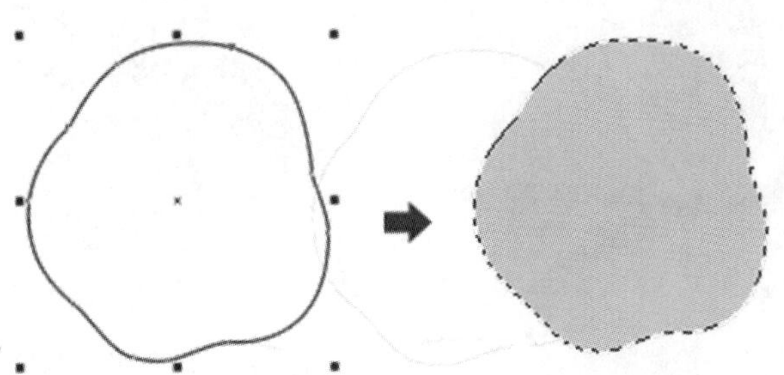
图 7-52　绘制形体并填色

(3)选择“编辑”→“描边”菜单命令，弹出的“描边”对话框中的设置如图 7-53(a)所示；点按“确定”按钮后，效果如图 7-53(b)所示。

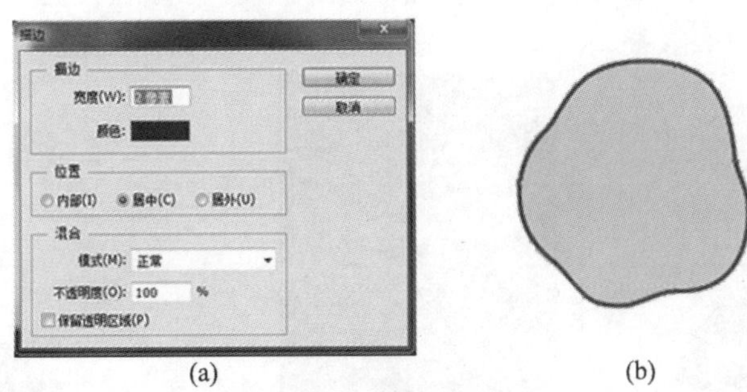

图 7-53　描边设置及其效果

(4)使用“钢笔工具”继续绘制猪鼻、猪耳等部分，调整其形状，填充颜色(分别是：猪鼻头，C＝5％，M＝56％，Y＝39％，K＝0；鼻孔，C＝66％，M＝58％，Y＝60％，K＝10％；猪耳，C＝2％，M＝26％，Y＝40％，K＝0)并分别描边。效果如图 7-54 所示。

(5)利用“椭圆选框工具”绘制一椭圆并将其删掉一部分，填充黑色；然后复制椭圆并填充白色，适当调整其大小及位置等，即得小猪的眼眶，效果如图 7-55 所示。

(6)将两椭圆的图层合并成一个图层，然后复制图层，移动并调整其大小及角度等，如图 7-56 所示。

图 7-54　绘制猪鼻等

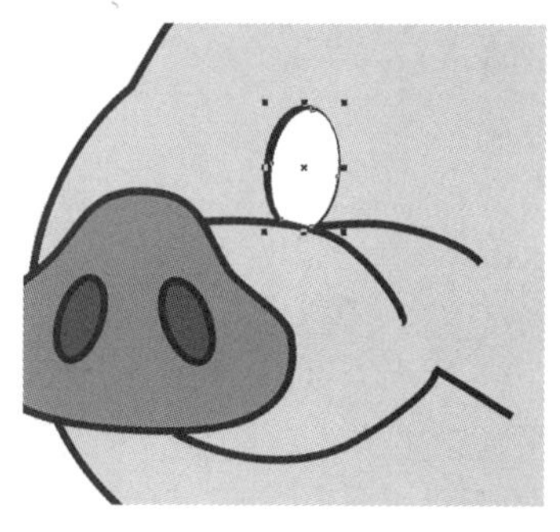
图 7-55　绘制猪眼眶

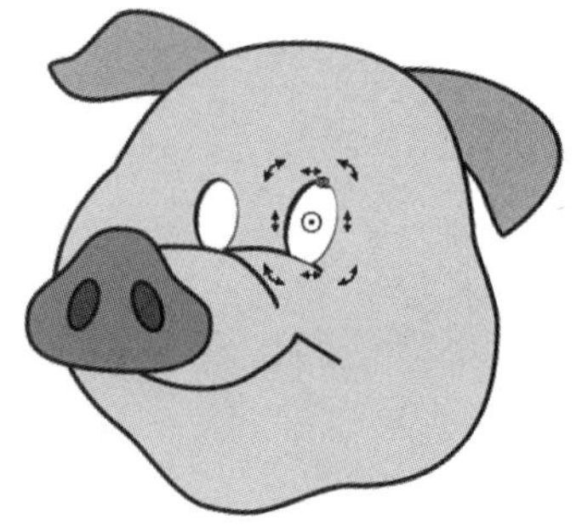
图 7-56　复制猪眼眶

(7)利用“椭圆选框工具”绘制一椭圆并填充黑色；然后使用“画笔工具”为其填充白色和蓝色，即得眼球，效果如图 7-57 所示。

(8)复制椭圆，并将其移到另一眼眶处，并调整其大小及角度等，如图 7-58 所示。将刚绘制的小猪的头部全部合并成一个“头部”图层。

图 7-57　绘制眼球

图 7-58　复制眼球

(9)使用“钢笔工具”给小猪绘制衣服，然后调整其形状，颜色填充为“C＝59％，M＝91％，Y＝0，K＝0”，将刚绘制的“衣服”图层调整到“头部”图层下。效果如图 7-59 所示。

(10)使用“钢笔工具”绘制并调整手，颜色填充为“C＝2％，M＝10％，Y＝20％，K＝0”。效果如图 7-60 所示。

图 7-59　衣服的绘制

图 7-60　手的绘制

(11)使用“钢笔工具”绘制蝴蝶结并填充红色，再为衣服绘制装饰条纹，装饰条纹的填充色为“C＝15%，M＝24%，Y＝5%，K＝0”。效果如图 7-61 所示。

(12)使用“钢笔工具”绘制裤子，填充色为“C＝100%，M＝10%，Y＝10%，K＝0”；将刚绘制的“裤子”图层调整到“衣服”图层下。效果如图 7-62 所示。

(13)使用“钢笔工具”绘制鞋子，填充色为“C＝15%，M＝24%，Y＝5%，K＝0”；再绘制黑线和白色条纹。效果如图 7-63 所示。

图 7-61　蝴蝶结和装饰条纹的绘制

图 7-62　裤子的绘制

(14)对整个卡通形象进行调整，完成效果如图 7-64 所示。

(15)选择菜单栏中的“文件”→“存储”命令(快捷键为“Ctrl＋S”)，将绘制的图形文件保存为“可爱的小猪”。

图 7-63　鞋子的绘制

图 7-64　完成效果

Photoshop Xiangmushi Jiaocheng

第八章

通道与蒙版的应用

本章主要讲解通道和蒙版的基本知识，如通道与色阶、通道运算、图像颜色保存、选区存储、蒙版的分类、蒙版的特殊作用等。通道和蒙版具有强大的功能，与图层一样非常重要。在实践应用中，通道和蒙版常结合使用。

8.1 通　道

在 Photoshop 中，通道的一个主要功能是保存图像的颜色信息。例如一个 RGB 模式的图像，它的每一个像素的颜色数据是由红(R)、绿(G)、蓝(B)这三个通道来记录的，而这三个色彩通道组合定义后合成了一个“RGB”主通道。

通道的另外一个十分重要且常用的功能就是存放和编辑选区，这也就是 Alpha 通道的功能。在 Alpha 通道上可以应用各种绘图工具和滤镜对选区做进一步的编辑和调整，从而创建更为复杂和精确的选区。

我们还可以创建专色通道，以指定用于专色油墨印刷的附加印版。

8.1.1 “通道”面板

对通道的处理主要是通过“通道”面板来进行的(若该面板未出现，可通过执行“窗口”→“通道”命令使其出现)，如图 8-1 所示。

在“通道”面板下方有几个快捷按钮。按钮用于将通道作为选区载入；按钮用于将选区储存为通道；按钮用于创建新通道；按钮用于删除当前通道。单击“通道”面板右上角的下三角按钮，会弹出图 8-2 所示的菜单。

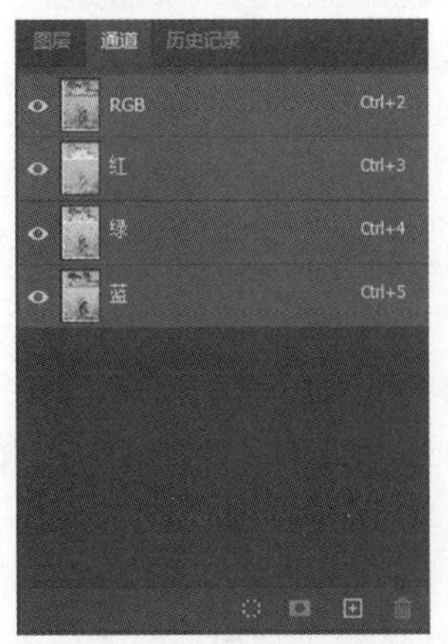

图 8-1　“通道”面板

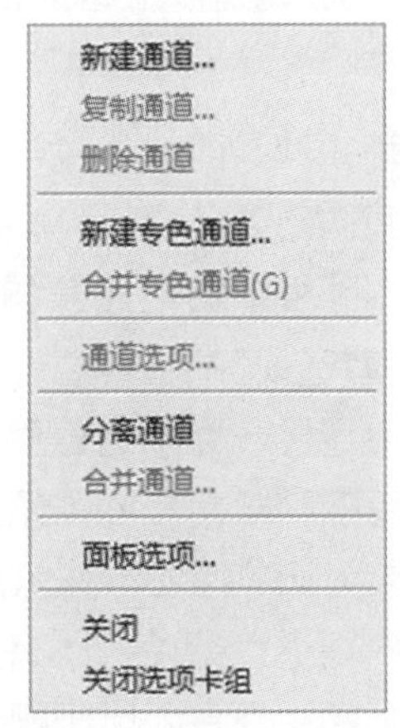

图 8-2　“通道”面板菜单

“通道”面板菜单各项命令的功能如下：

- “新建通道”：新建一个 Alpha 通道。
- “复制通道”：复制当前通道。
- “删除通道”：删除当前通道。
- “新建专色通道”：新建一个专色通道。
- “合并专色通道”：合并专色通道。

• “通道选项”：设置专色通道或 Alpha 通道的属性。
• “分离通道”：将通道分离为单独的图像。
• “合并通道”：合并多个灰度图像。
• “面板选项”：设置通道缩览图的大小。

使用通道功能时，可以在“通道”面板上建立新的通道，还可以复制、删除、隐藏和个别地显示通道，也可以单击通道，重新排列它的次序或显示 Alpha 通道编辑后的效果。

8.1.2 颜色通道

颜色通道包括一个复合通道（即所有颜色复合在一起的通道）和单个的颜色通道（单色通道），用于保存图像的颜色信息。每一个单色通道对应图像的一种颜色，例如 CMYK 模式图像的“青色”通道保存图像的青色信息。

默认状态下“通道”控制面板中显示所有的颜色通道，如果单击其中的一个颜色通道（此处单击“红”通道），则仅显示此通道的颜色信息，如图 8-3 所示。

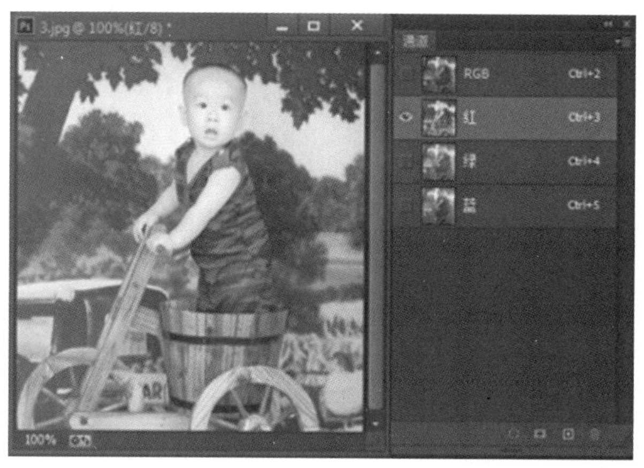

图 8-3　只显示“红”通道的颜色信息

单击颜色通道左侧的眼睛图标，可以隐藏单色通道或复合通道，再次单击可恢复显示。如果需查看两种颜色合成效果，可以仅显示这两种颜色通道。

默认情况下，“通道”控制面板中颜色通道的缩览图显示为灰色，如果要将其显示为彩色，可以选择“编辑”→“首选项”命令，在弹出的“首选项”菜单中点选“界面”，然后勾选“用彩色显示通道”选项即可。

在颜色通道的显示中，白色代表当前通道所保存的颜色较多，反之，如果某一个颜色通道的显示中有大块黑色，则代表整体图像在相应的区域相应的颜色较少。在 CMYK 模式的图像中，颜色数据分别由“青色”（C）、“洋红”（M）、“黄色”（Y）、“黑色”（K）四个单独的通道保存，而这四个通道也就相当于四色印刷中的四色胶片，即 CMYK 图像在彩色输出时可进行分色打印，将 CMYK 四原色的数据分别输出成为青色、洋红色、黄色和黑色四张胶片，在印刷时这四张胶片叠合即可印刷出色彩缤纷的彩色图像。

8.1.3 Alpha 通道

Alpha 通道是我们经常用到的一种通道类型，通过它可以以灰色图像的方式记录选区，将选区保存起来，当需要这些选区时，就可以方便地从“通道”面板中将其调入。

Alpha 通道具有下列属性：

• 每个图像最多可以包含 56 个通道（包括所有的颜色通道和 Alpha 通道）。

• 可为每个通道指定名称、颜色、蒙版选项和不透明度(不透明度影响通道的预览,而不影响图像)。
• 所有的新通道都具有与原图像相同的尺寸和像素数目。
• 可以使用绘画工具、编辑工具和滤镜编辑 Alpha 通道中的蒙版。

1. 创建 Alpha 通道

点按"通道"控制面板底部的"创建新通道"按钮⊞。新通道将按创建顺序命名。可以创建一个新的 Alpha 通道,然后使用绘画工具、编辑工具和滤镜向其中添加蒙版。使用绘画或编辑工具在图像中绘画时,用黑色绘画可添加到通道,用白色绘画可从通道中删除,用较低不透明度或其他颜色绘画可以较低的透明度添加到通道。

如果要创建 Alpha 通道并指定选项的话,可以按住 Alt 键并点按"通道"面板底部的"创建新通道"按钮⊞,或选择"通道"控制面板菜单中的"新建通道"命令。

2. 将选区存储为 Alpha 通道

点按"通道"控制面板底部的"创建新通道"按钮⊞,Alpha 通道即出现,并按照创建的顺序而命名。如打开图 8-4 所示的图像后点按"创建新通道"按钮的效果如图 8-5 所示。

图 8-4 点按"创建新通道"按钮前

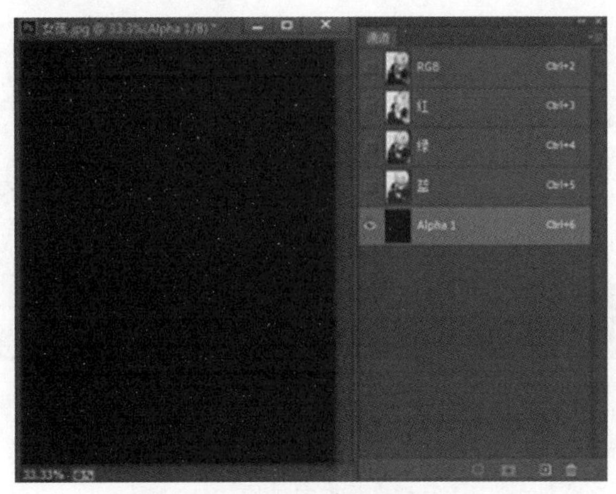

图 8-5 点按"创建新通道"按钮后

选取"选择"→"存储选区",在"存储选区"对话框(见图 8-6)中执行"新建通道"操作,并点按"确定",就可以将选区存储为 Alpha 通道。"存储选区"对话框支持选区与 Alpha 通道间的运算,通过设置,能得到较为复杂的 Alpha 通道。

"存储选区"对话框中的参数含义如下:

• "文档":在"文档"菜单中为选区选取目标图像。默认情况下,选区放在现用图像的通道内。可以选择将选区存储到其他打开的且具有相同像素尺寸的图像的通道中,或存储到新图像中。
• "通道":从弹出式"通道"菜单中为选区选取目标通道。默认情况下,选区存储在新通道中。
• "名称":在"名称"文本框中为该通道输入一个名称。
• "新建通道":可以在通道中替换当前选区。
• "添加到通道":可以向当前通道内容添加选区。
• "从通道中减去":可以在 Alpha 通道的基础上减去当前选区所创建的 Alpha 通道。
• "与通道交叉":可以保持与通道内容交叉的新选区的区域。

下面通过一个简单的案例来说明将选区存储为 Alpha 通道的应用。

(1)打开素材文件小车图像,选择工具箱中的"磁性套索工具"为小车建立选区,如图 8-7 所示。

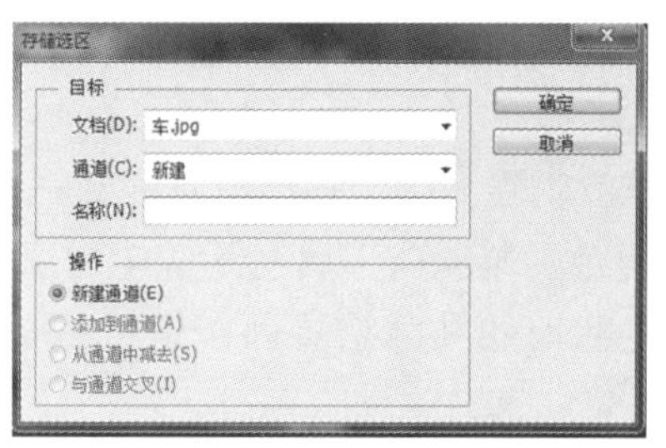

图 8-6 "存储选区"对话框

图 8-7 建立选区

(2)在"通道"控制面板上点按"将选区存储为通道"按钮，得到的效果如图 8-8 所示(如果选中的不是 Alpha 通道,在"通道"面板上点击 Alpha 通道即可)。

(3)在"通道"控制面板上点击"RGB"通道,图像显示效果与图 8-7 一样,只是"通道"面板中多了一个"Alpha 1"通道,如图 8-9 所示。

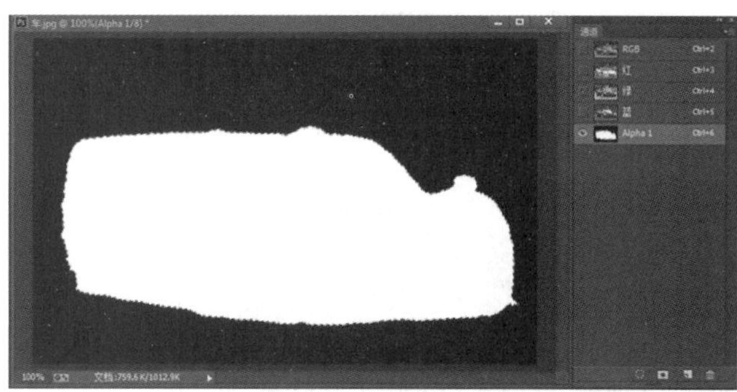

图 8-8 Alpha 通道显示效果

图 8-9 "通道"控制面板显示

(4)选择工具箱中的"魔棒工具",在工具选项栏中将"容差"设置为"55",其他默认即可;然后在小车车尾部分需要减选的地方点击进行减选,效果如图 8-10 所示。

(5)选择菜单栏中的"选择"→"存储选区"命令,在弹出对话框中"通道"选项处选"Alpha 1","操作"选项选"与通道交叉",如图 8-11 所示。

图 8-10 减选效果

图 8-11 "存储选区"对话框设置

(6)点按"确定"确认后,在"通道"面板中单击"Alpha 1"通道,效果如图 8-12 所示。

(7)按住 Ctrl 键同时单击"Alpha 1"通道,白色区域被建立了选区,在"通道"控制面板上点击"RGB"通道,回到"图层"控制面板,我们看到小车被建立了选区,且车尾部分被减选了,如图 8-13 所示。

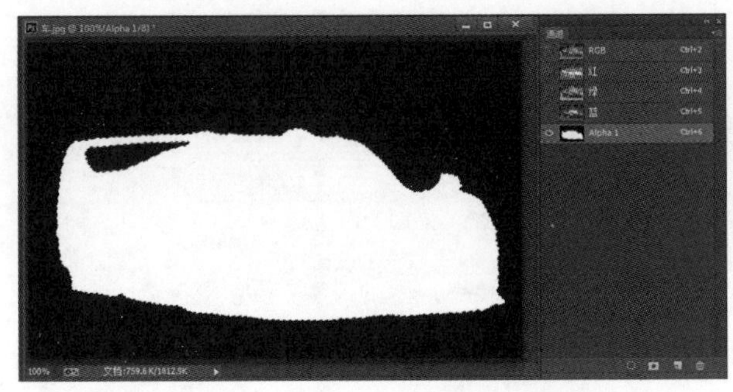
图 8-12 "Alpha 1"通道显示效果

图 8-13 最终建立选区

8.1.4 专色通道

在印刷行业，专色是特殊的预混油墨，用于替代或补充印刷色(CMYK)油墨。在印刷时每种专色都要求有专用的印版。因为光油也要求有单独的印版，故它也被认为是一种专色。

如果要印刷带有专色的图像，则需要创建存储图像颜色的专色通道。为了输出专色通道，需将文件以"DCS 2.0"格式或"PDF"格式存储。

8.1.5 "应用图像"与"计算"

使用"应用图像"命令(在单色和复合通道中)和"计算"命令(在单色通道中)，可以利用与图层关联的混合效果将图像内部和图像之间的通道组合成新图像。

使用"计算"命令时，首先在两个通道的相应像素上执行数学运算(这些像素在图像上的位置相同)，然后在单个通道中组合运算结果。

1. "应用图像"命令

选取"图像"→"应用图像"命令，弹出图 8-14 所示对话框。

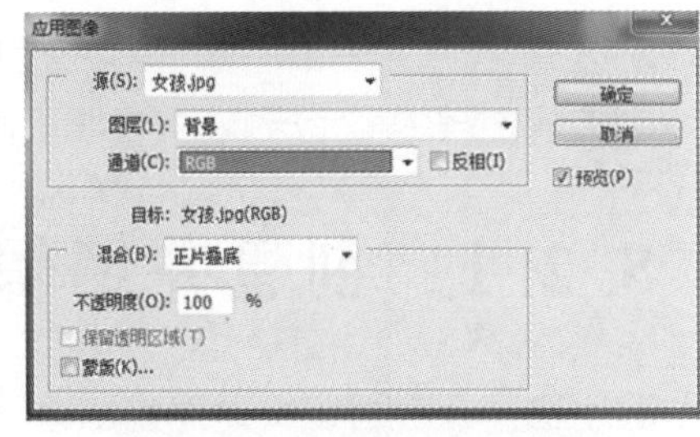

图 8-14 "应用图像"对话框

"应用图像"对话框中的参数含义如下：

• "源"：在该下拉列表中选择要与当前图像进行混合的源图像名称。

• "图层"：在该下拉列表中选择要与当前图像混合的图层名称。

• "通道"：在该下拉列表中选择要与当前图像混合的通道名称。

• "反相"：将在"通道"下拉列表中选中的通道反相后，再进行混合。

• "混合"：在该下拉列表中选择两幅图像的混合模式。

• "不透明度"：可以设置混合时源图像的不透明度。

• "保留透明区域"：只将效果应用到结果图层的不透明区域。

• "蒙版"：通过蒙版应用混合。

2. "计算"命令

使用"计算"命令可以混合两个来自一个或多个源图像的单色通道，然后将结果应用到新图像、新通道或现用图像的选区。不能对复合通道应用"计算"命令。

打开一个或多个源图像，选取"图像"→"计算"命令，弹出图 8-15 所示对话框。

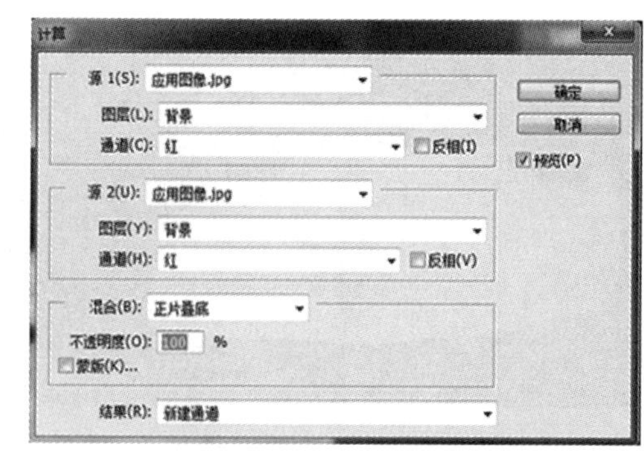

图 8-15 “计算”对话框

“计算”对话框中的参数含义如下：

- “源 1”：在该下拉列表中选择用于计算的第一个源图像。
- “图层”：在该下拉列表中选择用于计算的图层。要使用源图像中所有的图层，可选取“合并图层”。
- “通道”：在该下拉列表中选择用于计算的通道名称。
- “源 2”：在该下拉列表中选择用于计算的第二个图像。
- “混合”：在该下拉列表中选择两个通道进行计算时运用的混合模式。
- “不透明度”：控制在进行计算时所采用的不透明度。
- “蒙版”：通过蒙版应用混合。
- “结果”：指定是将混合结果放入新文档、新通道还是现用图像的选区。

8.2 蒙　版

蒙版主要用来保护被屏蔽的图像区域，在图像添加蒙版后，对图像进行编辑操作时所使用的命令对被屏蔽的区域不产生任何影响，而对未被屏蔽的区域起作用。

使用蒙版可以保存多个可以重复使用的选区，并可以很容易地编辑它们。例如，当要给图像的某些区域运用颜色变化、滤镜和其他效果时，使用蒙版可以隔离和保护图像的其余区域。

另外，使用蒙版可将选区存储为 Alpha 通道，以便再次使用（Alpha 通道可以转换为选区，然后用于图像编辑）。因为蒙版是作为 8 位灰度通道存放的，所以可用所有绘画和编辑工具细调和编辑蒙版。在“通道”面板中选中一个通道后，前景色和背景色都以灰度显示。

蒙版一般包括快速蒙版、图层蒙版、剪贴蒙版和矢量蒙版等。图层蒙版通过蒙版中的灰度信息来控制图像的显示区域，可用于合成图像，也可控制填充图层、调整图层、智能滤镜的有效范围；剪贴蒙版通过对象的形状来控制其他图层的显示区域；矢量蒙版则通过路径和矢量形状控制图像的显示区域。

8.2.1 创建并编辑快速蒙版

利用快速蒙版可以快速建立选区，实际作用相当于一个 Alpha 通道。我们可以将任何选区作为蒙版进行编辑，而无须使用“通道”面板；在查看图像时也可如此。将选区作为蒙版来编辑的优点是几乎可以使用任何 Photoshop 工具或滤镜修改。例如，用选框工具创建了一个圆形选区，可以进入快速蒙版模式并使用“画笔工具”扩展或收缩选区，也可以使用“滤镜”相关命令扭曲选区边缘。

下面以实例来对其进行讲解。

（1）打开素材文件图像，如图 8-16 所示。

（2）选择工具箱中的“套索工具”在画面中创建一个选区（仅选中其中一个苹果的局部），如图 8-17 所示。

图 8-16 图像素材

图 8-17 创建选区

(3)在工具箱底部单击“以快速蒙版模式编辑”按钮 (也可按 Q 键快捷进入),在快速蒙版模式编辑状态下会出现红色半透明的“膜”将闪动选区线以外的图像区域蒙住,从而将这些区域保护起来。没有被红色的“膜”保护的可见区域就是图 8-17 所示的选区(图像的色调是红色时,使用红色的半透明的“膜”就难以辨清选择的位置),如图 8-18 所示。

(4)将前景色切换为白色,选择“画笔工具”,在“画笔工具”选项栏中将“模式”设为“正常”,选择一个中等大小的画笔,适当将图像的显示放大,使用“画笔工具”在所选苹果周围红色的“膜”覆盖的区域上绘制,把整个绿色苹果上被蒙住的红色半透明的“膜”去掉(不用担心绘制的笔触会超出绿色苹果的范围,若超出可以将前景色切换为黑色进行编辑,将超出部分擦一下就能实现所需效果),如图 8-19 所示。

图 8-18 “快速蒙版模式”状态

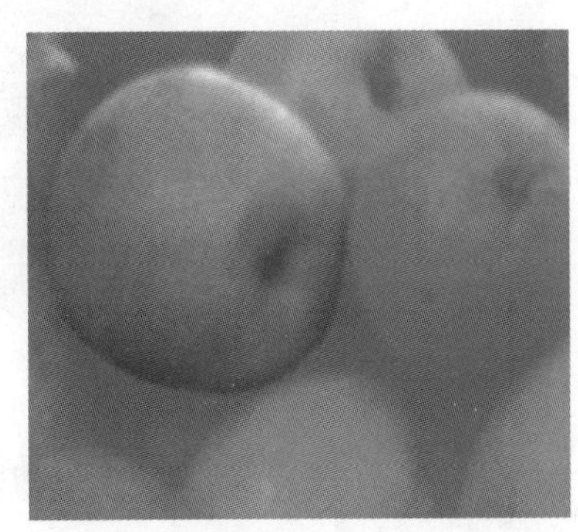

图 8-19 使用“画笔工具”去掉所选苹果上的“膜”

(5)在工具箱下方单击“以标准模式编辑”按钮,如图 8-20 所示,将会发现整个苹果被选中(选区扩大了),如图 8-21 所示。

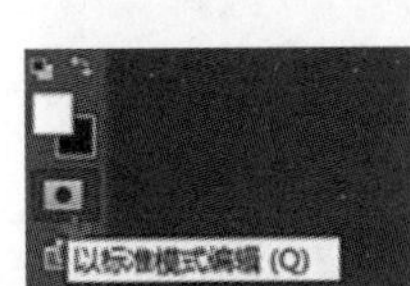

图 8-20 “以标准模式编辑”按钮

图 8-21 扩大选区效果

当然,也可以在进入快速蒙版模式编辑状态前,不对图像建立任何选区,直接转到“以快速蒙版模式编辑”状态,同样能达到目的,只是在用画笔描绘时,需要设置前景色为黑色。

温馨提示：在编辑快速蒙版的过程中，前景色是黑色还是白色是非常重要的，因为它们两者的作用是相反的，需要多练习才能熟练掌握。

8.2.2 图层蒙版

图层蒙版相当于一块能使物体变透明的布。在布上涂黑色时，物体变透明；在布上涂白色时，物体显示；在布上涂灰色时，物体为半透明。图层蒙版最大优点是，在显示和隐藏图像时，所有操作都在蒙版中进行，不会影响图层中的像素。图层蒙版属于位图图像，一般由绘画工具或选择工具创建。

下面通过简单实例来讲解图层蒙版的基本操作。

(1)新建文件，设置如图 8-22 所示。

(2)打开素材文件红衣少女图像，然后将图像拖入新建文件中，效果如图 8-23 所示。

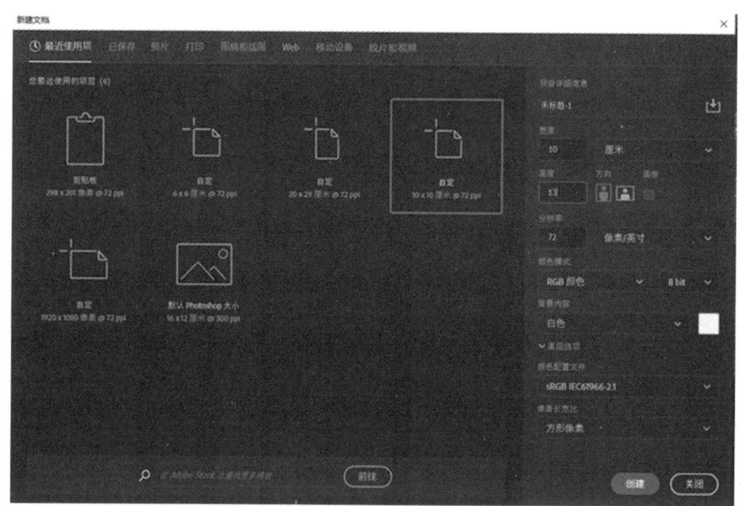

图 8-22 新建文件设置

图 8-23 拖入图像效果

(3)在“图层”面板中点击面板底部的“添加图层蒙版”按钮，如图 8-24 所示，“图层”面板如图 8-25 所示，这样，图层蒙版就创建完毕了。

图 8-24 “添加图层蒙版”按钮

图 8-25 添加图层蒙版后的“图层”面板

(4)选择“渐变工具”,在“渐变工具”选项栏中点按编辑渐变条,在弹出的“渐变编辑器”对话框(见图 8-26)中选择“黑,白渐变”模式。

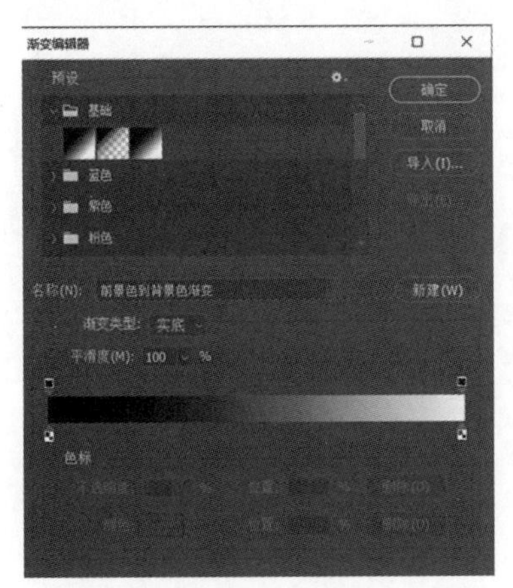

图 8-26 “渐变编辑器”对话框

图 8-27 渐变效果

(5)在图像中由下往上拖拉渐变填充,少女图像将产生从下往上的渐变效果,如图 8-27 所示。

8.2.3 矢量蒙版

利用矢量蒙版可在图层上创建锐边形状,与分辨率无关,由“钢笔工具”或形状工具等创建。在“图层”控制面板中,矢量蒙版显示为图层缩览图右边的附加缩览图,矢量蒙版缩览图代表从图层内容中剪下来的路径。

由于矢量蒙版本质是一种蒙版,因而其具有图层蒙版相同的特点,操作方法也跟图层蒙版差不多。

1. 创建和编辑矢量蒙版

要创建显示整个图层的矢量蒙版,可选取“图层”→“矢量蒙版”→“显示全部”。要创建隐藏整个图层的矢量蒙版,可选取“图层”→“矢量蒙版”→“隐藏全部”。添加显示形状内容的矢量蒙版,需在“图层”控制面板中选择要添加矢量蒙版的图层,选择一条路径或使用形状工具、钢笔工具等绘制工作路径,然后选取“图层”→“矢量蒙版”→“当前路径”。

使用矢量蒙版创建图层之后,可以给该图层应用一个或多个图层样式,如果需要,还可以编辑这些图层样式。

2. 将矢量蒙版转换为图层蒙版

选择要转换的矢量蒙版所在的图层，并选取“图层”→“栅格化”→“矢量蒙版”。转换矢量蒙版为图层蒙版比较容易，但一旦栅格化了矢量蒙版，就无法再将它改回矢量对象，所以在栅格化前一定要想好。

8.2.4 创建剪贴蒙版

创建剪贴蒙版后可以使用图层的内容来蒙盖它上面的图层，即以底部或基底图层的透明像素蒙盖它上面的图层（属于剪贴蒙版）的内容。例如，一个图层上可能有某个形状，上一层图层上可能有纹理，而最上面的图层上可能有一些文本，如果将这三个图层都定义为剪贴蒙版，则纹理和文本只通过基底图层上的形状显示，并具有基底图层的不透明度。剪贴蒙版中只能包括连续图层。蒙版中的基底图层名称带下画线，上层图层的缩览图是缩进的。另外，重叠图层显示剪贴蒙版图标，通过“图层样式”对话框中的“将剪贴图层混合成组”选项可确定基底效果的混合模式是影响整个组还是只影响基底图层。

8.3 项目实训

8.3.1 项目实训 1——白天变黑夜效果制作

效果说明

本实训案例制作出的效果如图 8-28 所示。本实训案例主要讲解利用图层、通道的功能制作的综合效果。

图 8-28 白天变黑夜效果

制作步骤

(1)打开素材文件图像，如图 8-29 所示。

(2)点按并拖动“背景”层到“图层”面板的“创建新图层”按钮▣上，复制得到“背景 拷贝”，如图 8-30 所示。

图 8-29　素材图像

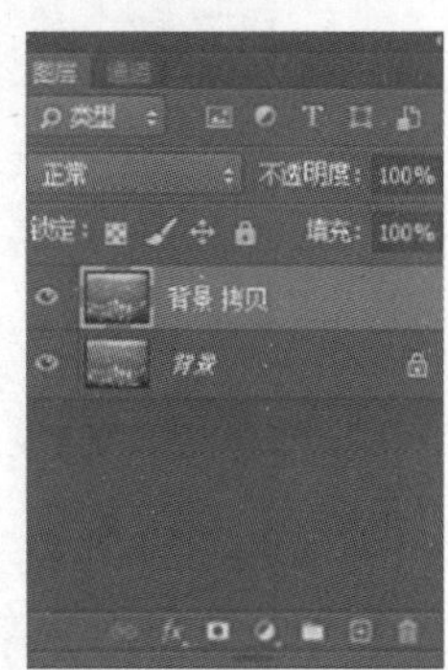

图 8-30　“图层”面板

(3)选取“图像”→“应用图像”命令,在弹出的“应用图像”对话框中设置“通道”为“蓝”,勾选“反相”,“混合”项设为“线性加深”,“不透明度”设为“90%”,其他设置如图 8-31 所示。

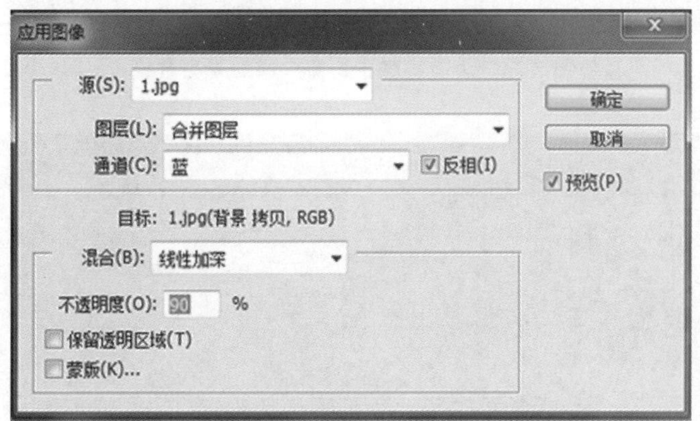

图 8-31　“应用图像”对话框中的设置

(4)点按“确定”,所得效果如图 8-32 所示。

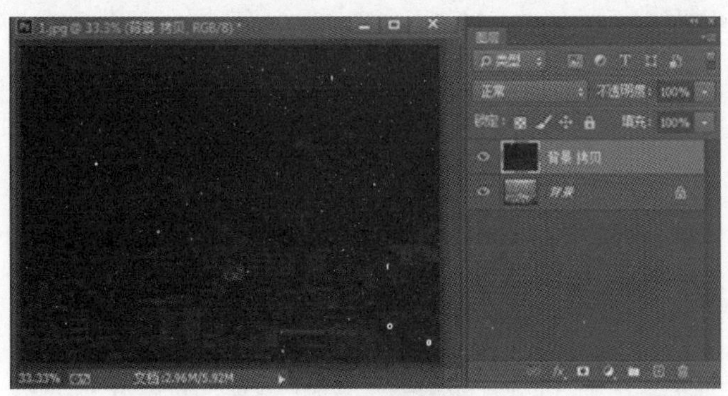

图 8-32　“应用图像”效果

(5)点按“图层”控制面板右下方的新建图层按钮,新建图层名称为“图层 1”。前景色设为白色,选择工具箱中的“画笔工具”,在选项栏中设置画笔“不透明度”为“80%”,选择适当大小的笔刷,在前排房子的窗户上绘制,使其“亮”起来,然后将“图层”面板右上方的“不透明度”设置为“72%”,效果如图 8-33 所示。

(6)点按“图层”控制面板右下方的“创建新图层”按钮,新建“图层 2”;选择“画笔工具”并在选项栏中设置画笔“不透明度”为“50%”，选择适当大小的笔刷，在中排房子的窗户上绘制，使其“亮”起来，“图层”控制面板右上方的“不透明度”设置为“58%”，效果如图 8-34 所示。

图 8-33　为前排房子的窗户添加光亮效果

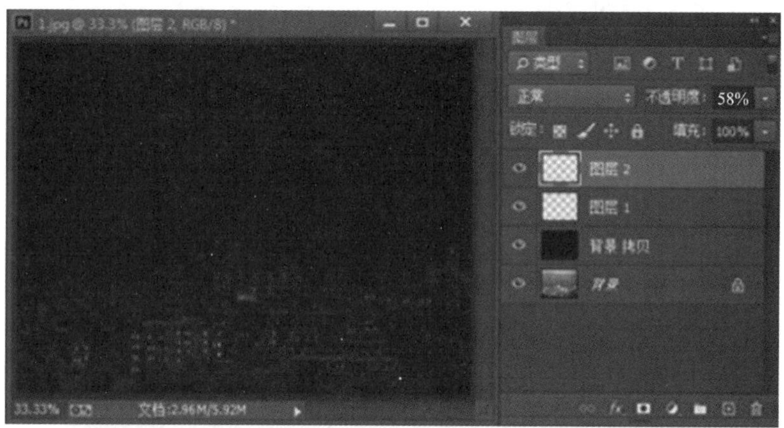

图 8-34　继续添加光亮效果

(7)新建“图层 3”，选择“画笔工具”并在选项栏中设置画笔“不透明度”为“35%”，选择适当大小的笔刷，在后排房子的窗户上描绘，使其“亮”起来，“图层”控制面板右上方的“不透明度”设置为“75%”，效果如图 8-35 所示。

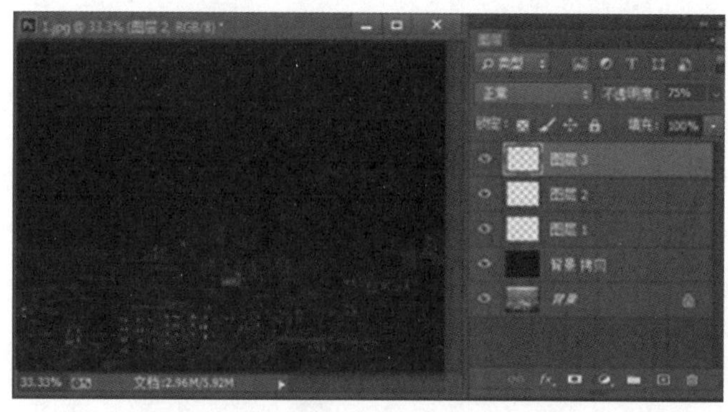

图 8-35　为后排房子的窗户添加光亮效果

(8)点击“图层”面板中的“背景 拷贝”(激活“背景 拷贝”层),用“钢笔工具”描绘一个形状,在“路径”控制面板上点按“将路径作为选区载入”按钮,将路径转化为选区。选取“图像”→“调整”→“亮度/对比度”命令,使选区部分更暗些。效果如图 8-36 所示。

图 8-36　调整选区部分明暗后的效果

(9)新建“图层 4”,选择“画笔工具”并在选项栏中设置画笔“不透明度”为“50%”,选择大一点的“柔边圆”笔刷,在前排房子的窗户上“喷绘”,效果如图 8-37 所示。

图 8-37　画笔喷绘效果

(10)在“图层”控制面板中选择图层混合模式为“叠加”。这样设置的原因是,光会透过玻璃,前排房子的窗户旁也应适当亮一点。效果如图 8-38 所示。

图 8-38　设置“叠加”混合模式后的效果

(11)点按“图层”面板右上角的三角形,在弹出菜单中选中“合并可见图层”命令合并所有图层,完成效果如图 8-39 所示。

图 8-39　完成效果

8.3.2　项目实训 2——液态效果制作

效果说明

本实训案例将制作图 8-40 所示的液态效果。本实训案例中主要用到图像调整、“滤镜”中的“滤镜库”和图层样式设置等命令操作。

制作步骤

(1)按“Ctrl+N”键进入新建文件设置页面,修改文件名为“液态效果”,尺寸为 210 毫米×297 毫米,分辨率为 150 dpi,如图 8-41 所示,点击“创建”按钮完成新建。

(2)双击“设置前景色”进入“拾色器(前景色)”对话框,选择接近海洋颜色的蓝色,再选择工具栏中的“油漆桶工具”填充颜色,效果如图 8-42 所示。

图 8-40　液态效果

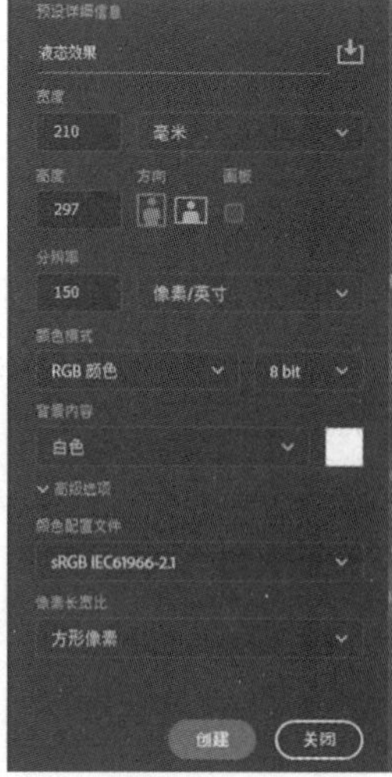

图 8-41　新建文件设置

图 8-42　填充颜色

(3)打开素材文件图像,如图 8-43 至图 8-45 所示。

图 8-43　素材图像 1

图 8-44　素材图像 2

(4)在打开的素材图像 1 中,选择工具栏中的“移动工具”,把素材图像 1 置入“液态效果”文件中,如图 8-46 所示。

(5)在“图层”面板中双击置入的素材图像图层,修改图层名称为“海面”,在工具栏中选择“裁剪工具”,裁剪掉多余的页面,再使用“移动工具”调整“海面”图层的位置,效果如图 8-47 所示。

图 8-45　素材图像 3

图 8-46　置入图像 1

图 8-47　调整“海面”图层位置效果

(6)选中“海面”图层,选择菜单栏的“图像”→“调整”→“去色”,效果如图 8-48 所示;再选择菜单栏的“图像”→“调整”→“反相”,效果如图 8-49 所示。

图 8-48　去色效果

图 8-49　反相效果

(7)在“图层”面板中把混合模式改成“滤色”,效果如图 8-50 所示。

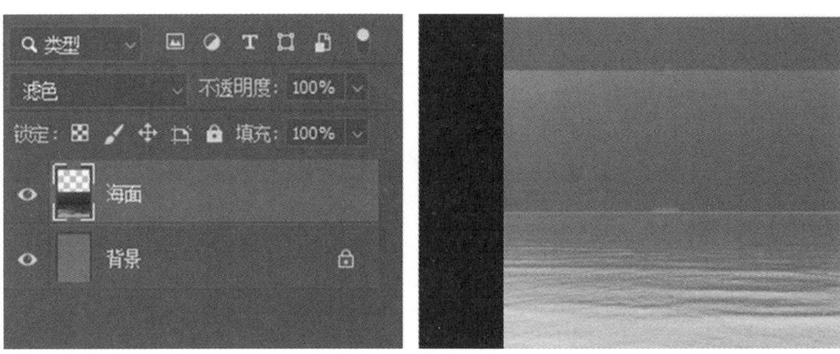

图 8-50 修改混合模式后的效果

(8)在“图层”面板的下方点击“添加图层蒙版”按钮，给“海面”图层添加一个蒙版，再选择工具栏中的“画笔工具”，选择黑色把不需要的部分擦除。效果如图 8-51 所示。

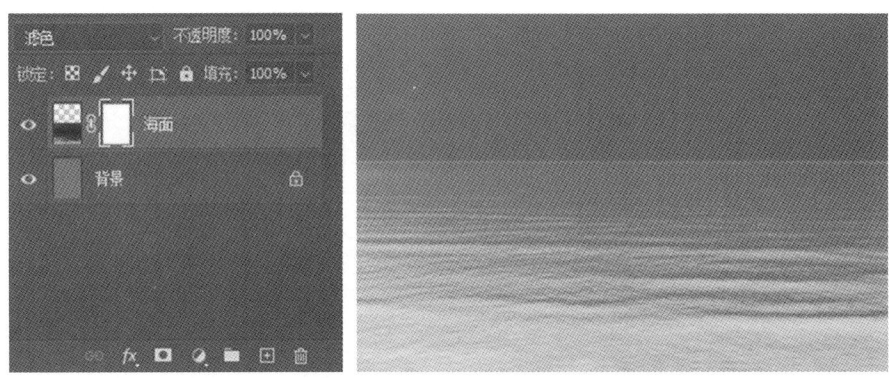

图 8-51 创建蒙版并擦除不需要部分后的效果

(9)导入水花素材(素材图像 2)，双击修改图层名称为“水花”，如图 8-52 所示。

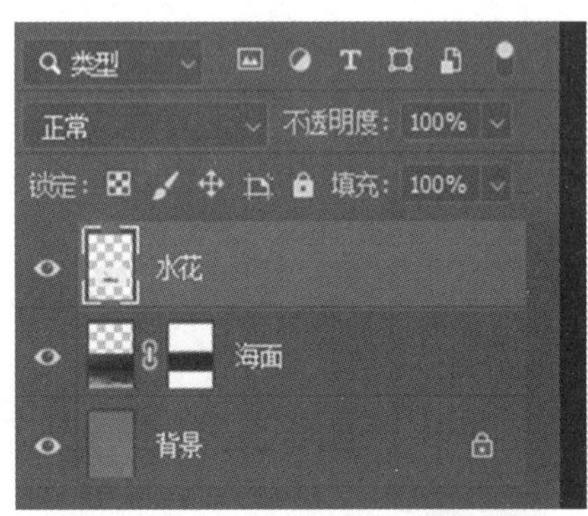

图 8-52 新增“水花”图层

(10)对“水花”图层执行与“海面”图层类似的操作。选择菜单栏的“图像”→“调整”→“去色”，效果如图 8-53 所示；继续选择菜单栏的“图像”→“调整”→“反相”，效果如图 8-54 所示。

(11)在“图层”面板中把混合模式改成“滤色”，如图 8-55 所示。效果如图 8-56 所示。

(12)完成上述操作后发现“水花”图层的背景并没有完全去干净，再选择菜单栏“图像”→“调整”→“色阶”，调出“色阶”对话框，如图 8-57 所示，选择第一个吸管工具，单击画面中没有清除干净的部分，即可自动清除干净残余，单击“确定”按钮，效果如图 8-58 所示。

图 8-53　去色效果

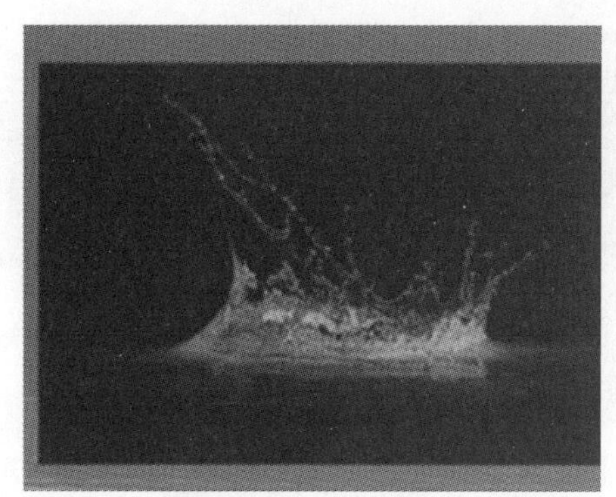

图 8-54　反相效果

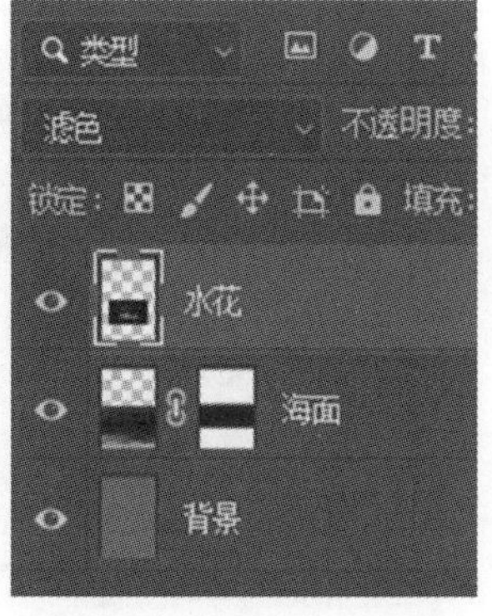

图 8-55　修改混合模式

图 8-56　滤色效果

（13）导入素材图像（蝴蝶图片），在“图层”面板中双击蝴蝶图片所在的图层并将其命名为“蝴蝶”，如图 8-59 所示。

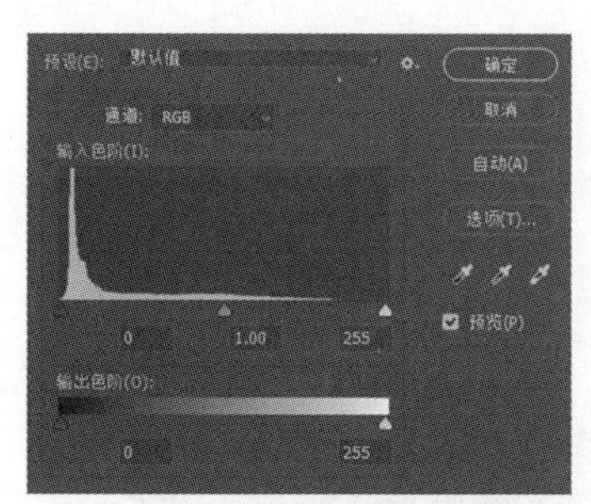

图 8-57　“色阶”对话框

图 8-58　清除残余

图 8-59　导入蝴蝶图片

（14）在“蝴蝶”图层选择状态下切换到“通道”面板，选择“蓝”通道（见图 8-60），效果如图 8-61 所示。在菜单栏中选择“图像”→“调整”→“反相”，效果如图 8-62 所示。

（15）在菜单栏中选择“滤镜”→“模糊”→“高斯模糊”，模糊半径数值不需要太大（稍微弱化一下蝴蝶的边缘即可，不然会把蝴蝶的纹理等细节模糊掉），点击“确定”，效果如图 8-63 所示。

（16）在“蓝”通道中按“Ctrl＋A”键全选，再按“Ctrl＋C”键复制“蓝”通道效果。返回“图层”面板，新建一个空白图层“图层 1”，按“Ctrl＋V”键粘贴“蓝”通道效果到“图层 1”中，效果如图 8-64 所示，再关闭“蝴蝶”图层的显示，效果如图 8-65 所示。

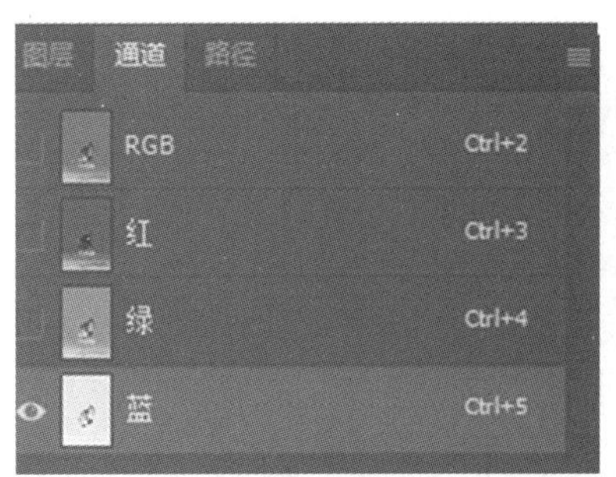

图 8-60　选择“蓝”通道

图 8-61　“蓝”通道效果

图 8-62　反相效果

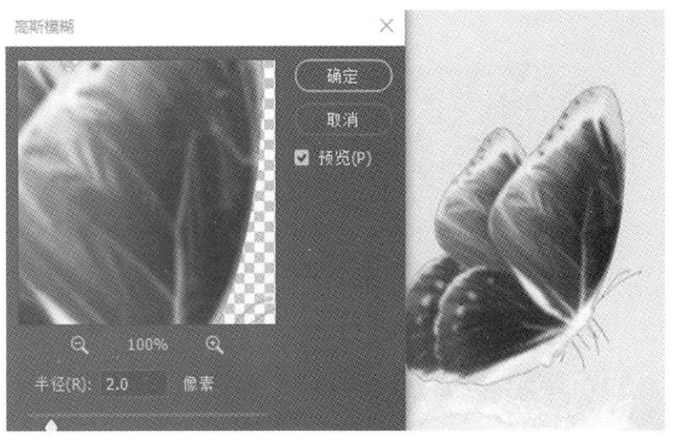

图 8-63　高斯模糊效果

图 8-64　复制“蓝”通道效果

(17)按“Ctrl+J”键复制“图层 1”并自动命名为“图层 1 拷贝”，关闭“图层 1 拷贝”的显示，备用。继续选择“图层 1”，如图 8-66 所示。

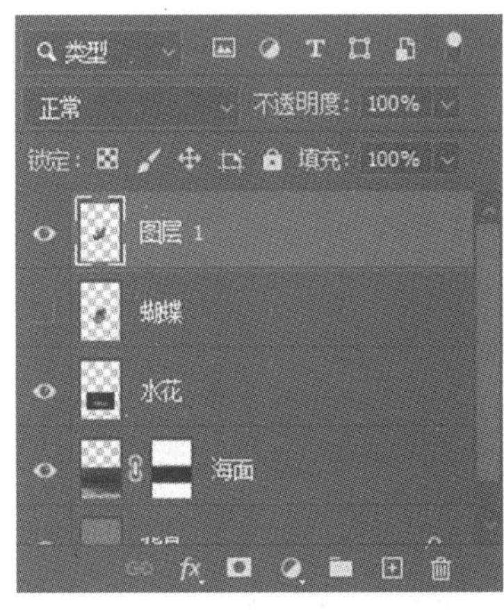

图 8-65　关闭“蝴蝶”图层显示及其效果

图 8-66　关闭“图层 1 拷贝”的显示并选择“图层 1”

(18)在“图层 1”中，选择菜单栏中的“滤镜”→“滤镜库”→“素描”→“铬黄渐变”，在设置框中把“细节”和“平滑度”拉满(即设为最大)，如图 8-67 所示，点击“确定”，效果如图 8-68 所示。

(19)在“图层”面板中把图层混合模式修改为“滤色”，效果如图 8-69 所示。

(20)选择“图层 1 拷贝”，并打开图层显示，在“图层”面板中把图层混合模式修改为“正片叠底”，效果如图 8-70 所示。

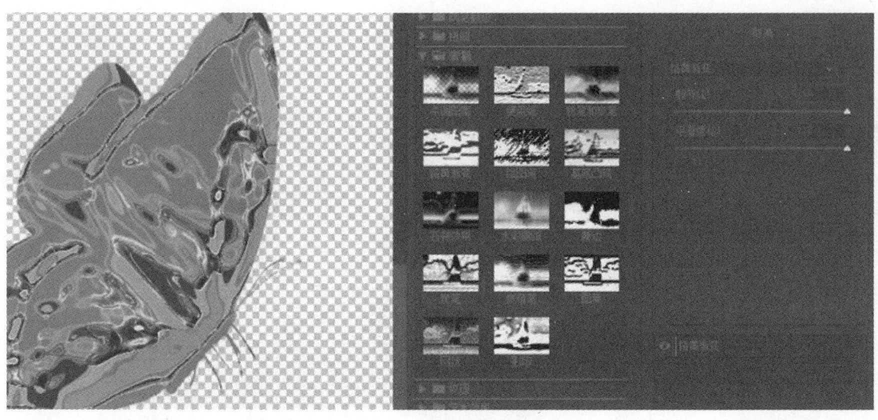

图 8-67　铬黄渐变设置

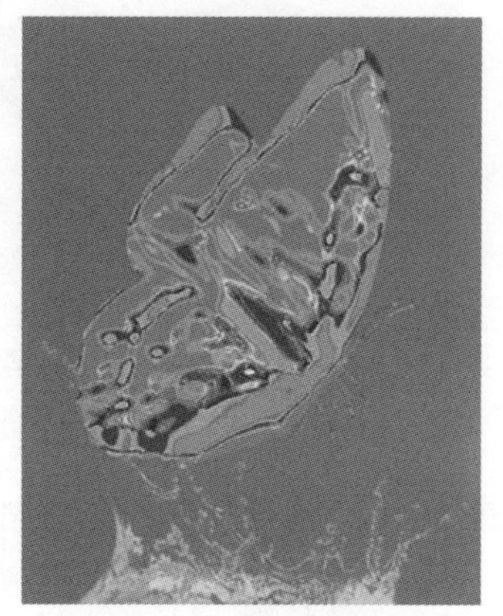

图 8-68　铬黄渐变效果

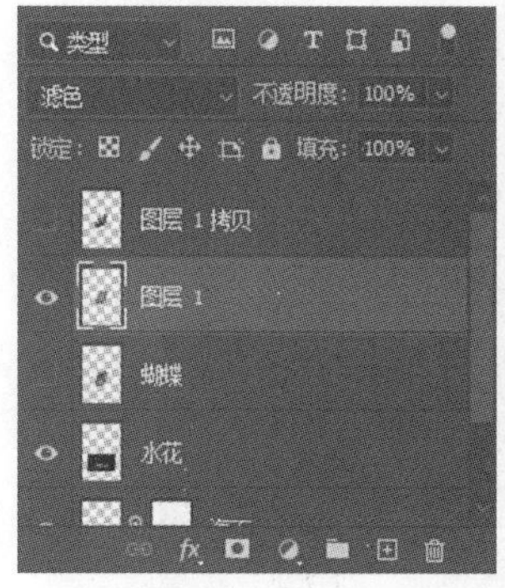

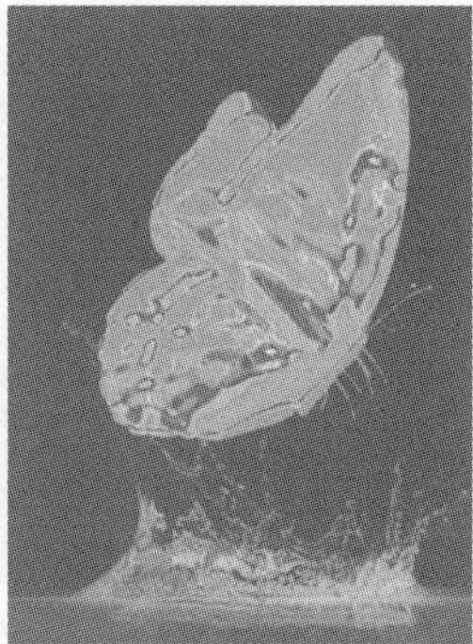

图 8-69　滤色效果

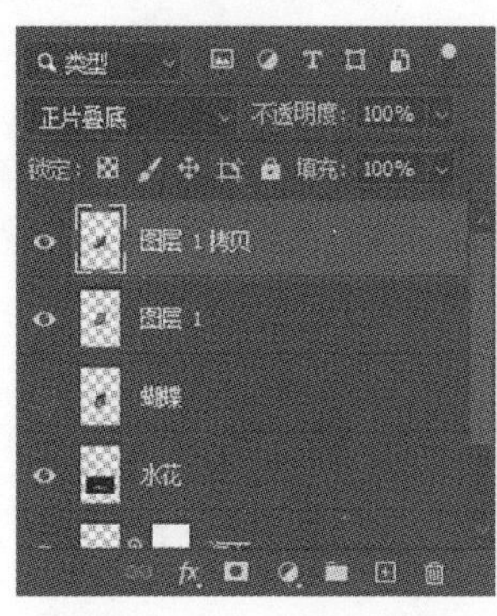

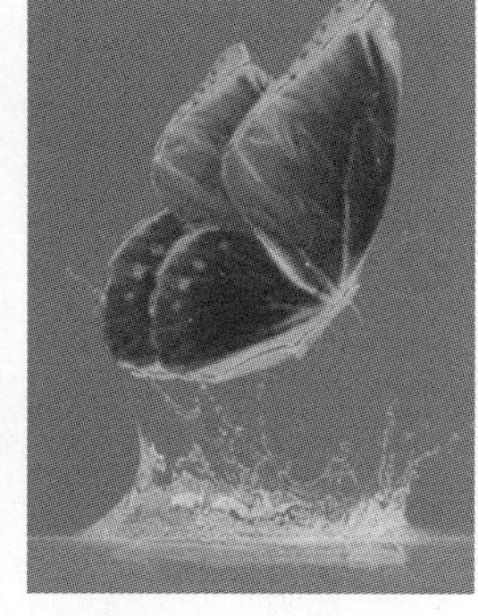

图 8-70　正片叠底效果

(21)按住 Shift 键同时选中“图层 1 拷贝”和“图层 1”,点击鼠标右键,选择“合并图层”,效果如图 8-71 所示;再把“图层”面板中的图层混合模式修改为“滤色”,效果如图 8-72 所示。

图 8-71　合并图层效果

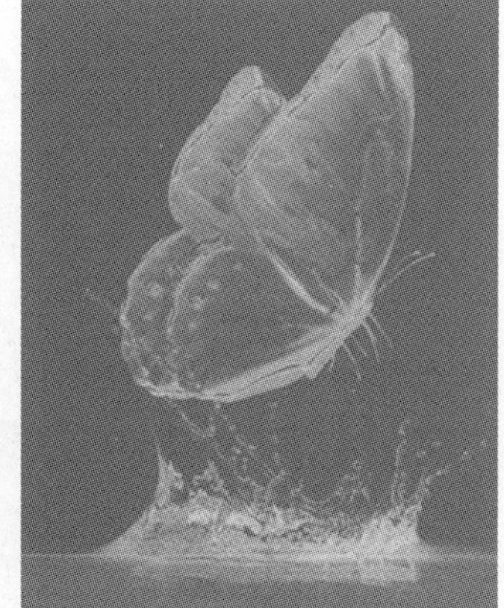

图 8-72　滤色效果

(22)在菜单栏中选择“图像”→“调整”→“色阶”,在弹出的“色阶”对话框中对蝴蝶的高光和暗部关系进行调整,让液态效果更明显,如图 8-73 所示。

(23)把素材图像 3 的图片导入文件中来,如图 8-74 所示,图层命名为“水花 2”。选择菜单栏的“图像”→“调整”→“去色”,效果如图 8-75 所示;继续选择菜单栏的“图像”→“调整”→“反相”,效果如图 8-76 所示。

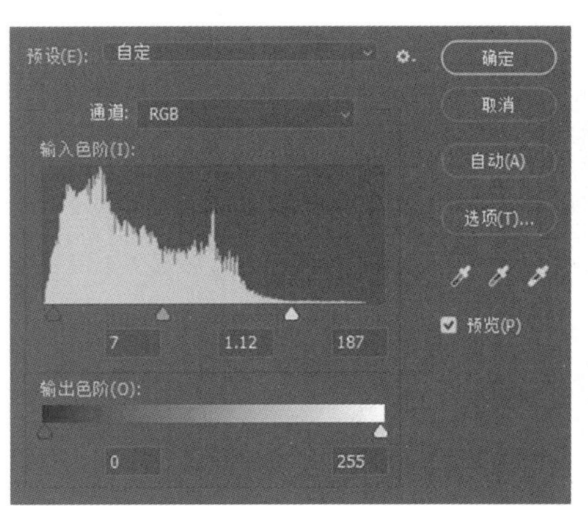

图 8-73　调整色阶效果

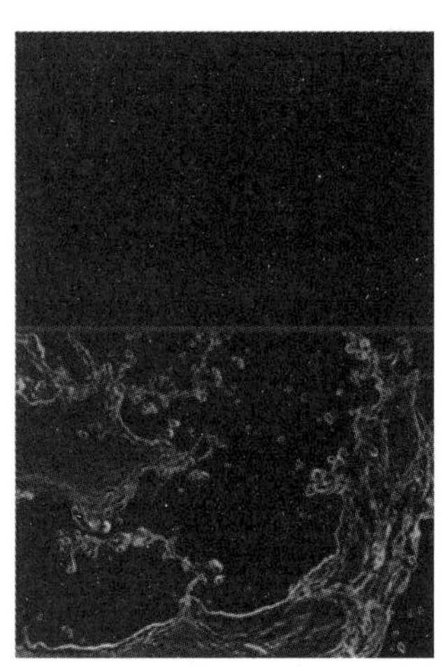

图 8-74　导入图像

图 8-75　去色效果

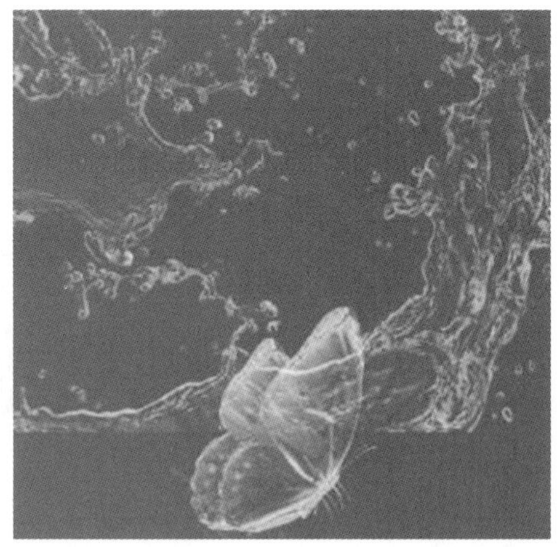

图 8-76　反相效果

(24)在“图层”面板中把混合模式改成“滤色”,效果如图 8-77 所示。

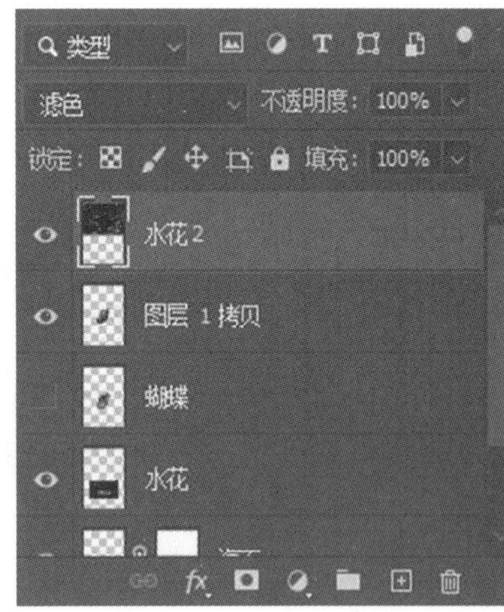

图 8-77　调整混合模式效果

(25)在工具栏中选择“移动工具”,把新导入的“水花 2”图层移动到合适的位置,如图 8-78 所示,再选择“画笔工具”并选择黑色对水花进行涂抹,把多余的水花清除,效果如图 8-79 所示。

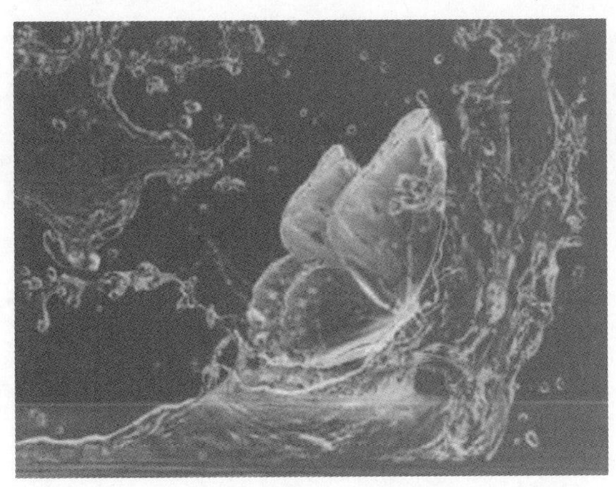

图 8-78　移动图层位置后效果

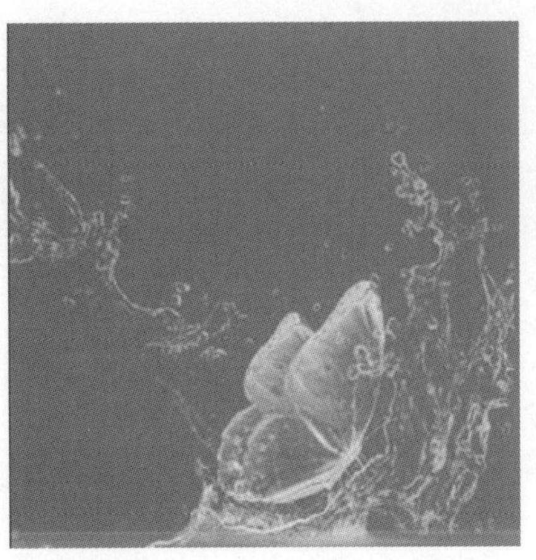

图 8-79　涂抹清除多余水花

最终的完成效果如图 8-80 所示。

图 8-80　完成效果

Photoshop Xiangmushi Jiaocheng

第九章 滤镜的使用

Photoshop 自带滤镜 100 多种，对于大部分的初学者来说，使用滤镜是用 Photoshop 处理图像的关键。使用 Photoshop 滤镜功能，与 Photoshop 强大的其他图像处理功能相结合，可以让许多图像变得令人惊叹。本章主要介绍了滤镜的分类、各类滤镜的特殊功能及它们在实践中的运用等。

9.1 滤镜的种类

滤镜分为内置滤镜和外挂滤镜两大类。内置滤镜是 Photoshop 自身提供的各种滤镜；外挂滤镜则是其他厂商开发的滤镜，它们需要另外再安装在 Photoshop 中才能使用。

Photoshop 滤镜都在“滤镜”菜单中，如图 9-1 所示，包括“转换为智能滤镜”、“模糊”滤镜、“风格化”滤镜、“扭曲”滤镜等多种滤镜操作。在“滤镜”菜单中，“滤镜库”“自适应广角”“Camera Raw 滤镜”“镜头校正”“液化”“消失点”等是特殊滤镜操作，被单独列出。

当移动鼠标指针到某个滤镜(组)上时，会弹出该滤镜的子菜单，如鼠标移动到“像素化”滤镜时，其后面的小三角形符号右侧就会弹出图 9-2 所示的子菜单。

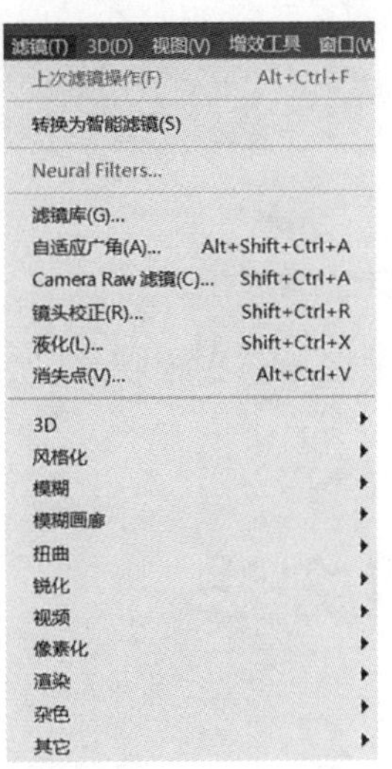

图 9-1 “滤镜”菜单

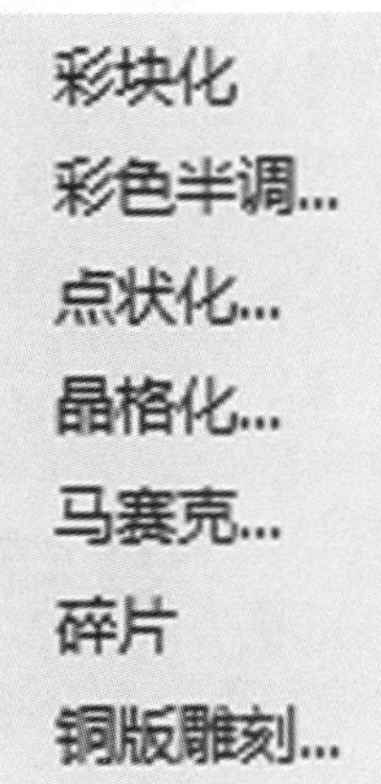

图 9-2 “像素化”滤镜子菜单

Photoshop 的内置滤镜主要有两种用途。第一种用于创建具体的图像特效，如可以生成便条纸、网状、影印、波纹等各种效果。此类滤镜的数量较多，且绝大多数都在“风格化”滤镜、“画笔描边”滤镜、“扭曲”滤镜、“素描”滤镜、“纹理”滤镜、“像素化”滤镜、“渲染”滤镜及“艺术效果”滤镜组中。除“像素化”滤镜以及其他少数滤镜外，此类滤镜基本上都是通过滤镜库来管理和应用的。第二种用于编辑图像，如减少图像杂色、提高清晰度等，这些滤镜在“模糊”滤镜、“锐化”滤镜及“杂色”滤镜中，此外“液化”“镜头校正”“消失点”这三种滤镜也属于此类滤镜。

除了自带的各种滤镜外，Photoshop 还支持由其他开发商开发的外挂滤镜，这些由第三方厂商生产的滤镜数量巨大，功能复杂，而且版本和种类不断升级和更新，为人们发挥想象力提供了有力的帮助，也大大增强了 Photoshop 滤镜的功能。其中著名的外挂滤镜有 KTP、PhotoTools、Eye Candy、Xenofen、Ulead Effects 等。

在使用滤镜的时候要注意以下几点：

• 滤镜可以对某一选定的区域、图层、快速蒙版、图层蒙版和通道起作用。若使用滤镜处理某一图层中的图像，需要选择该图层，并且图层必须是可见的。如果在进行滤镜操作前并没有对编辑图层选择选区，则滤镜操作对该图层中整幅图像起作用。

• 并不是在任何的色彩模式下都可以使用滤镜的。在“位图”“索引颜色”“16 位/通道”模式下不能使用滤镜，在“CMYK 颜色”和“Lab 颜色”模式下有部分滤镜不能使用。

• 如果创建了选区，滤镜只处理选区中的图像，对选区应用滤镜的时候可以设定羽化值，从而使滤镜操作区域与周边区域自然过渡。若未创建选区，则处理当前图层中的全部图像。

• 只有“云彩”滤镜可以应用在没有像素的区域，其他滤镜都必须应用在包含像素的区域，否则不能使用这些滤镜；但外挂滤镜除外。

• 在应用滤镜的过程中，滤镜的处理效果是以像素为单位进行计算的，因此，以相同的参数处理不同分辨率的图像，其效果也会有所不同。同时使用滤镜需要进行大量的计算，尤其是在处理大型的图像时，这种计算过程非常耗时，为此，Photoshop 在大多数对话框中设置了一个小的预览窗口，我们可以预览滤镜效果。如图 9-3(a)为原图像，图 9-3(b)为“镜头光晕”对话框，图 9-3(c)是在图像上应用“镜头光晕”滤镜后的效果。

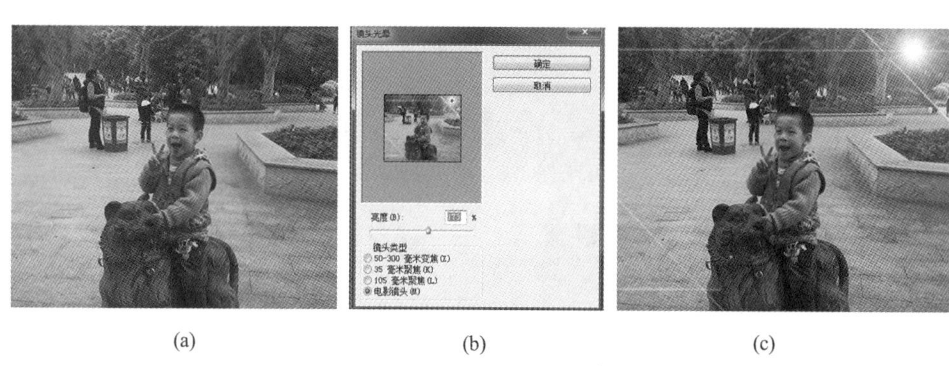

(a) (b) (c)

图 9-3 应用“镜头光晕”滤镜的前后对比

9.2 滤镜的使用方法

1. 滤镜的使用技巧

(1)使用一个滤镜后，“滤镜”菜单的第一行便会出现该滤镜的名称，如图 9-4 所示，单击它或按下“Ctrl+F”组合键可以快速应用这一滤镜。如需修改滤镜参数，按下“Alt+Ctrl+F”组合快捷键，可以打开该滤镜的对话框重新设定。

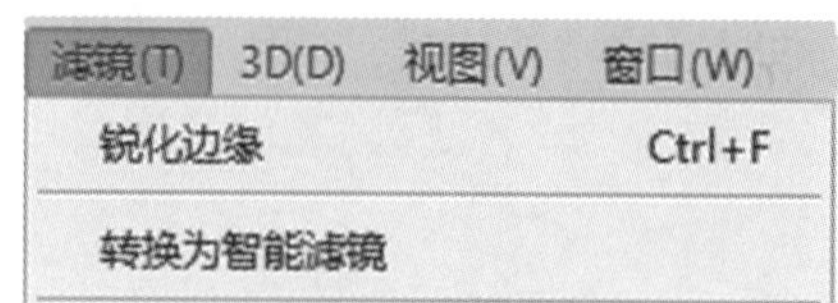

图 9-4 “滤镜”菜单的第一行会出现上一次使用的滤镜名称

(2)在任意滤镜的对话框中按住 Alt 键，“取消”按钮就会变成“复位”按钮；单击“复位”按钮可以将参数恢复到初始状态。

(3)在应用滤镜过程中如果要中止，可以按下 Esc 键。

(4)使用滤镜时通常会打开“滤镜库”或者相应的对话框,在预览框中可以预览滤镜效果,单击⊞和⊟按钮可以放大和缩小显示比例;单击并拖动预览框内的图像,可移动图像;如果想要查看某一区域,可在文档中单击,滤镜预览框中就会显示单击处的图像。

(5)使用滤镜处理图像后,执行“编辑”→“渐隐”命令可以修改滤镜效果的不透明度和混合模式。如图 9-5(a)中的原图像执行“油画”滤镜后的效果如图 9-5(b)所示,图 9-5(c)为使用“渐隐”命令编辑后的效果。“渐隐”命令必须在进行了滤镜编辑操作后立即执行,如果这中间又进行了其他操作,则无法使用该命令。

(a) 原图像

(b)“油画” 滤镜效果

(c) “渐隐” 命令编辑效果

图 9-5 滤镜处理后执行“渐隐”命令的效果

2. 查看滤镜信息

“帮助”菜单中“关于增效工具”级联菜单包含了 Photoshop 滤镜和增效工具的目录,选择任何一个,就会显示详细信息,如滤镜版本、制作者、所有者等。

3. 提高滤镜性能

Photoshop 中一部分滤镜在使用时会占用大量的内存,如“光照效果”“染色玻璃”等滤镜,特别是编辑高分辨率的图像时,Photoshop 的处理速度会变得很慢。如果遇到这种情况,可以先在一小部分图像上使用滤镜,找到合适的设置后,再将滤镜应用于整个图像;或者在使用滤镜之前先执行“编辑”→“清理”命令释放内存,也可以通过退出其他应用程序为 Photoshop 提供更多的可用内存。

4. 浏览联机滤镜

执行“滤镜”→“浏览联机滤镜”命令,可以链接到 Adobe 网站,查找需要的滤镜和增效工具,如图 9-6 所示。

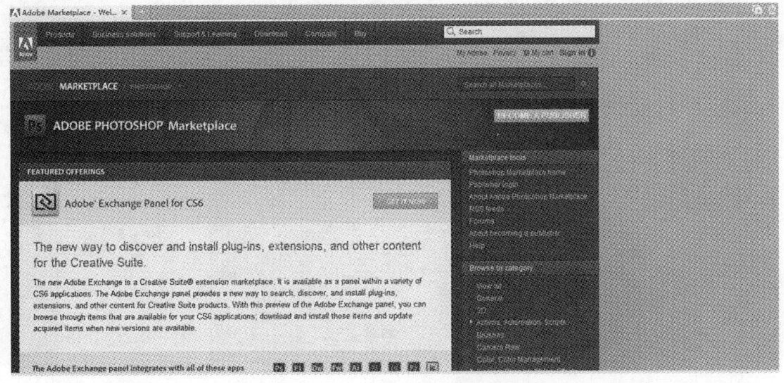

图 9-6 浏览联机滤镜

9.3 智能滤镜

智能滤镜是一种非破坏性的滤镜，可以达到与普通滤镜完全相同的效果。在为图像添加智能滤镜的同时，Photoshop 会自动将该图层转换为智能图层；若该图层本来就是智能图层，则为图像应用任何滤镜都将自动显示为智能滤镜。

智能滤镜是作为图层效果出现在“图层”面板中的，因而不会真正改变图像的任何像素，而且还可以随时修改参数或者删除掉。

除“液化”和“消失点”等少数滤镜外，其他的滤镜，包括支持智能滤镜的外挂滤镜，都可以作为智能滤镜使用。此外，“图像”菜单下“调整”子菜单中的“阴影/高光”“变化”也可以作为智能滤镜来应用。

下面通过一个简单案例来说明智能滤镜基本应用。

(1)执行“文件”→“打开”命令，打开素材图像。

(2)执行“滤镜”→“转换为智能滤镜”命令，弹出图 9-7 所示的提示框，单击“确定”按钮，这时“图层”面板中“图层 0”图层转变为智能图层，如图 9-8 所示。

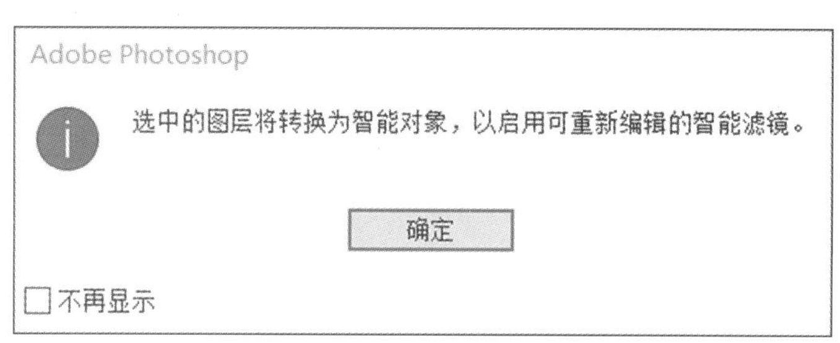

图 9-7 “转换为智能滤镜”提示框

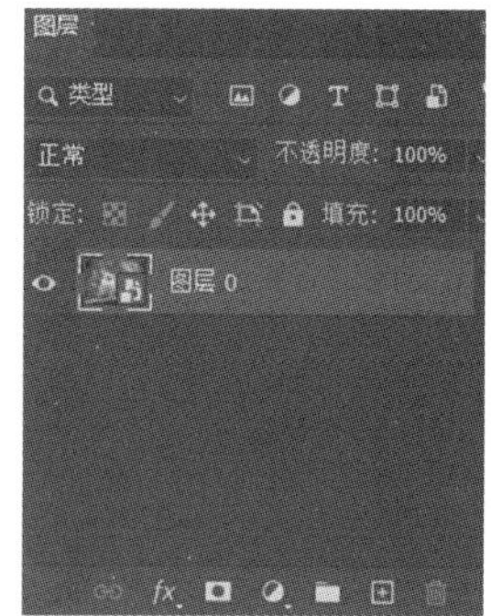

图 9-8 “图层”面板中图层转换为智能图层

(3)执行“滤镜”→“滤镜库”→“素描”→“绘图笔”命令，出现图 9-9 所示的“绘图笔”设置面板，自行调整参数，直到满意为止，单击“确定”按钮。“图层”面板如图 9-10 所示，效果如图 9-11 所示。

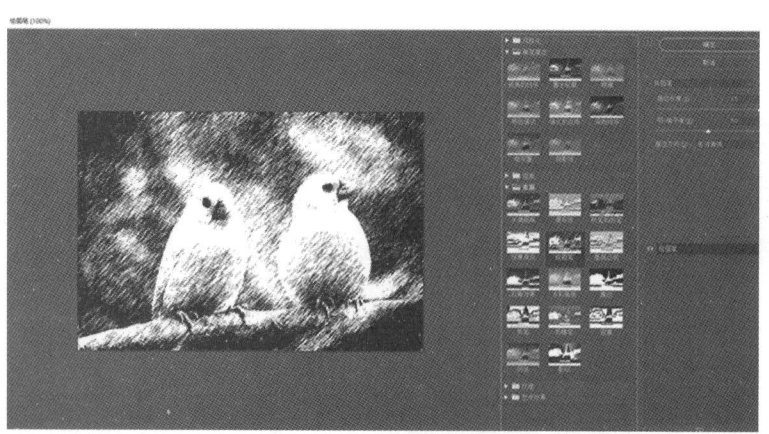

图 9-9 “绘图笔”设置面板

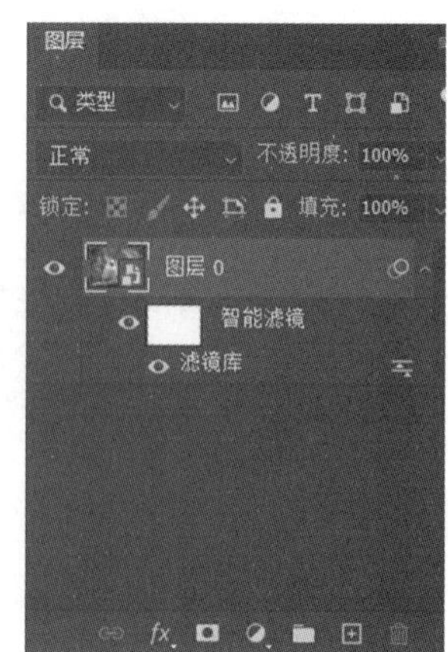

图 9-10 使用智能滤镜后的“图层”面板

如果我们想清除刚才所添加的智能滤镜效果，可以单击图 9-10 所示"图层"面板中"智能滤镜"或"滤镜库"前面的图标，将滤镜效果隐藏，恢复到图 9-12 所示的原图像。执行"图层"菜单→"智能滤镜"→"清除智能滤镜"命令，可以清除所有智能滤镜。

图 9-11 "绘图笔"滤镜效果

图 9-12 原图像

9.4 Photoshop 内置滤镜

9.4.1 特殊滤镜

特殊滤镜是相对于众多成组的滤镜而言的，其相对独立、功能强大，且使用频率非常高。

1. 滤镜库

滤镜库将 Photoshop 提供的滤镜大致进行了归类划分，将常用且较为典型的滤镜收录其中。使用滤镜库可以同时运用多种滤镜，还可以对图像效果进行实时预览，在很大程度上提高了图像处理的灵活性。

在 Photoshop 的滤镜库中收录了"风格化""画笔描边""扭曲""素描""纹理""艺术效果"6 组滤镜，执行"滤镜"→"滤镜库"命令，打开"滤镜库"对话框，可看到滤镜库界面，如图 9-13 所示。

- 预览区：可预览图像的变化效果，单击底部的或按钮，可放大或缩小预览框中的图像。
- 滤镜面板：在该区域中显示了"风格化""画笔描边""扭曲""素描""纹理""艺术效果"6 组滤镜。单击每组滤镜前面的三角形图标，即可展开该滤镜组，可看到该组中所包含的具体滤镜，再次单击图标则可折叠隐藏滤镜。单击按钮可隐藏或者显示滤镜面板。
- 滤镜参数设置区域：在滤镜面板下拉列表中找到需要设置参数的滤镜后单击，滤镜面板右侧将显示该滤镜的参数设置区域，在该区域中可设置所选滤镜的各种参数。另外，在滤镜参数设置区域下方，单击按钮可以显示/隐藏滤镜效果。单击"新建效果图层"按钮，可以新建一个滤镜效果图层；单击"删除效果图层"按钮，可以删除一个滤镜效果图层。

2. "自适应广角"滤镜

"自适应广角"滤镜是一个拥有独立界面、独立处理过程的滤镜，使用它可以帮助用户轻松纠正超广角镜头

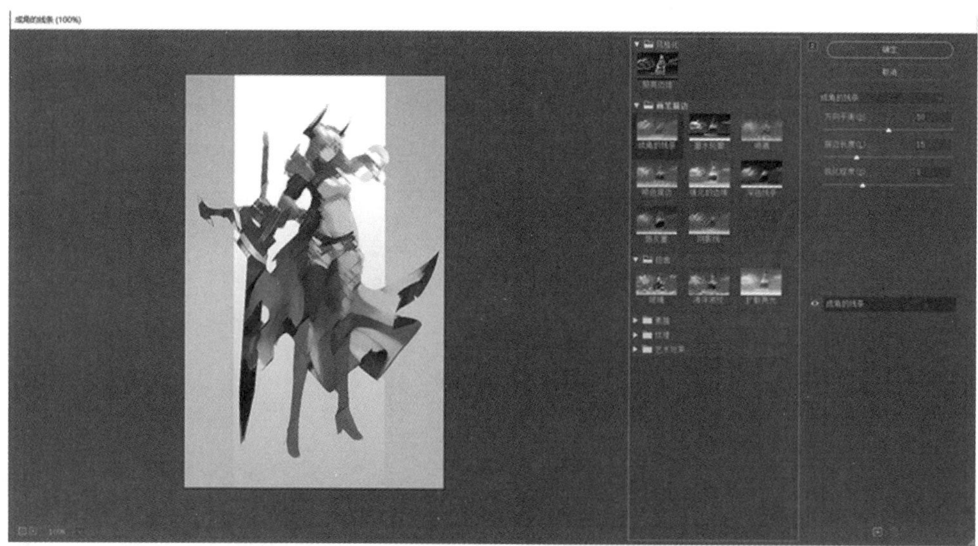

图 9-13 滤镜库界面

拍摄图像的扭曲程序，它在“滤镜”菜单中与传统的“液化”滤镜、“镜头校正”滤镜属于同一组别。

“自适应广角”滤镜对话框与 Photoshop 中的其他滤镜对话框基本一致，如图 9-14 所示。

- 在对话框右侧的控制板内预设了 4 种常用校正模式，包括“鱼眼”“透视”“自动”“完整球面”。
- “缩放”：指定图像比例。
- “焦距”：用来设置焦距。
- “裁剪因子”：用来设置裁剪因子。

图 9-14 “自适应广角”滤镜对话框

“自适应广角”滤镜对话框左侧工具栏有“约束工具”“多边形约束工具”“移动工具”“抓手工具”“缩放工具”5 种工具，校正镜头产生的变形全靠这些工具。

- “约束工具”：单击图像或拖动端点可添加或编辑约束，按住 Shift 键单击可添加水平或垂直约束，按住 Alt 键可删除约束。
- “多边形约束工具”：单击图像或拖动端点可添加或编辑多边形约束。单击初始点可结束约束，按住 Alt 键可删除约束。
- “移动工具”：拖动以便在画布中移动内容。
- “抓手工具”：拖动以便在画布中移动图像。

• "缩放工具"：单击图像或拖动要放大的区域，或按住 Alt 键缩小区域。

"自适应广角"滤镜对话框左下侧将显示"自适应广角"命令识别的拍摄相机型号和镜头型号。

3. Camera Raw 滤镜

在 Photoshop 中，使用"Camera Raw 滤镜"能够对图像进行修饰、调色编辑，是功能强大的图像后期编辑处理万能工具，"Camera Raw 滤镜"命令面板如图 9-15 所示，其中"基本"项如图 9-16 所示，"曲线"项如图 9-17 所示，"细节"项如图 9-18 所示，"混色器"项如图 9-19 所示。

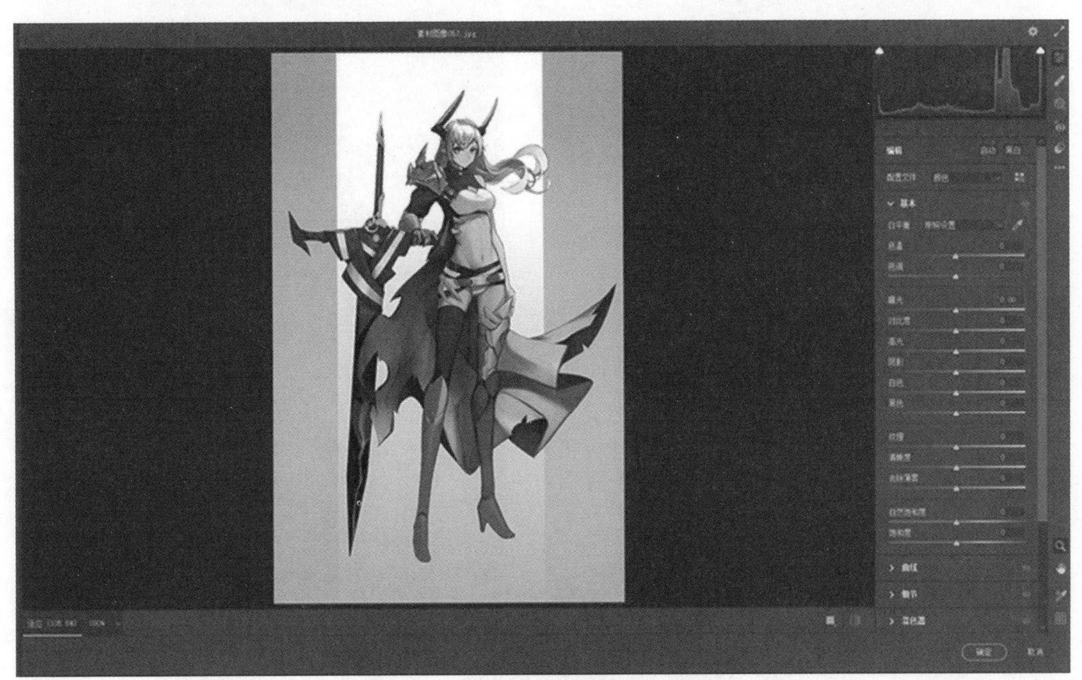

图 9-15 "Camera Raw 滤镜"命令面板

Camera Raw 滤镜有如下功能。

(1)调色。

有些数码照片，可能有偏色，也有可能饱和度不到位，就可以使用 Camera Raw 滤镜对照片进行调色处理。

• 调节颜色：比如偏红，用 Camera Raw 滤镜减红，让其颜色达到平衡。

• 气氛渲染：衬托气氛，让观赏者立刻产生强烈的感受。

(2)增加质感。

我们在用 Photoshop 的时候，经常会调"曲线""色阶""对比度""饱和度""色彩平衡"等，让图片增加质感，此处我们可以用 Camera Raw 滤镜的三个突出的功能来调整，分别是"对比度""清晰度""锐化"，能令人物、产品的质感快速提升。

(3)磨皮。

使用 Camera Raw 滤镜的"减少杂色"等功能，可快速修复人脸部的瑕疵，让色调更平均。

(4)后期处理。

在实际的工作中，图像处理后期主要是把控图像的整体视觉效果，Camera Raw 滤镜为设计师提供了简单有效的镜头校正、效果增强、相机校准等后期处理功能。

• 镜头校正：主要是"扭曲度"，即控制画面中主体的膨胀和收缩感，"晕影"为画面四边加黑或加白。

• 效果增强："去除薄雾"有类似增强明度的效果，"颗粒"有类似添加杂色的效果。

• 相机校准：主要是针对相机颜色校准。

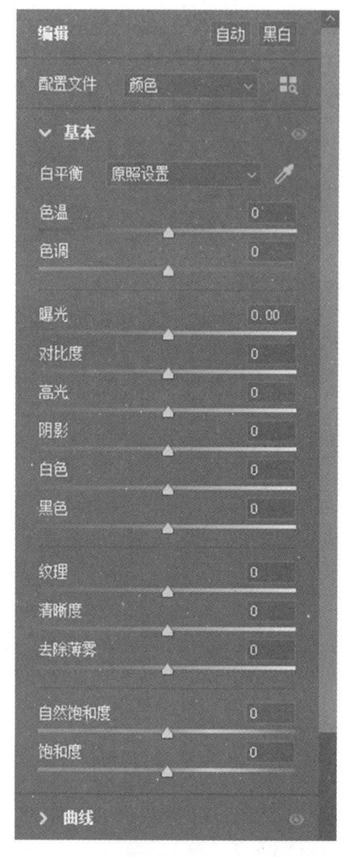

图 9-16　Camera Raw 滤镜“基本”项

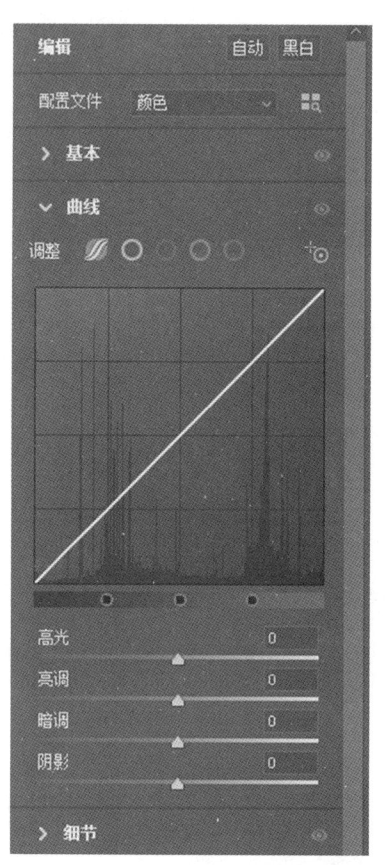

图 9-17　Camera Raw 滤镜“曲线”项

图 9-18　Camera Raw 滤镜“细节”项

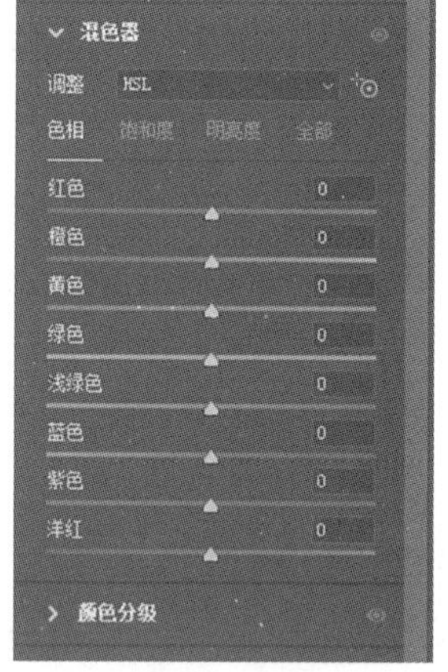

图 9-19　Camera Raw 滤镜“混色器”项

(5)统一标准。

这是 Camera Raw 滤镜的一个非常强大、方便的功能。在同一个项目中有多个设计师同时跟进，需要对大量照片进行处理，假设摄影师拍摄照片是在相同的光影环境下进行的，设计师只需要调好其中一张图作为标准，就可以通过预设功能中的“新建预设”实现多人合作，从而实现画面颜色的基本统一。

下面通过一个简单案例来讲解 Camera Raw 滤镜的基本操作。

(1)按“Ctrl+O”组合键打开素材文件图像，如图 9-20 所示。

(2)选择“滤镜”菜单→“Camera Raw 滤镜”命令，界面如图 9-21 所示。

图 9-20 素材图像

图 9-21 Camera Raw 滤镜设置界面

(3)在 Camera Raw 滤镜设置面板中进行光影调整,在“基本”选项里面分别对“曝光”“阴影”“黑色”等数值进行调整,调整时要关注图像效果的变化,边调整边观察图像的光影变化。在这些数值中“阴影”数值会起到主导作用,其他的数值,如“清晰度”数值,也可以进行调整。效果如图 9-22 所示。

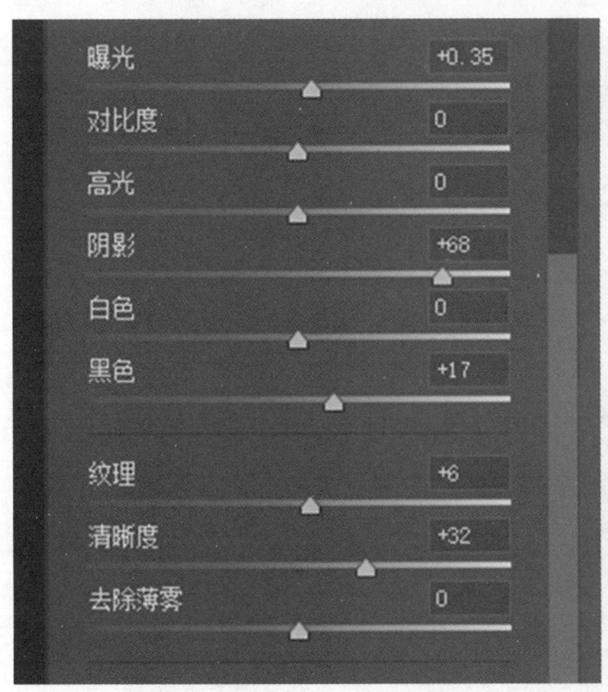

图 9-22 整体调亮效果

(4)完成第一遍调整后,整体照片已经明显提亮了,但照片四周太亮了,可以继续选择“效果”→“晕影”并进行调节,使照片四周暗下来,效果如图 9-23 所示。

图 9-23 晕影效果

(5)在 Camera Raw 滤镜设置界面中选择蒙版工具→"径向渐变",框选出选区,分别对"曝光""阴影""黑色"等数值进行调整,达到提亮主体人物的效果,如图 9-24 所示。

图 9-24 主体提亮效果

(6)总体效果和细节可以接受后单击"确定"按钮,最终效果如图 9-25 所示。

4. “镜头校正”滤镜

“镜头校正”滤镜主要用于对失真或倾斜的图像或照片中的建筑物以及人物进行校正，还可以对图像进行扭曲、色差、晕影和变换效果调整，使图像恢复至正常状态。

执行“滤镜”→“镜头校正”命令，打开“镜头校正”对话框，如图 9-26 所示。

在“自动校正”选项卡中的“搜索条件”项目栏中可以设置相机的制造商、型号和镜头型号等选项。设置后激活相应选项，此时在“校正”选项栏中勾选相应的复选框即可校正相应内容。

图 9-25　最终效果

图 9-26　“镜头校正”对话框

在“自定”选项卡中，各参数选项如下。

- “设置”下拉列表：在该下拉列表中可以选择预设的镜头校正调整参数。
- “几何扭曲”选项组：通过设置“移去扭曲”参数校正镜头的桶形或枕形失真，在其文本框中输入数值或拖动下方的滑块即可校正图像的凸起或凹陷状态。
- “色差”选项组：用于修复不同的颜色效果。当选择“修复红/青边”选项时，在文本框中输入数值或拖动下方的滑块，可以去除图像中的红色或青色色痕。当选择“修复绿/洋红边”选项时，在文本框中输入数值或拖动下方的滑块，可以去除图像中的绿色或洋红色色痕。当选择“修复蓝/黄边”选项时，在文本框中输入数值或拖动下方的滑块，可以去除图像中的蓝色或黄色色痕。
- “晕影”选项组：该选项组用来校正由于镜头缺陷或镜头遮光处理不正确而导致的边缘较暗的图像。其中“数量”选项用来沿图像边缘变亮或变暗的程度，“中点”选项用来控制晕影中心的大小。
- “变换”选项组：该选项组用于校正图像的变换角度、透视方式等。“垂直透视”选项用来校正由于相机向上或向下倾斜而导致的图像透视偏差，使图像中的垂直线平行。“水平透视”选项用来校正图像的水平透视，使水平线平行。“角度”选项用来校正图像的旋转角度。“比例”选项主要调整图像的缩放，但不会改变图像像素尺寸，主要用于移去由于枕形失真、旋转或透视校正而产生的图像空白区域。放大图像将导致图像被裁剪，并使插值增大到原始像素尺寸。

5. “液化”滤镜

使用“液化”滤镜可以很逼真地模拟液体流动的效果，可以推、拉、旋转、反射、折叠和膨胀图像的任何区域，但该滤镜不能在索引模式、位图模式和多通道色彩模式图像中使用。

“液化”滤镜运用最多的是对照片的修改，使用它可以对图像进行收缩、膨胀、旋转等操作，以帮助用户快速对照片中人物进行瘦脸、瘦身。在使用“液化”滤镜为照片人物瘦脸或瘦身时，不宜拖动太多的像素图像，以免过度调整影响视觉效果。

下面通过一个简单案例来讲解“液化”滤镜的基本操作。

(1)按“Ctrl+O”组合键打开素材图像,如图 9-27 所示。

(2)选择“滤镜”→“液化”菜单命令,在弹出的“液化”对话框中选择左边“脸部工具”选项,其他设置为默认,如图 9-28 所示。

图 9-27 素材图像

图 9-28 “液化”滤镜对话框

(3)单击“缩放工具”按钮,在预览区单击将图像放大,使用“脸部工具”将人物脸部嘴巴左右、上下调整,如图 9-29 所示,使其变小。

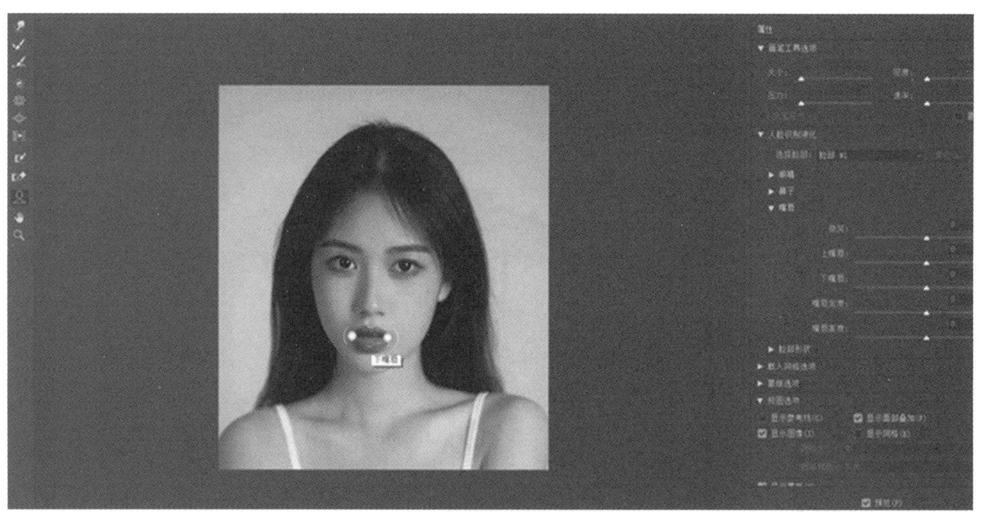

图 9-29 调整人物嘴巴

(4)若不满意效果,可以点选“液化”对话框中“向前变形工具”和“脸部工具”继续对嘴巴和鼻子进行调整,直到满意为止。完成后单击“确定”按钮,效果如图 9-30 所示。

6. “消失点”滤镜

“消失点”滤镜允许在包含透视平面(例如建筑物侧面或任何矩形对象)的图像中进行透视校正,可在图像中指定平面,应用诸如绘画、仿制、拷贝或粘贴以及变换等编辑操作。使用“消失点”滤镜来修饰、添加或移去图像中的内容时,结果十分逼真,因为系统可正确确定这些编辑操作的方向,并且将它们缩放到透视平面。该滤镜多用于置换画册、宣传单以及 CD 盒封面的制作。

选择“滤镜”→“消失点”菜单命令，打开“消失点”对话框，其选框、图章、画笔及其他工具的工作方式与 Photoshop 主工具箱中的对应工具十分类似，也可以使用相同的键盘快捷键来设置工具选项。

下面通过一个简单案例来讲解“消失点”滤镜的基本操作。

(1)按“Ctrl+O”组合键打开素材文件图像 1，如图 9-31 所示；按下“Ctrl+A”组合键全选图像，并按“Ctrl+C”组合键复制图像。

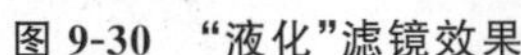

图 9-30 “液化”滤镜效果

图 9-31 素材图像 1

(2)按“Ctrl+O”组合键打开素材文件图像 2(杂志图像)，选择“滤镜”→“消失点”菜单命令，打开“消失点”对话框，然后选择“创建平面工具”，在杂志图像右侧平面上单击确定 4 个点，此时将自动创建出网格，如图 9-32 所示。

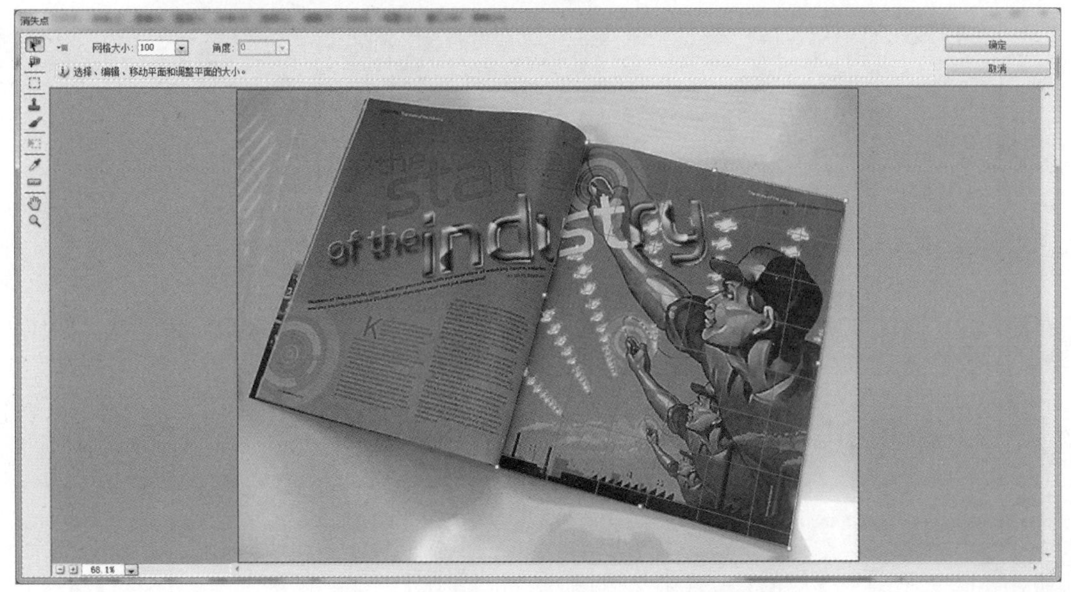

图 9-32 “消失点”对话框中自动创建网格

(3)按“Ctrl+V”组合键，将复制的图像粘贴到该对话框中，单击“变换工具”按钮，用鼠标将图像拖动到杂志图像平面中。当靠近创建的平面时，软件自动将图像吸附到平面中，并出现控制框，拖动控制框可使复制来的图像适合平面，使其和杂志大小相近，如图 9-33 所示。

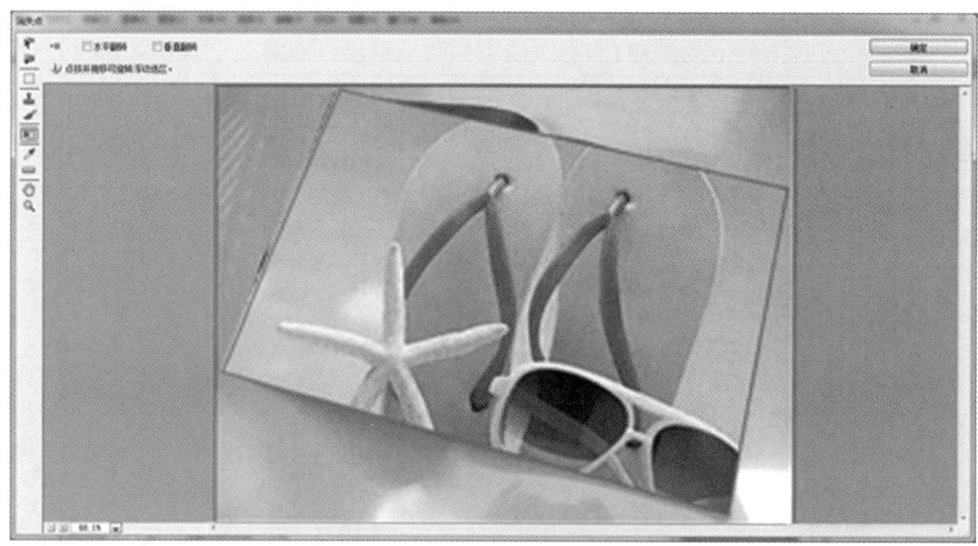

图 9-33　拖动控制框以适合平面

(4)在"消失点"对话框中单击"确定"按钮,可以看到杂志右侧的图像被新建平面中的图像覆盖,同时,覆盖区域自动应用了一定的透视效果,使替换效果在视觉上更统一。效果如图 9-34 所示。

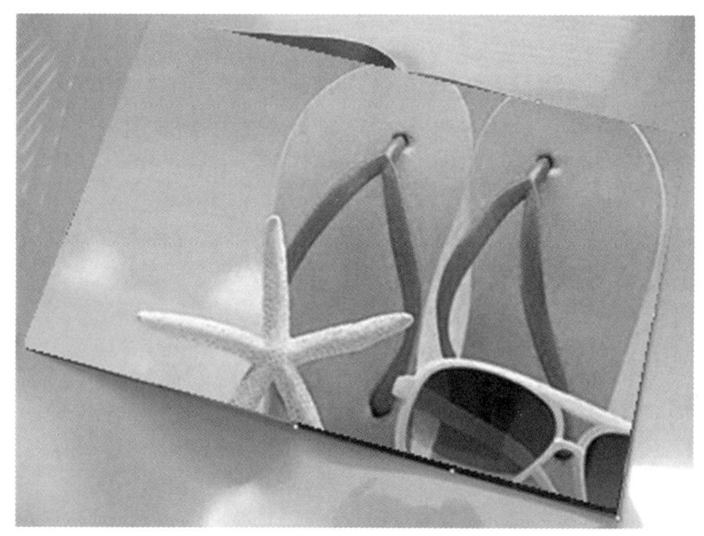

图 9-34　"消失点"滤镜效果

9.4.2　常见滤镜组

1."3D"滤镜组

Photoshop"3D"滤镜组主要包括"生成凹凸(高度)图"和"生成法线图"两种滤镜,3D 模型可以通过这两种滤镜生成凹凸贴图和法线贴图。这两种滤镜使用深度或表面变形为模型添加凹凸(立体)的效果,但不会让网格产生真实的变形,其原理是利用 2D 图像纹理改变光线对网格的影响。如图 9-35 是素材图像,图 9-36 所示是为其选择"3D"滤镜组中的"生成法线图"滤镜,图 9-37 是"生成法线图"对话框,图 9-38 是使用"生成法线图"滤镜后的效果。

图 9-35　原图像

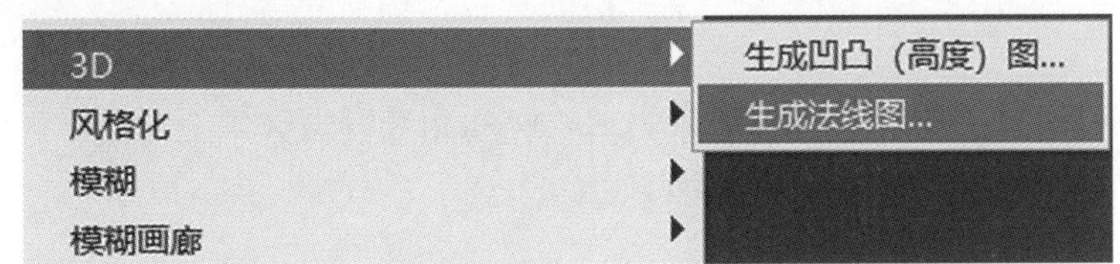

图 9-36　选择"3D"滤镜组中的"生成法线图"

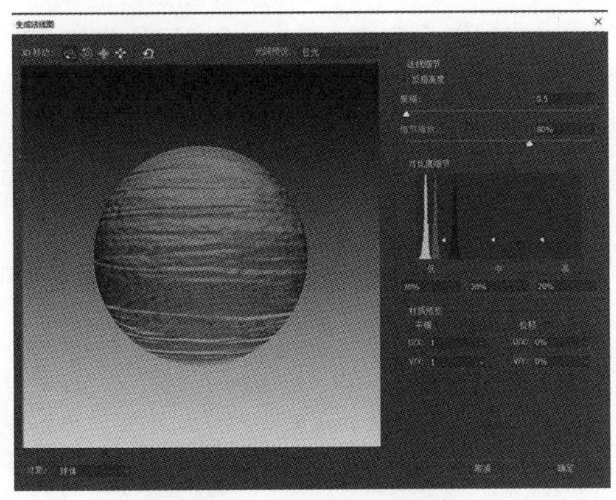

图 9-37　"生成法线图"对话框

图 9-38　"生成法线图"滤镜效果

2."风格化"滤镜组

"风格化"滤镜组可使图像产生印象派或其他风格化作品的效果。"风格化"滤镜组包括 9 种不同的风格化效果,其级联菜单如图 9-39 所示。

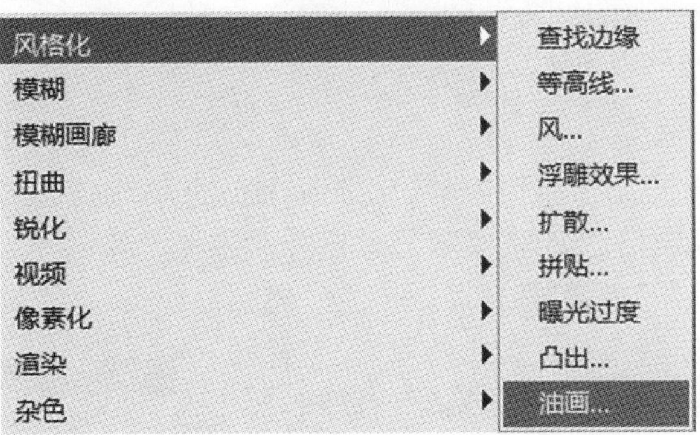

图 9-39　"风格化"滤镜组

(1)"风格化"滤镜组简介。

• "查找边缘"滤镜:自动搜索图像像素对比度变化剧烈的边界,将高反差区变亮,将低反差区变暗,其他区域则介于两者之间,硬边变为线条,而柔边变粗,使图像产生用铅笔勾描出图像中物体轮廓的效果。

• "等高线"滤镜:主要作用是勾画图像的色阶范围,可以查找主要亮度区域的过渡,并为每个颜色通道勾勒主要亮度区域的过渡,以获得与等高线图中的线条类似的效果。

• "风"滤镜:在图像中增加一些细小的水平线,模拟风吹效果。

• "浮雕效果"滤镜:通过勾画图像或选区的轮廓和降低周围色值来生成凸起或凹陷的浮雕效果。

• “扩散”滤镜：通过将图像中相邻的像素按规定的方式有机移动使图像扩散，形成一种类似于透过磨砂玻璃观察对象的分离模糊效果。

• “拼贴”滤镜：使图像产生被分成多块瓷砖状的效果。

• “曝光过度”滤镜：使图像产生类似摄影中过度曝光的效果。

• “凸出”滤镜：使图像产生一系列的立方体或锥体的立体效果。可以用此来改变图像或生成特殊的三维背景。

• “油画”滤镜：将照片转换为具有经典油画视觉效果的图像。借助几个简单的滑块，可以调整描边样式的数量、画笔比例、描边清洁度和其他参数。

(2)常见“风格化”滤镜的使用。

下面介绍“凸出”滤镜的使用。

选择“滤镜”→“风格化”→“凸出”菜单命令，弹出图 9-40 所示的“凸出”对话框，在该对话框中设置参数。其中，“类型”选项用来设置凸出类型，共有两种类型，分别是“块”和“金字塔”；“大小”用来设置立方体或锥体的底面大小，取值范围为 2～255 像素；“深度”数值用于控制图像从屏幕凸起的深度，选择“随机”单选按钮，凸起深度将随机产生，而选择“基于色阶”单选按钮，则图像中的某一部分亮度增加，使立方体或锥体色值连在一起；选择“立方体正面”复选框，将在立方体的表面涂上物体的平均色；选择“蒙版不完整块”复选框，将保证所有的凸起都在筛选处理部分之内。

在“凸出”对话框中，“大小”参数取默认值，将“深度”设置为“随机”，确定后得到的图像效果如图 9-41 所示(原图像如图 9-12 所示)。

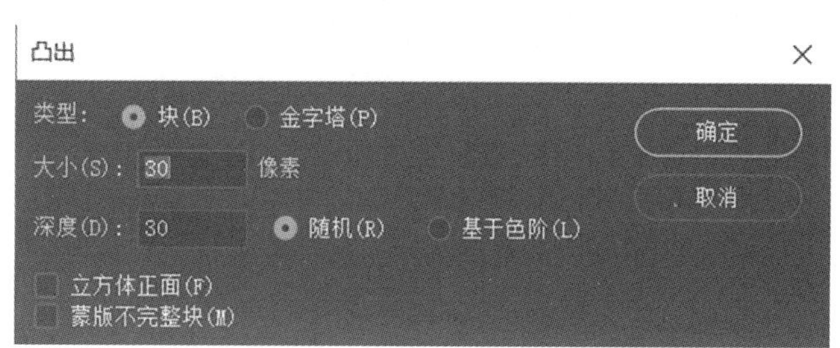

图 9-40 “凸出”对话框

图 9-41 应用“凸出”滤镜后的效果

3.“模糊”滤镜组

“模糊”滤镜组可使图像或选区的边缘产生模糊化效果，使过于锐化的边缘或图片上污点、划痕变得光滑。这些主要是针对相邻像素间的颜色进行处理，使被处理图像产生一种模糊效果。在一个图层中使用“模糊”滤镜时，不能将“图层”面板中的“不透明度”选项设置为 0，否则没有任何效果。“模糊”滤镜组包括 11 种不同的模糊效果，其级联菜单如图 9-42 所示。

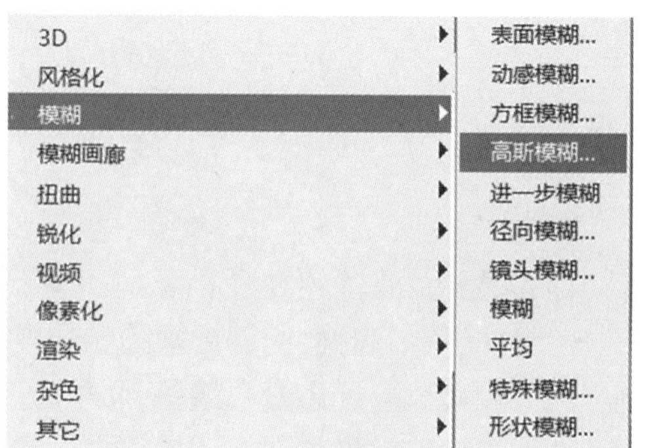

图 9-42 “模糊”滤镜组

(1)“模糊”滤镜组简介。

• “表面模糊”滤镜：在保留边缘的同时模糊图像，常用于创建特殊效果并消除杂色或粒度。

• “动感模糊”滤镜：产生沿某一方向运动的动感效果。

• “方框模糊”滤镜：主要是基于相邻像素的平均颜色值来模糊图像，常用于创建特殊效果。

• “高斯模糊”滤镜：依据高斯曲线调节像素色值，有选择地模糊图像。

• “进一步模糊”滤镜：进一步使图像产生模糊效果，其程度是“模糊”滤镜的 3～4 倍。

• “径向模糊”滤镜：使图像产生旋转或放射状的模糊效果。

• “镜头模糊”滤镜：让图像产生一种类似照相机镜头模糊的效果，有深度映射、光圈、镜面高光、分布等几大选项。

• “模糊”滤镜：对边缘过于清晰或对比度过于强烈的区域产生模糊效果。

• “平均”滤镜：用于找出图像或选区的平均颜色，然后用该颜色填充图像或选区以创建平滑的外观。

• “特殊模糊”滤镜：通过指定参数精确地模糊图像。

• “形状模糊”滤镜：使用指定的内核来创建模糊，从自定形状预设列表中选取一种内核，并使用“半径”滑块来调整其大小。

(2)常见“模糊”滤镜的使用。

• “动感模糊”滤镜的使用：以图 9-27 为原图像，选择“滤镜”菜单→“模糊”→“动感模糊”命令，弹出图 9-43 所示的“动感模糊”对话框，在该对话框中设置参数，其中在“角度”选项处可设置物体运动的方向，“距离”选项处可设置物体在一定时间内运动的距离。

将“角度”设置为“0 度”，将“距离”设置为“20 像素”，确定后得到的图像效果如图 9-44 所示。

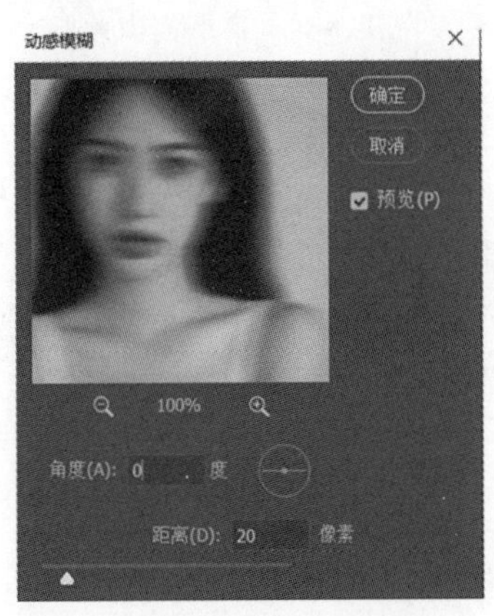

图 9-43 “动感模糊”对话框

图 9-44 动感模糊效果

• “径向模糊”滤镜的使用：以图 9-45 为原图像，选择“滤镜”→“模糊”→“径向模糊”菜单命令，弹出“径向模糊”对话框，如图 9-46 所示。在该对话框中设置参数，其中，“数量”处可设置模糊强度，“中心模糊”处可设置图像模糊的中心，采用“旋转”模糊方法可以形成一个同心圆，采用“缩放”模糊方法可使模糊图像从中心放大或缩小，“品质”处可设置图像的质量。

将“数量”设置为“50”，将“模糊方法”设置为“缩放”，将“品质”设置为“好”，单击“确定”按钮得到图 9-47 所示的效果。

图 9-45 原图像

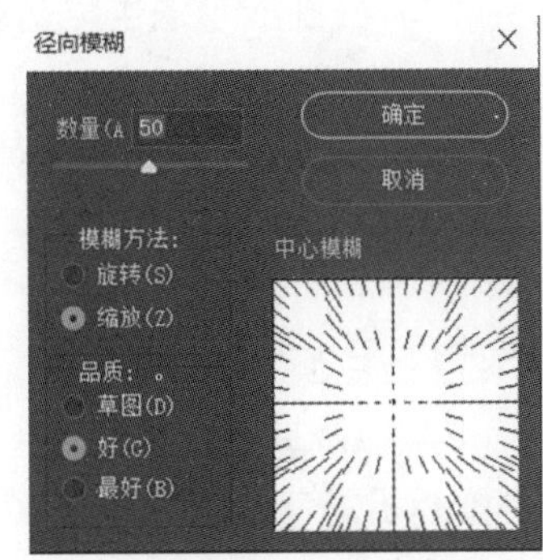

图 9-46 “径向模糊”对话框

图 9-47 径向模糊效果

• “高斯模糊”滤镜的使用：仍以图 9-45 为原图像，选择“滤镜”→“模糊”→“高斯模糊”菜单命令，弹出图 9-48 所示对话框，在该对话框中可设置参数，其中设置“半径”可确定模糊的范围。

将“半径”设置为“5 像素”，单击“确定”按钮得到图 9-49 所示的效果。

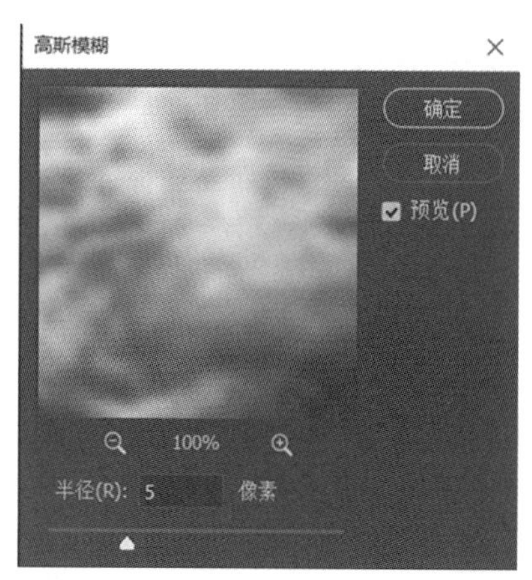

图 9-48　“高斯模糊”对话框

图 9-49　高斯模糊效果

4.“模糊画廊”滤镜组

使用“模糊画廊”滤镜组中的滤镜，可以通过直观的图像控件快速创建截然不同的照片模糊效果。该滤镜组中的每个模糊滤镜都提供直观的图像控件来应用和控制模糊效果。完成模糊调整后，可以使用散景控件设置整体模糊效果的样式。Photoshop 可在用户使用“模糊画廊”滤镜时提供完全尺寸的实时预览。

选择“滤镜”→“模糊画廊”，弹出“模糊画廊”滤镜组内容，如图 9-50 所示，其中“场景模糊”“光圈模糊”“移轴模糊”3 个滤镜非常适合处理数码照片。

图 9-50　“模糊画廊”滤镜组

(1)“场景模糊”滤镜：可以对图片进行焦距调整，这与拍摄照片的原理一样，选择好相应的主体后，主体之前及之后的物体就会相应模糊。选择的镜头不同，模糊的方法也略有差别。可以对一幅图片的全局或多个局部进行模糊处理。

(2)“移轴模糊”滤镜：用来模仿微距图片拍摄的效果，比较适合处理俯拍的照片或者镜头有点倾斜的照片。

(3)“路径模糊”滤镜：可以沿路径创建运动模糊，还可以控制形状和模糊量。Photoshop 可自动合成应用于图像的多路径模糊效果。

(4)“旋转模糊”滤镜：可以在一个点或更多点旋转和模糊图像。旋转模糊是等级测量的径向模糊。Photoshop 可在用户更改中心点、模糊大小和形状以及其他设置时，提供更改的实时预览。

(5)“光圈模糊”滤镜：顾名思义就是用类似相机的镜头来对焦，焦点周围的图像会相应地模糊。

下面简单介绍一下“光圈模糊”滤镜的基本应用。

以图 9-12 为原图像，选择“滤镜”→“模糊画廊”→“光圈模糊”菜单命令，弹出图 9-51 所示的设置界面，在该界面中设置参数，图片的中心会出现一个圈，同时鼠标指针也会变成大头针状且旁边带有一个“+”号，在图片需模糊的位置点一下就可以新增一个模糊区域。鼠标单击模糊圈的中心就可以选择相应的模糊点。可以在数值栏设置参数，按住鼠标可以移动模糊区域，按 Delete 键可以删除模糊区域。参数设定好后单击“确定”按钮确认。

在界面右侧的“效果”选项组中有“光源散景”“散景颜色”“光照范围”三个选项。

- “光源散景”：散景是图像中焦点以外的发光区域，是个摄影术语，类似光斑效果。该选项用于控制散景的亮度，也就是图像中高光区域的亮度。数值越大，亮度越高。
- “散景颜色”：控制高光区域的颜色，由于是高光，因此颜色一般都比较淡。
- “光照范围”：用色阶来控制高光范围，数值为 0～255，数值越大，高光范围越大，反之高光范围就越小。

如将“光圈模糊”设置为“80 像素”，将“光照范围”设置为“191～255”，其他为默认即可，单击“确定”按钮，效果如图 9-52 所示。

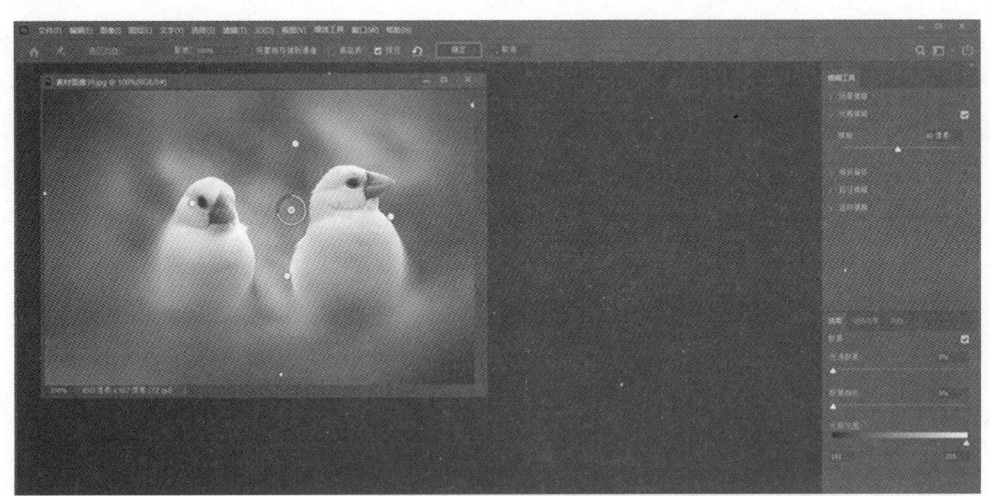

图 9-51 “光圈模糊”设置界面

图 9-52 “光圈模糊”滤镜效果

5.“扭曲”滤镜组

“扭曲”滤镜组中共有 9 种滤镜，其级联菜单如图 9-53 所示。可以将图像进行几何扭曲，创建三维或其他整形效果。“扭曲”滤镜又称破坏性滤镜，多用于特效处理，值得注意的是，这些滤镜占用内存一般比较大。

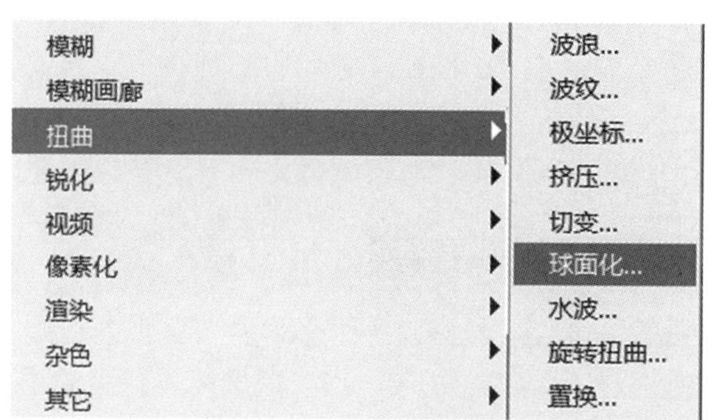

图 9-53 “扭曲”滤镜组

(1)“波浪”滤镜。

使用“波浪”滤镜可在选区上创建波状起伏的图案,使图像产生波浪扭曲效果。我们还可以选择随机化处理波浪效果,“随机化处理”是指点按“随机化”按钮应用随机值,也可以定义未扭曲的区域。可以根据需要对各选项进行设置,包括波浪生成器的数目、波长、波浪高度和波浪类型(正弦、三角形或方形)。“波浪”对话框如图 9-54 所示,点按“确定”后效果如图 9-55 所示。若要在其他选区上模拟波浪结果,可点按“随机化”按钮,将“生成器数”设置为“1”,并将最小波长、最大波长和波幅参数设置为相同的值。

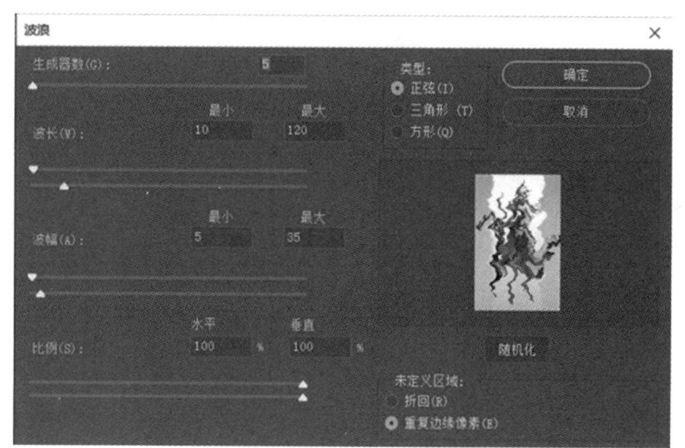

图 9-54 “波浪”对话框

图 9-55 “波浪”滤镜效果

(2)“波纹”滤镜。

使用“波纹”滤镜可在选区上创建波状起伏的图案,像水池表面的波纹,选项包括波纹的数量和大小。若要进一步进行控制,可使用“波浪”滤镜。

(3)“极坐标”滤镜。

选取“滤镜”→“扭曲”→“极坐标”命令,可将图像从平面直角坐标系转成极坐标系或从极坐标系转成平面直角坐标系。

(4)“挤压”滤镜。

选取“滤镜”→“扭曲”→“挤压”命令,挤压选区。选择正值(最大值是 100%),选区向中心移动;选择负值(最小值是 -100%),选区向外移动。

(5)“切变”滤镜。

选取“滤镜”→“扭曲”→“切变”命令,能够在垂直方向上按照设定的弯曲路径来扭曲图像。具体操作是:根据需要拖移框中的直线使之成为曲线,曲线上的任何点都可调整,如图 9-56 所示;效果如图 9-57 所示。如果要使曲线返回直线,可按住 Ctrl 键,在对话框中的“取消”按钮变为“默认”按钮后点击该按钮即可。

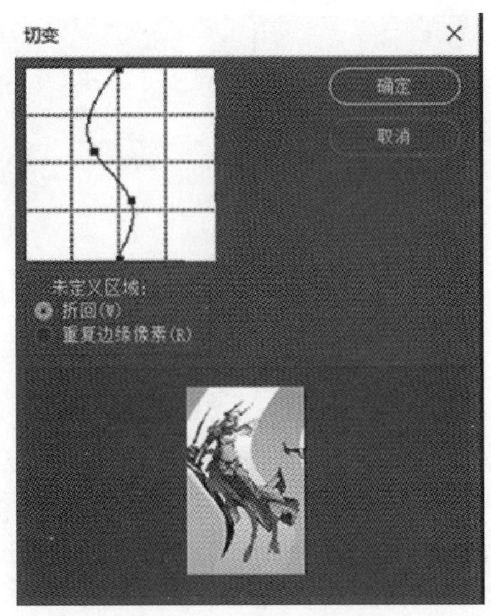

图 9-56 "切变"对话框

图 9-57 "切变"滤镜效果

(6)"球面化"滤镜。

"球面化"滤镜通过将选区折成球形、扭曲图像以及伸展图像以适合选中的曲线,使对象具有三维效果,即像球一样突起。

(7)"水波"滤镜。

选取"滤镜"→"扭曲"→"水波"命令,根据选区中像素的半径将选区径向扭曲,产生水波荡漾的涟漪效果。"起伏"选项处可设置从选区的中心到其边缘的水波反转次数。

如图 9-58 所示,使用"椭圆选框工具"绘制一椭圆选区,选取"滤镜"→"扭曲"→"水波"命令,将"数量"设置为"30","起伏"设置为"7",如图 9-59 所示;效果如图 9-60 所示。

图 9-58 绘制椭圆选区

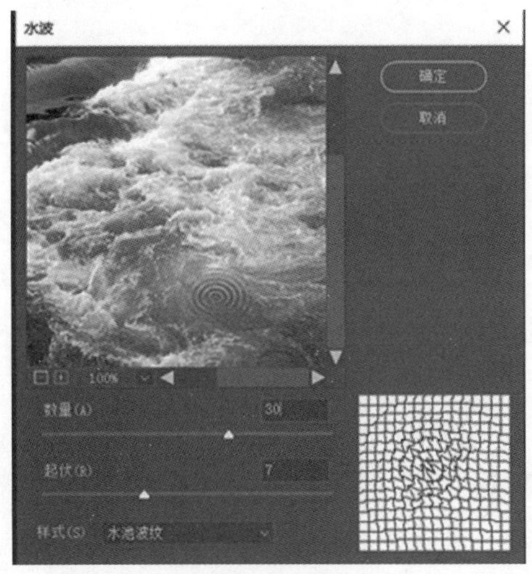

图 9-59 "水波"对话框

(8)"旋转扭曲"滤镜。

"旋转扭曲"滤镜用来产生一种由中心点向外、中心位置扭曲比边缘更加强烈的效果。有时可以利用"旋转扭曲"滤镜形成的效果填充显示人体动态的部位的服装面料。如果想获得一个完整的圆形图案,必须保证变形前的图形长度同窗口宽度或者选区宽度一致。如果图形长度小于窗口宽度或选区宽度,则变形后的圆形有缺口。图形条在图中不同位置,也会影响最后的结果,如圆环大小。

图 9-60 原图像及应用“水波”滤镜后的效果

(9)“置换”滤镜。

选择并打开置换图，对图像应用“置换”扭曲效果。如果置换图有一个通道，则图像沿着由水平比例和垂直比例所定义的对角线改变。如果置换图有多个通道，则第一个通道控制水平置换，第二个通道控制垂直置换。

6.“锐化”滤镜组

“锐化”滤镜组主要通过增加相邻像素的对比度使图像相对更清晰，消除模糊感，但过多使用也会令图像失真，适用于扫描图像、不清晰图像的清晰化操作。“锐化”滤镜组包括 6 种不同的锐化效果，其级联菜单如图 9-61 所示。

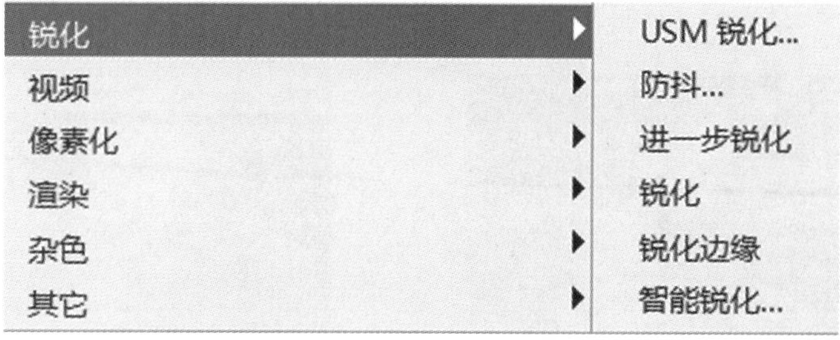

图 9-61 “锐化”滤镜组

(1)“USM 锐化”滤镜。

“USM 锐化”滤镜常用于校正摄影、扫描、重新取样或打印过程中产生的模糊图像，可以调整数量、半径、阈值等。调整半径会增加深色和浅色之间的光亮区域，以区分开色块，达到清晰的效果。对于专业色彩校正，可使用“USM 锐化”滤镜调整边缘细节的对比度，并在边缘的每侧生成一条亮线和一条暗线；此过程将使边缘突出，形成图像更加锐化的视觉效果。

(2)“防抖”滤镜。

“防抖”滤镜比较适用于相机拍摄的照片，调整抖动产生的模糊。该滤镜很适合处理曝光适度且杂色较低的静态相机图像，包括使用长焦距镜头拍摄的室内或室外图像，以及在不开闪光灯的情况下使用较慢的快门速度拍摄的室内静态场景图像。

打开素材文件图像，选取“滤镜”→“锐化”→“防抖”命令，弹出图 9-62 所示“防抖”对话框，将“模糊描摹边界”设置为“50 像素”，拖动图片中心的图钉，移动到合适评估区域，点击“确定”后效果如图 9-63 所示。

图 9-62 “防抖”对话框

图 9-63 原图像及应用“防抖”滤镜后效果

(3)“进一步锐化”滤镜。

“进一步锐化”滤镜比“锐化”滤镜具有更强的锐化效果,相当于应用了 2～3 次“锐化”滤镜。

(4)“锐化”滤镜。

“锐化”滤镜通过增加像素间的对比度使图像变得清晰,锐化效果不是很明显。

(5)“锐化边缘”滤镜。

选取“滤镜”→“锐化”→“锐化边缘”命令,可以查找图像中颜色发生显著变化的区域,然后将其锐化。“锐化边缘”滤镜只锐化图像的边缘,同时保留总体的平滑度。

(6)“智能锐化”滤镜。

“智能锐化”滤镜一般用于去除对焦不准的照片的模糊,相对“USM 锐化”滤镜来说,“智能锐化”滤镜能分别对高光或阴影进行锐化,这样就能较好地去除锐化时造成的光晕。

7."视频"滤镜组

"视频"子菜单包含"NTSC 颜色"滤镜和"逐行"滤镜,这两个滤镜主要从颜色和视觉上对图像进行调整,将普通图像转换为视频设备可以接受的图像,以解决视频图像交换时系统差异的问题。

(1)"NTSC 颜色"滤镜。

"NTSC 颜色"滤镜可以将色域限制在电视机重现可接受的范围内,防止过饱和颜色渗到电视扫描行中,使 Photoshop 中的图像可以被电视接受。

(2)"逐行"滤镜。

以隔行扫描方式显示画面的电视以及视频设备中捕捉的图像都会出现扫描线,利用"逐行"滤镜可以移去此类视频图像中的奇数或偶数隔行线,使在视频上捕捉的运动图像变得平滑。

8."像素化"滤镜组

"像素化"滤镜组共有 7 个滤镜,如图 9-64 所示,主要用来将图像分块或将图像平面化。这类滤镜常会使原图像面目全非。

图 9-64 "像素化"滤镜组

(1)"彩块化"滤镜。

使用"彩块化"滤镜可使纯色或相近颜色的像素结成相近颜色的像素块。可以使用此滤镜使扫描的图像变得像手绘图像,或使现实主义图像变得像抽象派绘画。

(2)"彩色半调"滤镜。

使用"彩色半调"滤镜可模拟在图像的每个通道上使用放大的半调网屏的效果,对于每个通道,该滤镜将图像划分为矩形,并用圆形替换每个矩形,圆形的大小与矩形的亮度成比例。选取"滤镜"→"像素化"→"彩色半调"命令,在弹出的"彩色半调"对话框中进行设置并点按"确定",效果如图 9-65 所示。

图 9-65 原图像及应用"彩色半调"滤镜后效果

(3)“点状化”滤镜。

使用“点状化”滤镜可将图像随机点化并在点间产生空隙,然后用背景色填充空隙,生成点彩画派的效果。

(4)“晶格化”滤镜。

使用“晶格化”滤镜可使像素结块形成多边形纯色。

(5)“马赛克”滤镜。

使用“马赛克”滤镜可使像素结为方形块,块中的像素颜色相同,块颜色代表选区中的颜色。打开素材文件小狗图像,在小狗眼睛处用“矩形选框工具”绘制一矩形选区,如图 9-66 所示;选择“滤镜”→“像素化”→“马赛克”滤镜,弹出图 9-67 所示“马赛克”对话框,点按“确定”,效果如图 9-68 所示。

图 9-66 绘制矩形选区

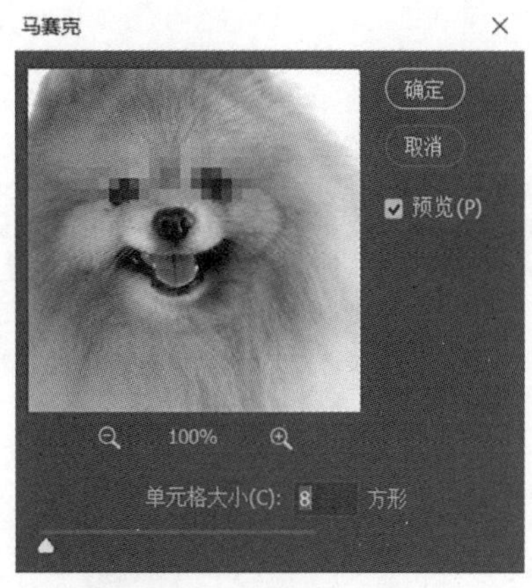

图 9-67 “马赛克”对话框

图 9-68 原图像及应用“马赛克”滤镜后的效果

(6)“碎片”滤镜。

使用“碎片”滤镜可创建选区中像素的四个副本,将它们平均,并使其相互偏移。

(7)“铜版雕刻”滤镜。

“铜版雕刻”滤镜可将图像转换为以黑白区域划分的随机图案或彩色图像中完全饱和颜色的随机图案。若要使用此滤镜,需从“铜版雕刻”对话框中的“类型”下拉列表中选取一种网点图案。选取“滤镜”→“像素化”→“铜版雕刻”命令,在弹出的“铜版雕刻”对话框“类型”下拉列表中选择“精细点”,点按“确定”,所得效果如图 9-69 所示。

图 9-69　原图像及应用“铜版雕刻”滤镜后的效果

9.“渲染”滤镜组

“渲染”滤镜组中包含 8 种滤镜，它们是非常重要的特效制作滤镜，如图 9-70 所示。使用“滤镜”→“渲染”子菜单下的命令，可以创建云彩图案和光照等效果。

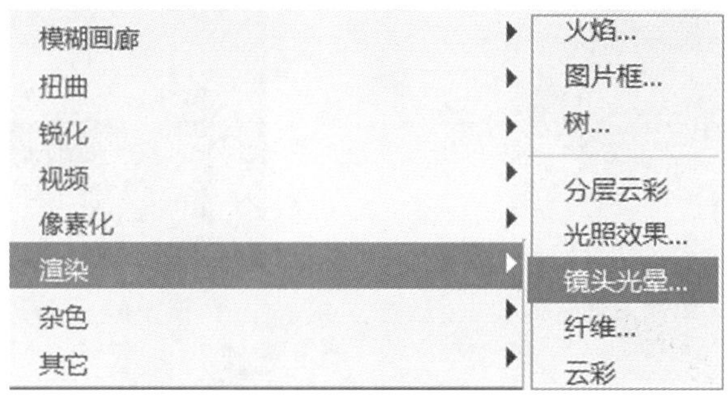

图 9-70　“渲染”滤镜组

(1)“火焰”滤镜。

“火焰”滤镜是基于路径的滤镜，所以使用的前提是有路径。

(2)“图片框”滤镜。

“图片框”滤镜常用于做花边、照片边框等装饰。如果你非常喜欢给图片加相框，或者有做证书的需求，这个滤镜绝对是你的不二之选。打开图 9-71 所示的素材图像，选择“滤镜”→“渲染”→“图片框”命令，设置“图案”为“画框”，“大小”为“18”，如图 9-72 所示，然后按“确定”，效果如图 9-73 所示。

图 9-71　原图像

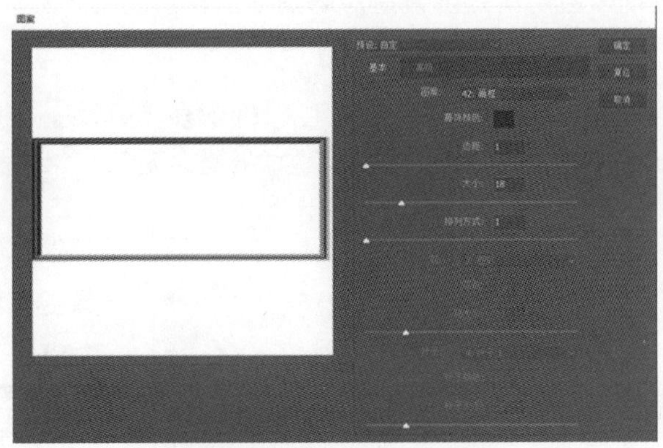

图 9-72 “图片框”滤镜设置

图 9-73 “图片框”滤镜效果(给图像添加画框)

(3)“树”滤镜。

在“树”滤镜里直接使用预设可将树放置在需要的画面上。

(4)“分层云彩”滤镜。

使用“分层云彩”滤镜可以将图像反相并使其与云彩背景融合,其中云彩是由前景色与背景色随机混合产生的。

(5)“光照效果”滤镜。

使用“光照效果”滤镜可以通过改变多种光照样式和多套光照属性,在 RGB 图像上产生无数种光照效果,还可以使用灰度文件的纹理(凹凸图)产生类似三维效果,并存储用户自己设置的样式以在其他图像中使用。

(6)“镜头光晕”滤镜。

使用“镜头光晕”滤镜可模拟亮光照射到相机镜头所产生的折射,通过点按图像缩览图的任一位置或拖移十字线,指定光晕中心的位置。

(7)“纤维”滤镜。

利用“纤维”滤镜可使用前景色和背景色创建编织纤维的外观。可通过滑动“差异”滑块来控制颜色的变换方式(较小的值会产生较长的颜色条纹,而较大的值会产生非常短且颜色分布变化更多的纤维);通过“强度”滑块控制每根纤维的外观(值小会产生展开的纤维,而值大会产生短的绳状纤维);点按“随机化”按钮可更改图案的外观(可多次点按该按钮,直到看到喜欢的图案)。应用“纤维”滤镜时,现用图层上的图像数据会替换为纤维。

(8)“云彩”滤镜。

选取“滤镜”→“渲染”→“云彩”命令,可使用介于前景色与背景色之间的随机值,生成柔和的云彩图案。若想得到逼真的云彩效果，应该将前景色与背景色设置为需要的云彩颜色和天空颜色。

10. "杂色"滤镜组

"杂色"滤镜常用于添加或移去杂色及带有随机分布色阶的像素，这有助于将选区混合到周围的像素中，可创建与众不同的纹理或除去图像中的杂点和划痕等。"杂色"滤镜组如图 9-74 所示。

图 9-74 "杂色"滤镜组

(1)"减少杂色"滤镜。

"减少杂色"滤镜实际是将图像模糊处理，所以如果其参数设置过大，图像可能会太过模糊。"减少杂色"并不是一点杂色也没有了，只是将杂色控制在允许的范围内。

(2)"蒙尘与划痕"滤镜。

选取"滤镜"→"杂色"→"蒙尘与划痕"命令，可通过更改相异的像素减少杂色和划痕。如果需要，可以调整预览缩放比例，直到包含杂色的区域可见。

(3)"去斑"滤镜。

选取"滤镜"→"杂色"→"去斑"命令，可检测图像的边缘并模糊处理那些边缘外的所有选区。该模糊操作会移去杂色，同时保留细节。

(4)"添加杂色"滤镜。

选取"滤镜"→"杂色"→"添加杂色"命令，将随机生成的杂点像素应用于图像，可模拟在高速胶片上拍照的效果。"添加杂色"滤镜也可用于减少羽化选区或渐进填充中的条纹，或使经过重大修饰的区域看起来更真实。

"添加杂色"滤镜可为图像添加杂点，由于点运动生成线，在需要线状效果时，添加的杂点经动感模糊可生成线状图样。

(5)"中间值"滤镜。

选取"滤镜"→"杂色"→"中间值"命令，可通过混合选区中像素的亮度来减少图像的杂色。此滤镜搜索像素选区的半径范围以查找亮度相近的像素，扔掉与相邻像素差异太大的像素，并用搜索到的像素的中间亮度值替换中心像素。此滤镜在消除或减少图像的动感效果时非常有用。

11. "其它"滤镜组

"其它"滤镜组中包含了"HSB/HSL"滤镜、"高反差保留"滤镜、"位移"滤镜等，使用该滤镜组中的滤镜可创建自己的滤镜、使用滤镜修改蒙版、在图像中使选区发生位移和快速调整颜色，如图 9-75 所示。

图 9-75 "其它"滤镜组

(1)“高反差保留”滤镜。

使用“高反差保留”滤镜可在有强烈颜色转变发生的地方按指定的半径保留边缘细节，并且不显示图像的其余部分；此滤镜可移去图像中的低频细节，效果与“高斯模糊”滤镜相反。在使用“阈值”命令或将图像转换为位图模式之前，将“高反差保留”滤镜应用于连续色调的图像将很有帮助。

(2)“位移”滤镜。

使用“位移”滤镜可将选区移动指定的水平量或垂直量，而选区的原位置变成空白区域。可以用当前背景色、图像的另一部分填充这块区域；如果选区靠近图像边缘，也可以使用所选择的填充内容进行填充。

(3)“自定”滤镜。

使用“自定”命令可以设计自己的滤镜效果，并且可以存储创建的自定滤镜，将其用于其他图像。

(4)“最大值”和“最小值”滤镜。

“最小值”命令可用来修饰过粗或过细的线条，使深色区域增加，而浅色区域减少；“最大值”则刚好相反。

9.5 项目实训

9.5.1 项目实训1——装饰图案

效果说明

本实训案例将制作出图9-76所示的装饰图案效果。本实训案例主要使用“渐变工具”“波浪”“极坐标”以及图层混合模式设置等工具和命令操作完成。

制作步骤

(1)打开素材文件夹中图像，如图9-77所示。

图 9-76 装饰图案效果

图 9-77 素材图像

(2)按F7键调出“图层”面板，在面板中点按“背景”层并拖动至右下方的新建图层按钮上，复制得到“背景 拷贝”，然后回到“背景”层(即激活“背景”层)，如图9-78所示。

(3)点按“背景 拷贝”前面的眼睛图标，隐藏该图层。设前景色为黑色，背景色为白色，选择“渐变工具”，在“渐变工具”选项栏中单击渐变设置按钮，在弹出对话框的“预设”中选择“黑，白渐变”，在新文件中从下到上拉出渐变色，效果如图 9-79 所示。

图 9-78 “图层”面板

图 9-79 渐变填充效果

(4)选取“滤镜”→“扭曲”→“波浪”命令，在弹出的对话框中适当进行设置(“类型”选项中一定选“三角形”)，如图 9-80 所示；设置后点按“确定”，所得效果如图 9-81 所示。

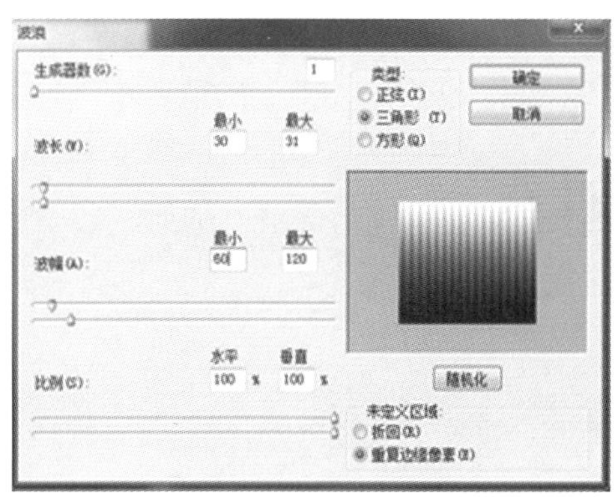

图 9-80 “波浪”对话框

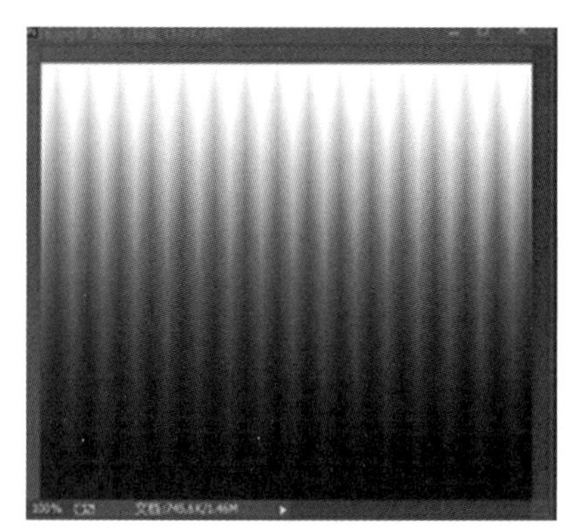

图 9-81 “波浪”滤镜效果

(5)选取“滤镜”→“扭曲”→“极坐标”命令，在弹出的对话框选项中选择“平面坐标到极坐标”，如图 9-82 所示。

(6)点按“确定”，所得效果如图 9-83 所示。

图 9-82 “极坐标”对话框

图 9-83 “极坐标”滤镜效果

(7)点按“背景 拷贝”图层(即激活“背景 拷贝”图层，“背景 拷贝”图层显示)，在“图层”控制面板中选择图层混合模式为“颜色”，如图 9-84 所示。最终装饰图案效果如图 9-85 所示。

图 9-84 “图层”面板

图 9-85 完成效果

9.5.2 项目实训 2——“兄弟情”

效果说明

本实训案例将制作出图 9-86 所示的相框效果。本实训案例主要使用“套索工具”“反选”“网状”以及图层混合模式设置等工具和命令操作完成。

图 9-86 完成效果

制作步骤

(1)打开素材文件小狗图像和风景图像,如图 9-87、图 9-88 所示。

(2)点击小狗图像,作为当前编辑文件,在“图层”面板中点按“背景”层并拖动至右下方的新建图层按钮上(如果“图层”面板没有显示出来,按 F7 键调出“图层”面板),复制得到“背景 拷贝”,如图 9-89 所示,然后回到“背景”层(即激活“背景”层)。

图 9-87 小狗图像

图 9-88 风景图像

(3)将“背景”层填充为白色,然后点击“背景 拷贝”图层,按“Ctrl＋T”键将图像适当缩小,如图 9-90 所示。

图 9-89 复制“背景”层

图 9-90 缩小“背景 拷贝”图层图像

(4)选用“套索工具”在图像中建立不规则选区,如图 9-91 所示。

图 9-91 建立选区

(5)单击“图层”面板中的“创建新图层”按钮，新建“图层 1”；选择“选择”→“反选”菜单命令，反选对象，再将背景色设置为白色，按“Ctrl+Delete”快捷键将当前选区填充为白色，效果如图 9-92 所示。按“Ctrl+D”键取消选区。

图 9-92 填充白色

(6)将风景图像拖入小狗图像中，如图 9-93 所示。

(7)按住 Ctrl 键，同时点击“图层”面板中的“图层 1”，建立选区；然后选择“选择”→“反选”命令，反选后按 Delete 键将风景图像的部分区域删除（确认“图层 2”是当前编辑图层），如图 9-94 所示，按“Ctrl+D”键取消选区。

图 9-93 拖入风景图像

图 9-94 删除部分区域

(8)选用“套索工具”在图像中建立不规则选区,然后选择“选择”→“反选”命令,反选对象;按 Delete 键,将风景图像的部分区域删除,按“Ctrl+D”键取消选区,效果如图 9-95 所示。

(9)选择“滤镜”→“滤镜库”→“素描”→“网状”命令,如图 9-96 所示,确定后得到图 9-97 所示的效果。

图 9-95 再次删除部分区域

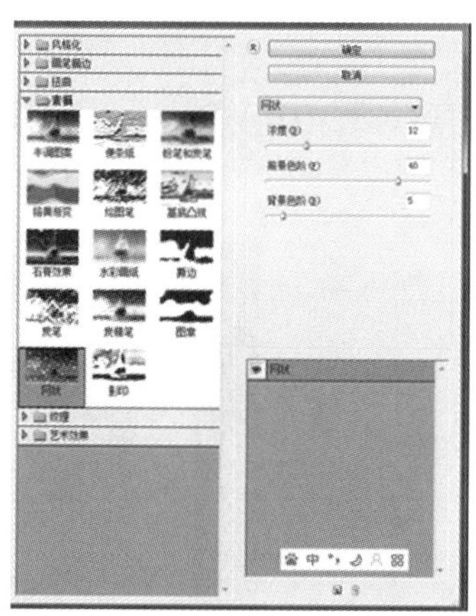

图 9-96 选择“网状”滤镜

(10)在“图层”面板底部选择“添加图层样式”按钮 fx ,在弹出的对话框中,勾选“斜面和浮雕”选项,其他设置为默认即可,如图 9-98 所示。

图 9-97 “网状”滤镜效果

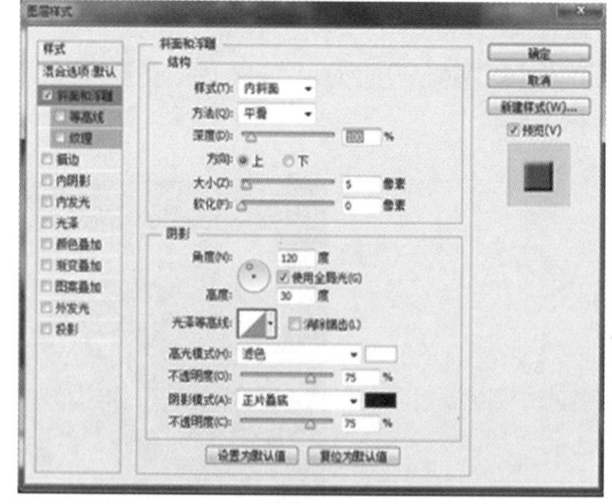

图 9-98 “斜面和浮雕”样式设置

(11)继续添加“图层样式”效果。在“图层样式”对话框中选择“投影”,各选项设置为默认,效果如图 9-99 所示。

(12)选用“套索工具”在图像中一只小狗脸上建立不规则选区,然后选择“选择”→“修改”→“羽化”命令,

“羽化半径”值设置为“30 像素”;按“Ctrl+C”键复制,再按“Ctrl+V”键粘贴,将得到的“图层 2 拷贝”图层调整到“图层”面板中最上层,根据自己喜好进行缩小、明暗调整等效果处理后,效果如图 9-100 所示。

图 9-99　添加“投影”样式后的效果

图 9-100　完成效果

Photoshop Xiangmushi Jiaocheng

第十章

综合项目实训

本章通过一些具有代表性的综合实例，进一步针对性地讲解 Photoshop 实践操作和具体运用；案例中既有工具使用方法，又有经验技巧，通过学习，读者能更好地掌握 Photoshop 实践应用技术，提高综合能力水平。

10.1 综合项目实训 1——人物局部替换效果制作

效果说明

本实训案例效果如图 10-1 所示。本实训案例主要应用选框工具、文字工具以及“油漆桶工具”“自由变换”“网格”“图层样式”“描边”“钢笔工具”“填充”等命令操作完成。

图 10-1 人物局部替换

制作步骤

(1)打开素材文件女孩图像 1，如图 10-2 所示；点选“缩放工具”将人物头部放大；在工具箱中选用“磁性套索工具”将女孩的脸部选中，效果如图 10-3 所示。

图 10-2 女孩图像 1

图 10-3 建立脸部选区

(2)打开素材文件女孩图像 2,如图 10-4 所示。

(3)用移动工具将女孩图像 1 的选区部分拖入女孩图像 2 中,自动生成新图层“图层 1”,如图 10-5 所示。

图 10-4 女孩图像 2

图 10-5 将脸部选区拖入另一图片中

(4)按“Ctrl+T”组合键,对刚拖入的女孩的脸部图像进行缩放、调整。为了在缩放、调整时观察方便,可适当降低图层“不透明度”(设为“60%”左右)。女孩图像 1 中的脸部图像与女孩图像 2 中的脸部大小、位置差不多即可,效果如图 10-6 所示。

图 10-6 调整拖入的脸部图像

(5)确认“图层 1”被激活(用鼠标点击一下“图层”控制面板中的“图层 1”即可),选用“磁性套索工具”选择人物衣领,按 Delete 键删除女孩的脸部图像中的多余部分,并使其与衣服衔接自然(为观察方便,可适当降低图层“不透明度”),如图 10-7 所示。

(6)如果感觉脸部图像的颜色及明暗等与女孩图像 2 中的剩余部分有所不同,可选取“图像”→“调整”→“色彩平衡”命令或选取“图像”→“调整”→“色相/饱和度”命令,调整脸部图像颜色及明暗等,直到与衣服及周围的色调相匹配为止。最终效果如图 10-8 所示。

图 10-7 使脸部图像与人物衣领衔接自然

图 10-8 完成效果

10.2 综合项目实训 2——“笑迎新春”招贴设计

效果说明

本实训案例主要通过应用选框工具、渐变填充工具、文字工具以及“描边”“合并图层”等工具和命令，制作出图 10-9 所示的效果。

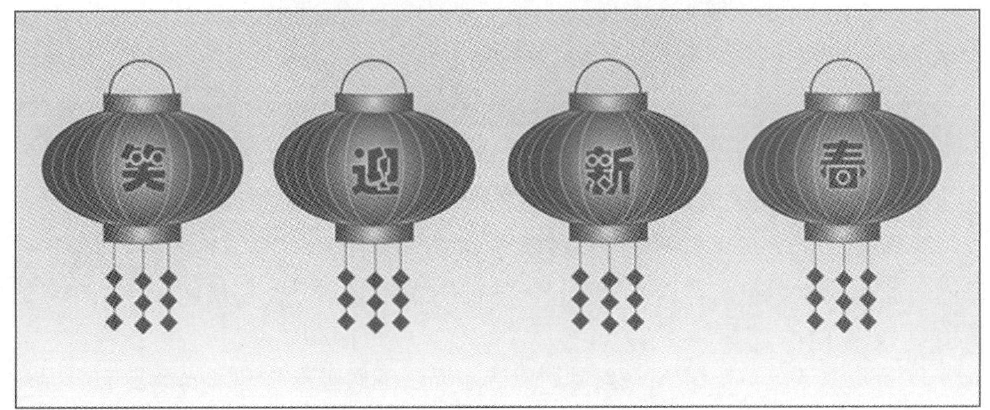

图 10-9 “笑迎新春”招贴设计效果

制作步骤

(1)选择“文件”→“新建”命令，在对话框中设置文件名为“招贴画”，“宽度”为“25 厘米”，“高度”为“10 厘米”，“背景内容”为“白色”，其他保持默认，如图 10-10 所示，单击“创建”按钮。

(2)点击“图层”面板右下方的“创建新图层”按钮，新建图层名称为“图层 1”；选用“椭圆选框工具”，绘制一个椭圆选区(宽度不超过 6 厘米，高度不超过 3.5 厘米)，如图 10-11 所示。

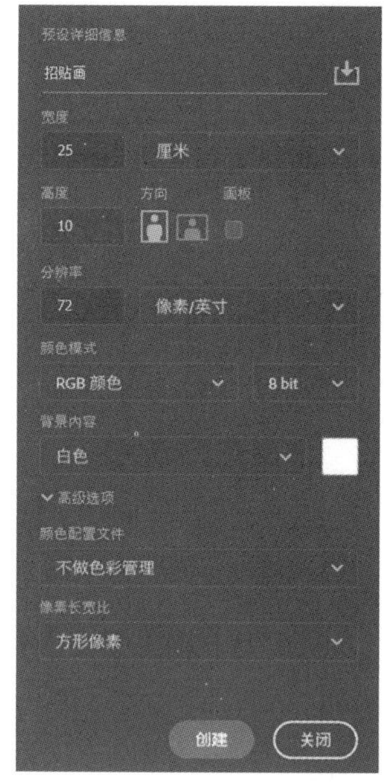

图 10-10　新建文件设置

图 10-11　绘制椭圆选区

(3)设置前景色为黄色(C=0，M=0，Y=100%，K=0)，背景色为红色(C=0，M=100%，Y=60%，K=0)；选择“渐变工具”，在“渐变工具”选项栏中单击渐变设置按钮，在弹出对话框中选择“前景色到背景色渐变”，再选择“径向渐变”，在新文件中从上到下拉出渐变色，效果如图 10-12 所示。

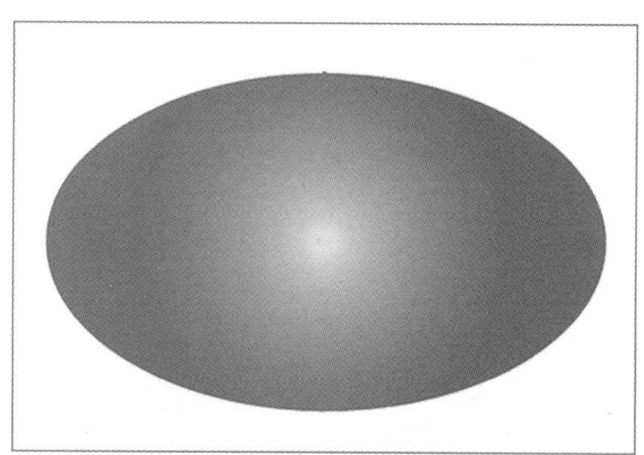

图 10-12　渐变填充效果

(4)按“图层”面板右下方的“创建新图层”按钮，新建图层名称为“图层 2”；选择“选择”→“变换选区”命令，将前面绘制的椭圆选区适当缩小，再选择“编辑”→“描边”命令，描边颜色为黄色(C=0，M=0，Y=100%，K=0)，其余设置如图 10-13 所示，效果如图 10-14 所示。

(5)按“Ctrl+D”键取消选区。按住 Alt 键，同时点选刚描边的椭圆形并拖动光标复制出另一椭圆，然后按“Ctrl+T”键将其适当缩小。利用同样的方法，继续复制椭圆并将其适当缩小，然后点按“图层”面板右上角的，在弹出菜单中选取“向下合并”，一直合并图层到“图层 2”。效果如图 10-15 所示，合并图层后的“图层”面板如图 10-16 所示。

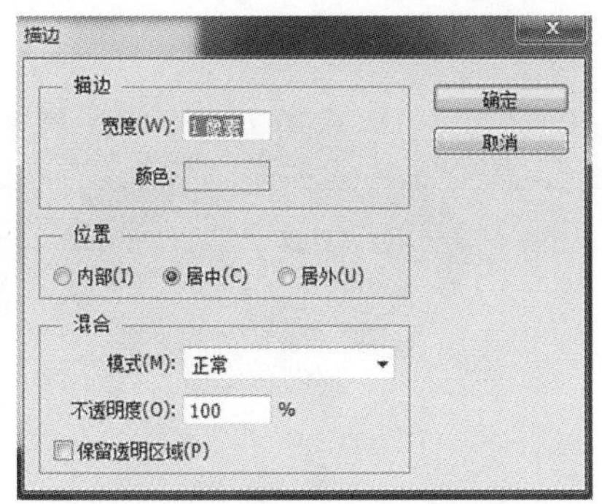

图 10-13　“描边”对话框设置

图 10-14　描边效果

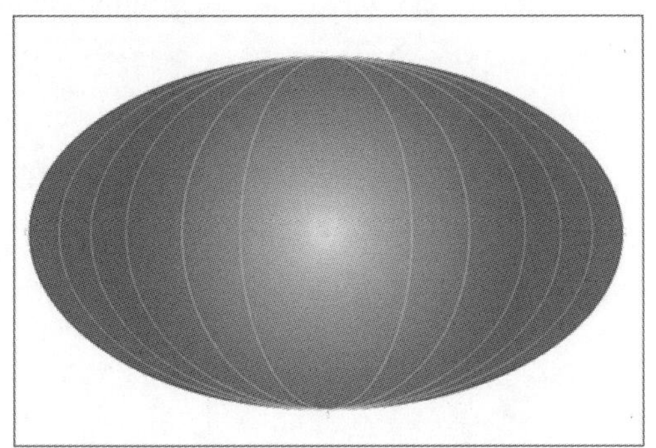

图 10-15　复制并调整椭圆后的效果

图 10-16　合并部分图层后的“图层”面板

(6)单击“图层”面板右下方的“创建新图层”按钮，新建图层名称为“图层 3”。选择“矩形选框工具”，在椭圆上方绘制并调整出一个“矩形”，然后依照第(3)步的方法，为其填充渐变色，如图 10-17 所示。复制“矩形”，并将复制的“矩形”移动到椭圆的下方位置，如图 10-18 所示。

图 10-17　绘制“矩形”并填充渐变色

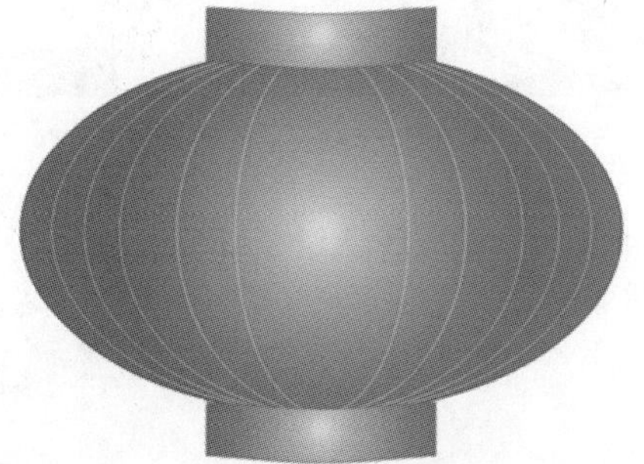

图 10-18　复制并调整“矩形”

(7)单击“图层”面板右下方的“创建新图层”按钮，新建图层。选择“椭圆选框工具”，在图形上方绘制一个椭圆选区，并描边红色(C=0，M=100%，Y=60%，K=0)，再选择“矩形选框工具”，在椭圆中间部位向下绘制一个矩形(选中椭圆下半部分)，然后按 Delete 键将椭圆下半部分删除，制作出一根弧形线作为灯笼的拉线，如图 10-19 所示。

(8)新建图层，再选择“矩形选框工具”绘制“线条”，填充红色(C=0，M=100%，Y=60%，K=0)后另复制出两条，然后绘制小正方形并填充为红色(C=0，M=100%，Y=60%，K=0)，按“Ctrl+T”键将这些小正方形旋转“45 度”，经过布置，灯笼的吊须线就绘制完成了，效果如图 10-20 所示。

图 10-19　制作拉线

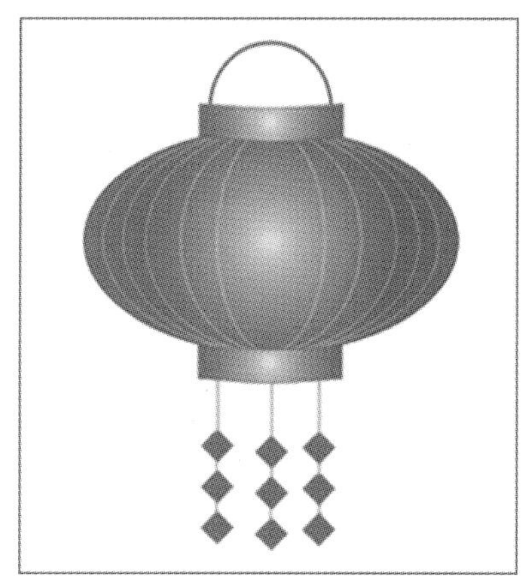
图 10-20　绘制吊须线

(9)在“图层”面板中单击“背景”层左侧的眼睛图标将其暂时隐藏，然后点按“图层”面板右上角的，在弹出菜单中选取“合并可见图层”或按快捷键“Shift+Ctrl+E”，将刚绘制的所有形体合并成一个“灯笼”图层。在“图层”面板中再单击“背景”层左侧的眼睛图标将其显示，如图 10-21 所示。

(10)复制出 3 个灯笼图形，调整好位置。在 4 个并列的灯笼上方输入文字“笑迎新春”并填充为红色(C=0，M=100%，Y=100%，K=0)，轮廓填充为白色(C=0，M=0，Y=0，K=0)，调整字体(此处为“汉仪圆叠体简”，也可选择自己喜欢的字体替代)和字号(“50 点”左右)。文字工具选项栏设置如图 10-22 所示，效果如图 10-23 所示。

图 10-21　“图层”面板

图 10-22　文字工具选项栏设置

图 10-23　输入文字效果

(11)选择“渐变工具”，将渐变填充设置为黄色(C=0，M=0，Y=100%，K=0)到白色(C=0，M=0，Y=0，K=0)的渐变，其他参数设置为默认，在“背景”层绘制渐变色，最终效果如图 10-24 所示。

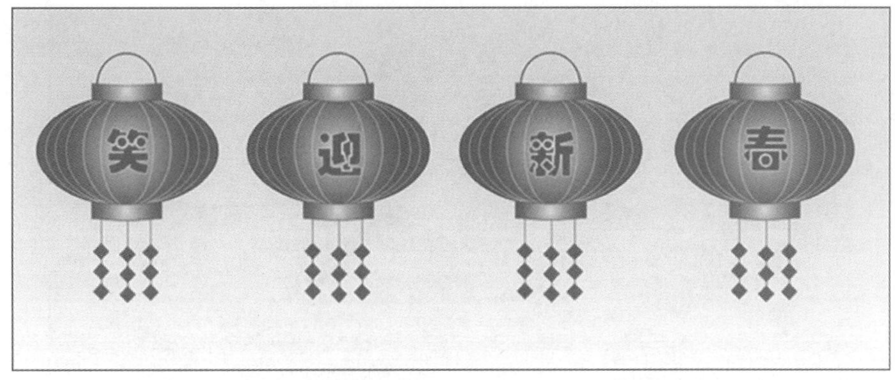

图 10-24 最终效果

(12)选择“文件”→“保存”(快捷键为“Ctrl+S”),将绘制的图形文件保存为“笑迎新春招贴”文件。

10.3 综合项目实训 3——斑驳墙面文字效果

效果说明

本实训案例将制作图 10-25 所示的斑驳墙面文字效果。本实训案例中主要用到“去色”、“滤镜”中的“置换”和“图层样式”中的“混合颜色带”等命令操作。

图 10-25 斑驳墙面文字效果

制作步骤

(1)打开素材文件砖墙图像,如图 10-26 所示。

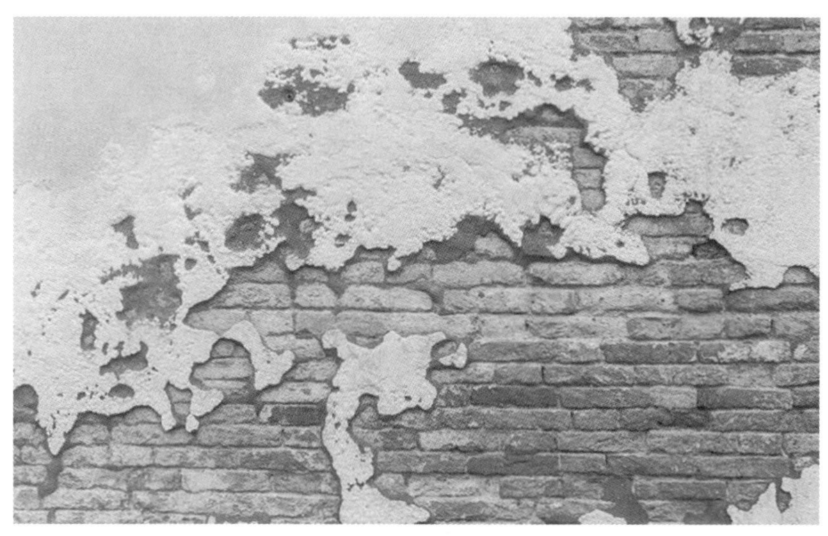

图 10-26 砖墙图像

(2)按"Ctrl+J"键复制"背景"图层,新图层自动命名为"图层 1",如图 10-27 所示。

(3)选中"图层 1",选择菜单栏中的"图像"→"调整"→"去色"命令,获得去色效果,如图 10-28 所示,将文件另存为 PSD 文件并命名为"斑驳墙面文字效果-去色",完成后关闭文件。

图 10-27 复制图层

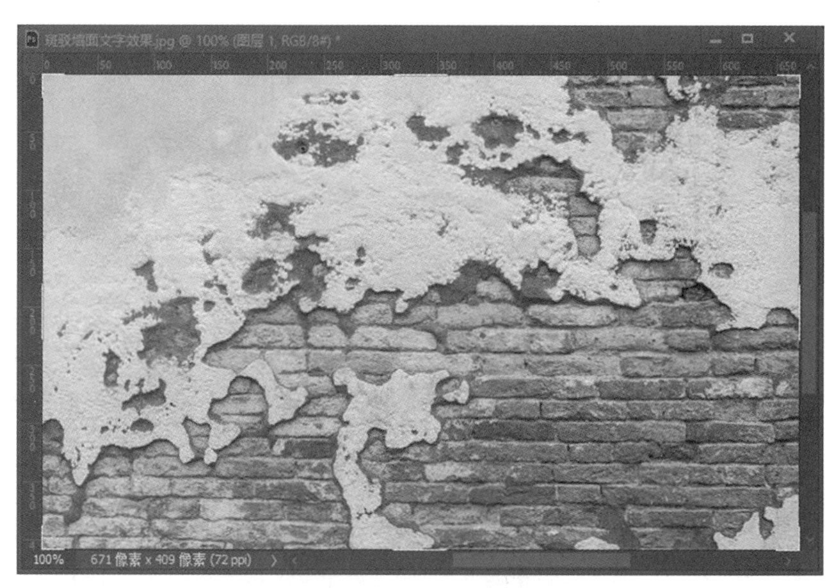

图 10-28 去色效果

(4)再次打开砖墙图像,选择文字工具,输入文字"拆",字体颜色填充为白色,按"Ctrl+T"键调整文字大小,效果如图 10-29 所示。

(5)选择"窗口"→"图层"命令,在出现的"图层"控制面板右下方单击新建图层按钮,新建图层名称为"图层 1";在工具箱中选用"椭圆选框工具",按住 Shift 键,单击鼠标左键并拖动,在工作区绘制一正圆选区,如图 10-30 所示。

(6)选择菜单栏的"编辑"→"描边"命令,对圆形选区填充白色描边,填充宽度尽量与原文字的笔画宽度一致。此处描边设置如图 10-31 所示。

(7)执行描边命令,效果如图 10-32 所示。

图 10-29 输入文字

图 10-30 画出正圆选区

图 10-31 描边设置

图 10-32　描边效果

(8)按“Ctrl+D”键取消圆形选区,选择“移动工具”,在“图层”面板中按住 Ctrl 键同时选中“图层 1”和文字图层,如图 10-33 所示。

(9)分别选中选项栏中的“水平居中对齐”和“垂直居中对齐”命令,如图 10-34 所示。

图 10-33　同时选中两个图层

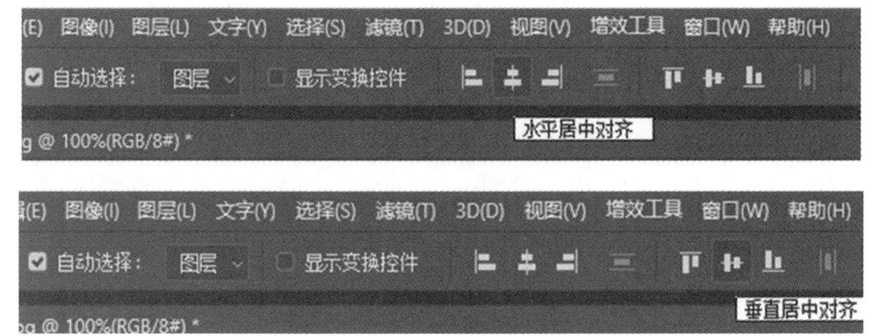

图 10-34　选择对齐工具

对齐后效果如图 10-35 所示。

图 10-35　对齐图形效果

(10)在同时选中两个图层的状态下,选择菜单栏的“图层”→“合并图层”命令,将圆环所在图层和文字图层合并成一个图层,如图 10-36 所示。

(11)选择菜单栏中的“滤镜”→“扭曲”→“置换”命令,在“置换”对话框中选择合适的“水平比例”和“垂直比例”数值(数值越大,对应的扭曲效果越强烈),其他设置不变,如图 10-37 所示。

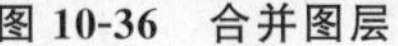

图 10-36　合并图层

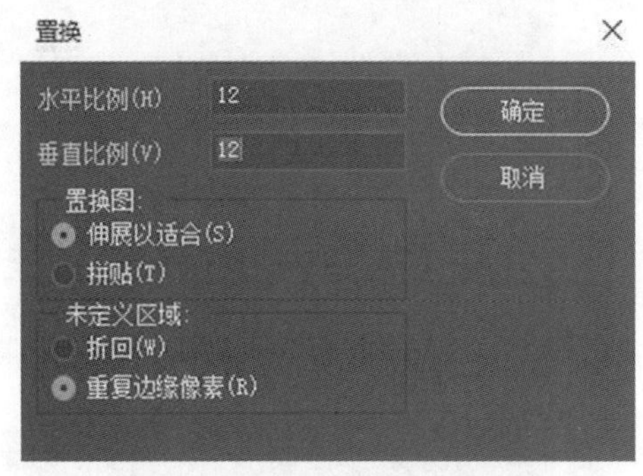

图 10-37　设置置换比例数值

(12)单击“确定”按钮,在弹出的对话框中选择前面保存的“斑驳墙面文字效果-去色”文件,如图 10-38 所示,单击“打开”按钮,置换效果如图 10-39 所示。

图 10-38　选择文件

图 10-39　置换效果

(13)在“图层”面板中选择“添加图层样式”→“混合选项”命令，按住 Alt 键对“混合颜色带”中的“下一图层”进行调整，如图 10-40 所示。

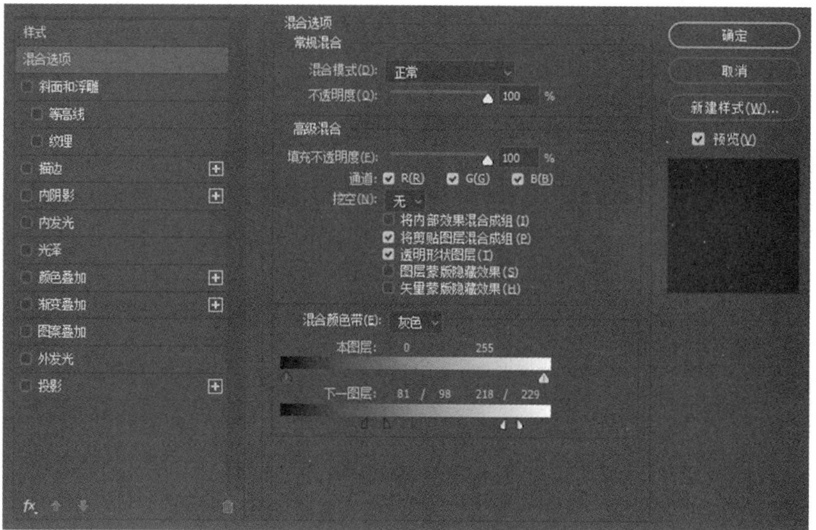

图 10-40 调整“混合颜色带”

(14)单击“确定”按钮，图像完成效果如图 10-41 所示。

图 10-41 完成效果

10.4 综合项目实训 4——UI 图标设计与制作

效果说明

本实训案例将制作 UI 图标设计中的按钮效果，如图 10-42 所示。本实训案例中主要用到“多边形套索工具”“画笔工具”以及减选选区、复制图层、设置图层样式等工具和命令操作。

制作步骤

(1)按“Ctrl+N”组合键新建一文件，弹出对话框中的设置如图 10-43 所示，点按“创建”后创建新文件。

(2)点按“图层”面板右下方的“创建新图层”按钮，新建图层“图层 1”；在工具栏中选中“矩形选框工具”，并在画面中画一正方形选区，设置前景色为深色(R=65，G=65，B=67)，按“Alt+Delete”组合键为正方形选区填色，如图 10-44 所示。

图 10-42　按钮效果

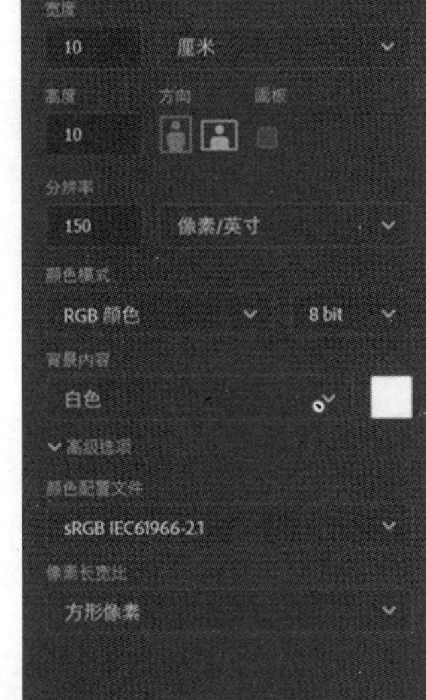

图 10-43　新建设置

图 10-44　填色

(3)选用“多边形套索工具”建立选区(选择正方形的 1/4)，如图 10-45 所示。

(4)选择“图像”菜单→“调整”→“亮度/对比度”命令，弹出的对话框中的设置如图 10-46 所示；点击“确定”后效果如图 10-47 所示。

图 10-45　建立选区

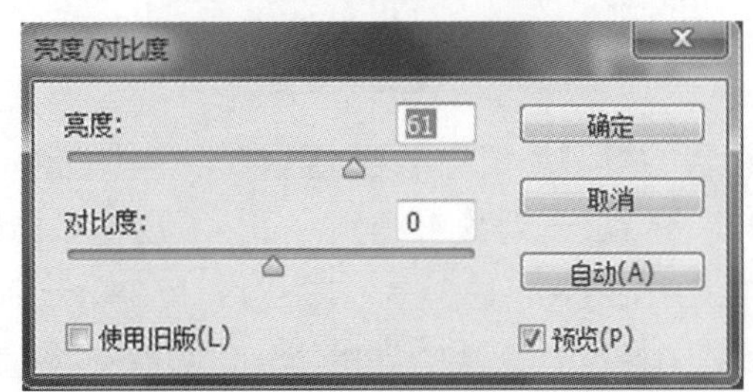

图 10-46　“亮度/对比度”对话框中的设置

(5)选择“加深工具”将选区左边部分颜色加深，然后选择“选择”菜单→“反选”命令，将对象反选，选择“减淡工具”将当前选区左边部分颜色减淡。按“Ctrl+D”键取消选区后，效果如图 10-48 所示。

图 10-47 “亮度/对比度”设置后的效果

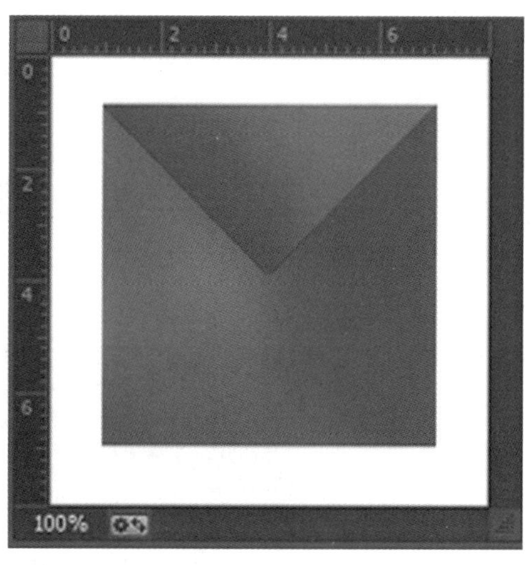

图 10-48 加深/减淡对象

(6)点击“图层”面板中“创建新图层”按钮，新建“图层 2”;在工具栏中选中“椭圆选框工具”，按“Shift+Alt”键通过矩形中心点绘制一圆形选区;设置前景色为灰色(R=155,G=155,B=155)，背景色为白色，将圆形选区填充渐变色，如图 10-49 所示。

(7)点按“图层 2”缩览图拖至“图层”面板中“创建新图层”按钮上，复制出一图层，名称为“图层 2 拷贝”;按“Ctrl+T”键，再按“Shift+Alt”键同时将鼠标放在正圆选区右上角往左下方拖动鼠标，将正圆等比缩小到合适大小后松开鼠标，设置前景色为深色(R=65,G=65,B=67)，按“Alt+Delete”组合键为选区填色，如图 10-50 所示。

图 10-49 填充渐变色

图 10-50 复制圆形选区后调整、填色

(8)点按“图层 2 拷贝”缩览图拖至“图层”面板中“创建新图层”按钮上，复制出一图层，名称为“图层 2 拷贝 2”;按“Ctrl+T”键将正圆等比缩小到合适大小后松开鼠标;按 Ctrl 键同时点击“图层 2 拷贝 2”缩览图，建立选区，设置前景色为深色(R=27,G=9,B=21)，按“Alt+Delete”组合键为选区填色，如图 10-51 所示。

(9)点按“图层 2 拷贝 2”缩览图拖至“图层”面板中“创建新图层”按钮上，复制出一图层，名称为“图层 2 拷贝 3”;点按“图层 2 拷贝 3”缩览图拖至“图层”面板中“创建新图层”按钮上，复制出一图层，名称为“图层 2 拷贝 4”;按“Ctrl+T”键将“图层 2 拷贝 4”中正圆等比缩小到合适大小后松开鼠标，建立选区，设置前景色为深色(R=26,G=17,B=20)，按“Alt+Delete”组合键为选区填色，如图 10-52 所示。

图 10-51　复制图层并为选区填色

图 10-52　复制多个圆形并填色

(10)按 Ctrl 键同时点击“图层 2 拷贝 4”缩览图，建立选区。回到“图层 2 拷贝 3”，按 Delete 键将“图层 2 拷贝 3”中正圆中间部分删除。效果如图 10-53 所示。

(11)点按“图层”面板右下方的“添加图层样式”按钮 fx.，在“图层样式”弹出菜单中选择“斜面和浮雕”，在弹出的“斜面和浮雕”界面进行设置，如图 10-54 所示，点按“确定”后效果如图 10-55 所示。

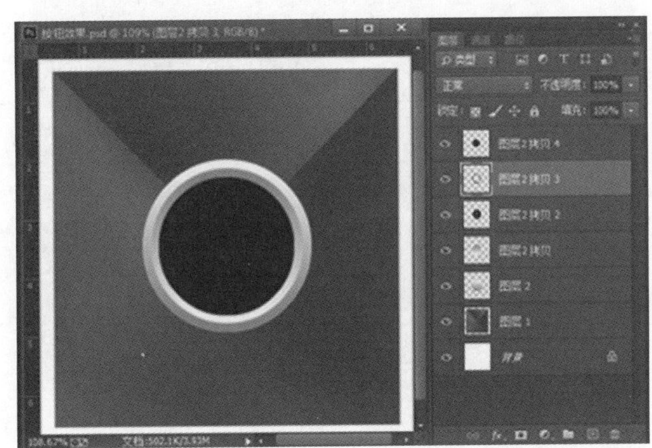

图 10-53　删除正圆中间部分后的效果

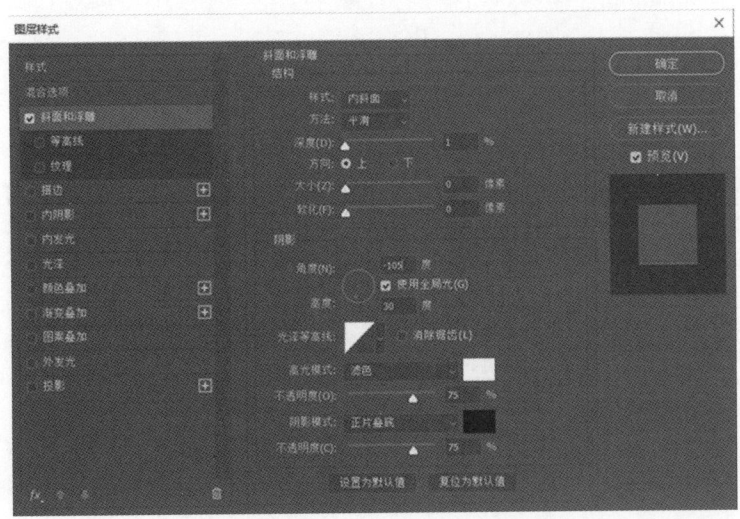

图 10-54　设置“斜面和浮雕”样式

(12)点按"图层"面板右下方的"添加图层样式"按钮fx.,在"图层样式"弹出菜单中选择"内发光",在弹出的"内发光"界面进行设置,如图 10-56 所示,点按"确定"后效果如图 10-57 所示。

图 10-55 "斜面和浮雕"效果

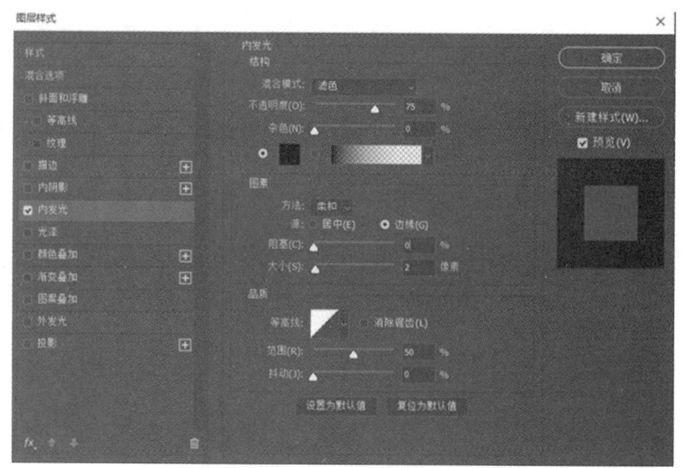

图 10-56 设置"内发光"样式

图 10-57 "内发光"效果

(13)点击"图层"面板中"创建新图层"按钮,新建"图层 3";按住 Ctrl 键同时点击"图层 2 拷贝 4"缩览图,建立选区,设置前景色为暗红色(R=98,G=63,B=82),按"Alt+Delete"组合键为选区填色;按"Ctrl+T"键将"图层 3"中正圆等比缩小到合适大小后松开鼠标,如图 10-58 所示。

(14)执行与第(13)步相似的操作(新图层为"图层 3 拷贝"),新绘制正圆颜色为深色(R=21,G=15,B=15),将其等比缩小到合适大小后松开鼠标,如图 10-59 所示。

图 10-58 选区填色及调整

图 10-59 填充深色

(15)执行与第(13)步相似的操作(新图层为“图层 3 拷贝 2”),新绘制正圆颜色为深色(R=46,G=36,B=37),将正圆等比缩小到合适大小后松开鼠标,如图 10-60 所示。

(16)新建“图层 4”,在工具栏中选中“椭圆选框工具”,按“Shift+Alt”键通过图形中心点绘制一圆形选区,在选项栏中点选“从选区减去”,将圆形选区减去一部分,如图 10-61 所示。

图 10-60 填色效果

图 10-61 减选

(17)设置前景色为深色(R=32,G=26,B=23),按“Alt+Delete”组合键为半圆选区填色。设置前景色为深色(R=37,G=75,B=34),选用“画笔工具”在椭圆形选区上涂抹渐变色(“画笔工具”选项栏“不透明度”设置为“30%”),如图 10-62 所示。建立选区,以同样的方法用“画笔工具”为椭圆形选区涂抹渐变色(前景色设为暗绿色(R=50,G=103,B=93)),效果如图 10-63 所示。

图 10-62 用画笔涂色

图 10-63 画笔涂色效果

(18)新建“图层 5”,选用“椭圆选框工具”,同时按“Shift+Alt”键通过图形中心点绘制一圆形选区;设置前景色为绿色(R=47,G=159,B=48),按“Alt+Delete”组合键为圆形选区填色,如图 10-64 所示。

(19)新建“图层 6”,选用“椭圆选框工具”,同时按“Shift+Alt”键通过图形中心点绘制一圆形选区;设置前景色为深色(R=9,G=9,B=9),按“Alt+Delete”组合键为圆形选区填色,然后适当调整圆形选区位置,如图 10-65 所示。

(20)新建“图层 7”,选用“椭圆选框工具”绘制一圆形选区;设置前景色为白色,按“Alt+Delete”组合键为圆形选区填色,然后复制刚才绘制的圆形,适当缩小圆形并调整好圆形位置,效果如图 10-66 所示;也可以点按“图层”面板右下方的“添加图层样式”按钮 fx. ,在“图层样式”弹出菜单中选择“投影”,为图形添加“投影”效果,如图 10-67 所示。

(21)这时按钮制作基本完成,但感觉周边太空,如果想为按钮添加更丰富的效果,可以继续按上面的操作方法为其添加其他效果。完成效果如图 10-68 所示。

图 10-64 绘制选区并填色

图 10-65 绘制选区、填色及调整

图 10-66 绘制圆形选区并填充白色

图 10-67 “投影”效果

图 10-68 完成效果

10.5 综合项目实训 5——数码照片综合合成

效果说明

在 Photoshop 图像合成过程中,如果要使数码照片多图合成自然、真实,必须熟练掌握 Photoshop 的图像处理技巧和积累丰富的实战经验。本实训案例主要通过应用选框工具、渐变填充工具、文字工具以及“描边”“合并图层”等工具和命令,制作出图 10-69 所示的效果。

图 10-69 数码照片综合合成效果

制作步骤

(1)打开素材文件看台图像、人物图像、飞机图像和小狗图像,如图 10-70 至图 10-73 所示。

(2)将看台图像作为背景图像,使用“移动工具”将飞机图像拖入看台图像中,适当调整大小和位置,如图 10-74 所示,将自动生成的“图层 1”重命名为“飞机”。

(3)在“图层”面板左上方选择图层混合模式为“柔光”,然后在“图层”面板底部点击“添加图层蒙版”按钮,为“飞机”图层添加蒙版;选择“画笔工具”,设置前景色为黑色,在“画笔工具”选项栏设置“流量”为“15%”左右,然后在飞机图像周边涂抹,直到飞机与看台图像融合自然为止,如图 10-75 所示。

图 10-70　看台图像

图 10-71　人物图像

图 10-72　飞机图像

图 10-73　小狗图像

图 10-74　拖入飞机图像

图 10-75 添加图层蒙版使图像融合自然

(4)选用“磁性套索工具”,选中人物图像建立选区,如图 10-76 所示。

(5)使用“移动工具”将刚选中的人物图像拖入看台图像中,使用“仿制图章工具”修改阴影效果;按“Ctrl+T”键调整人物图像大小,然后将人物图像水平翻转(与背景看台图像的阴影方向统一)并适当调整位置,如图 10-77 所示。

图 10-76 建立选区

图 10-77 调整人物图像

(6)点选小狗图像,调出“通道”面板并且分别查看“红”“绿”“蓝”三个通道下的图像;通过观察发现,相对来说,红色通道色彩对比比较明显。选择“红”通道,拖动该通道的缩览图到“创建新通道”图标上,复制该通道得到“红 拷贝”通道;按“Ctrl+L”键调出“色阶”对话框,调整明暗对比,如图 10-78 所示。点按“确定”按钮后效果如图 10-79 所示。

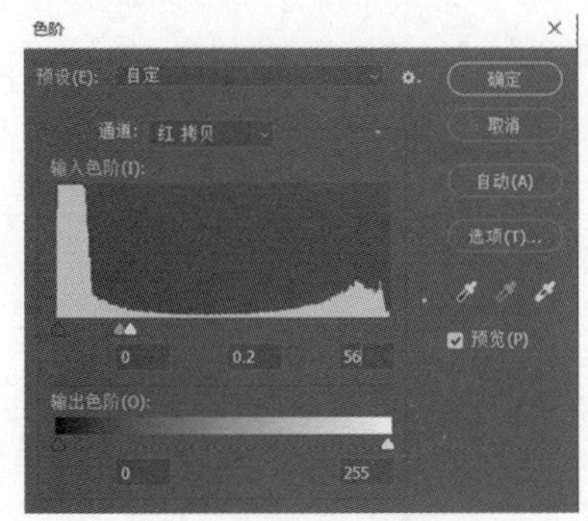

图 10-78 “色阶”对话框

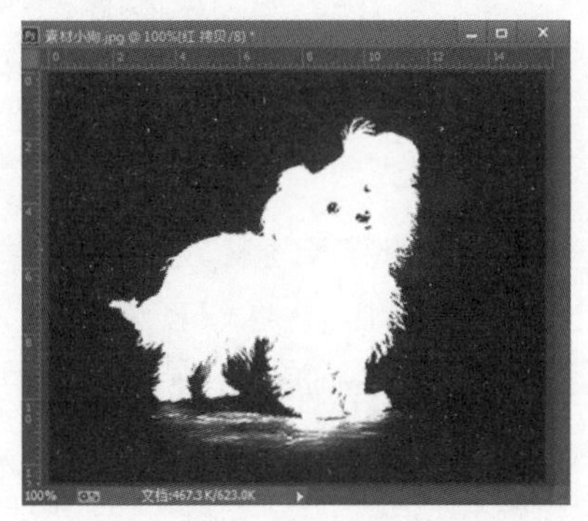

图 10-79 “色阶”调整后效果

(7)选用“画笔工具”将小狗全身涂抹成白色,背景全部涂抹成黑色,如图 10-80 所示;按住 Ctrl 键,同时点击图 10-81 所示“通道”命令面板中的“红 拷贝”层,这样就为小狗图像建立了选区(点按“通道”命令面板下面的“将通道作为选区载入”按钮,也可以为小狗图像建立选区)。

图 10-80　画笔涂色

图 10-81　“通道”面板

(8)将“红 拷贝”通道删除,回到“图层”面板,小狗选区如图 10-82 所示。

图 10-82　建立小狗选区

(9)使用“移动工具”将建立选区的小狗图像拖入看台图像中。如果感觉小狗有部分毛的边缘有黑边,对不满意的边缘毛发用“橡皮擦工具”慢慢进行修边,使其柔和、自然(注意“橡皮擦工具”的设置,笔刷样式设置为“柔边圆”,“流量”设置为“10%”左右)。按“Ctrl+T”键调整小狗图像大小,然后将小狗图像水平翻转且适当调整位置,如图 10-83 所示。

(10)按“Ctrl+C”键,再按“Ctrl+V”键,复制小狗图像,选择“吸管工具”在人物阴影部位点选,将前景色变换为人物阴影色;将刚复制的小狗图像建立为选区,并按“Alt+Delete”键为其填色;然后选取“编辑”→“变换”→“透视”命令调整刚填充了深色的小狗图形,再选用“画笔工具”进一步调整其形状,效果如图 10-84 所示(注意画面的光方向等的一致性)。

(11)根据需要继续调整细节,最终效果如图 10-85 所示。

图 10-83　拖入小狗图像并调整

图 10-84　制作阴影

图 10-85　最终效果

10.6 综合项目实训 6——西红柿绘制

效果说明

本实训案例主要通过应用"钢笔工具""橡皮擦工具""加深工具""减淡工具""羽化""色相/饱和度""将路径作为选区载入""色阶"等工具和命令,制作出图 10-86 所示的效果。

制作步骤

(1)按“Ctrl+N”新建文件，在弹出对话框中进行设置，如图 10-87 所示，点按“创建”后创建新文件。

图 10-86　西红柿绘制效果

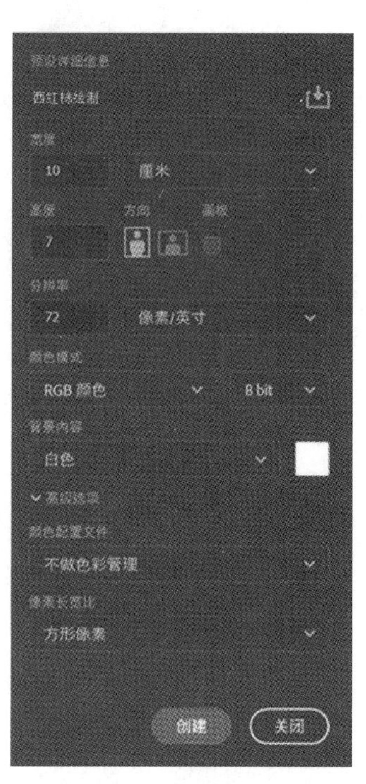

图 10-87　新建文件设置

(2)点按“图层”面板右下方的“创建新图层”按钮，新建图层名为“图层 1”；用“椭圆选框工具”，在工作区描绘椭圆选区，然后在“路径”控制面板上点按“从选区生成工作路径”按钮，将选区转化为路径，用“直接选择工具”调整路径(注意节点的编辑)。在“路径”控制面板上点按“将路径作为选区载入”按钮，再将路径转化为选区，如图 10-88 所示。

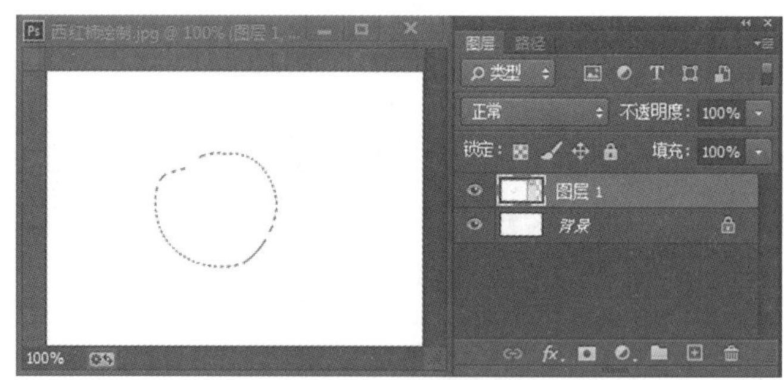

图 10-88　将路径转化为选区

(3)设置前景色为红色(C=11%，M=87%，Y=88%，K=1%)，按“Alt+Delete”组合键为选区填色，如图 10-89 所示。

(4)假设光从西红柿的左上方照射过来，那么西红柿的上面、左面相对来说比较亮，右面及下面比较暗(如果你有一定美术基础，还可以表现出它的反光和明暗交界线关系等，这样所画的西红柿会更真实)。先用“椭圆选框工具”，在红色区域上描绘一椭圆选区，按“Ctrl+T”组合键适当调整大小、旋转等，如图 10-90 所示，然后选取“选择”→“修改”→“羽化”命令，在弹出的“羽化选区”对话框中设置“羽化半径”为“30 像素”。

(5)选择“图像”→“调整”→“色相/饱和度”命令，在弹出的“色相/饱和度”对话框中进行适当设置，设置及效果如图 10-91 所示。可使用“加深工具”和“减淡工具”进一步调整明暗(笔尖形状需选用“柔角”，在选项栏中一定点按“启用喷枪模式”按钮，这样喷填上的颜色过渡才更自然)。

图 10-89 填色

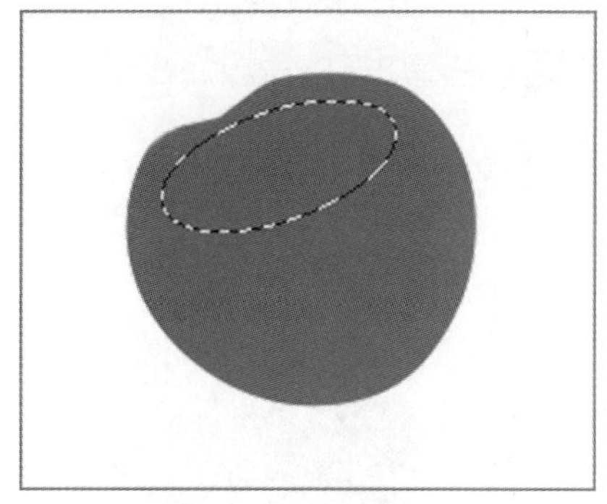

图 10-90 建立选区

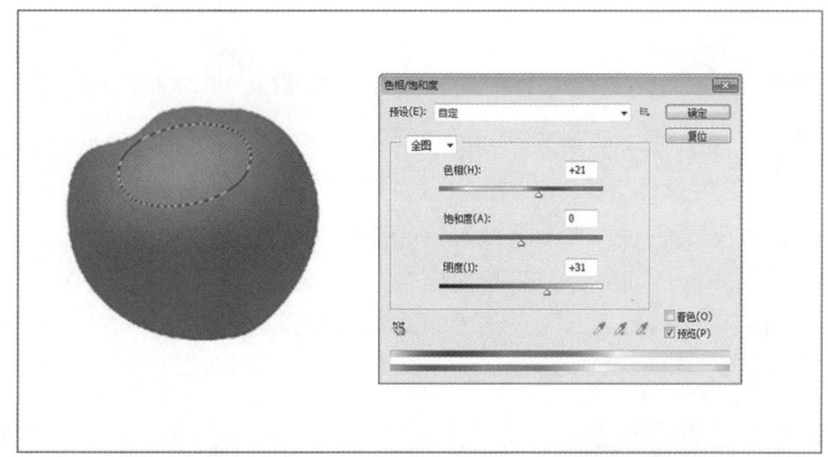

图 10-91 “色相/饱和度”设置及其效果

(6)选用“椭圆选框工具”在红色区域描绘一椭圆选区(位置如图 10-92 所示),选取“选择”→“反选”命令进行反选,再进行羽化,“羽化半径”为“35 像素”,然后选取“图像”→“调整”→“亮度/对比度”命令,弹出的对话框中设置如图 10-92 所示(注意:主要是“亮度”的设置)。

(7)按“Ctrl+D”组合键,取消选区,用加深、减淡等工具进行细节调整(笔尖形状选用“柔角”,在选项栏中点按“启用喷枪模式”按钮),效果如图 10-93 所示。

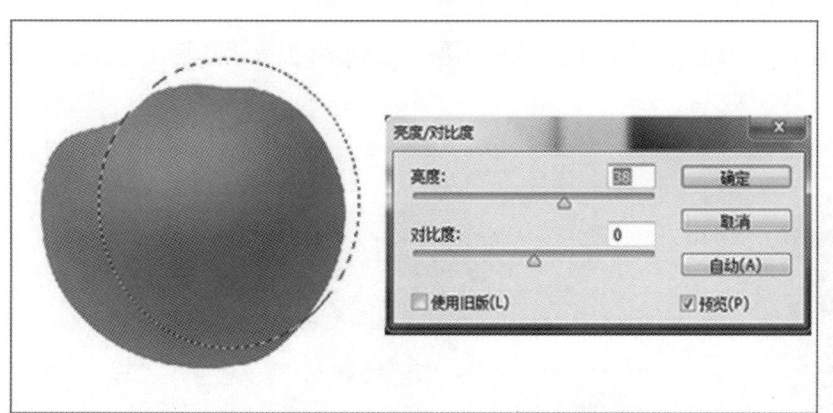

图 10-92 椭圆选区及其“亮度/对比度”设置

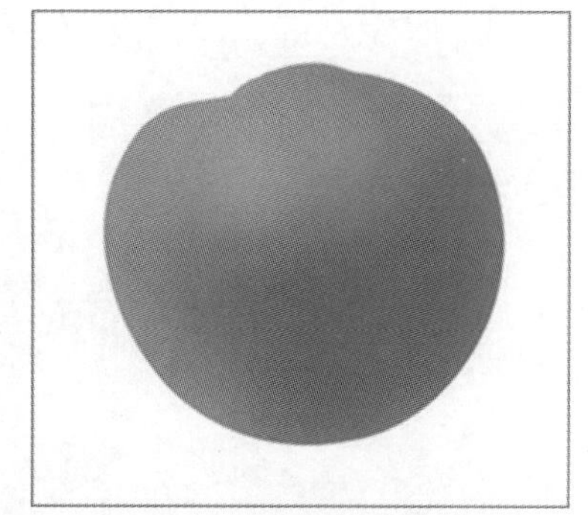

图 10-93 明暗细节调整效果

(8)西红柿形体有凹凸变化效果,也同样通过明暗变化来表现。用“椭圆选框工具”描绘一椭圆选区,先选用“减淡工具”(设置笔刷大小为“30”像素左右,曝光度为“20%”以下,笔尖形状选用“柔角”,在选项栏中点按

“启用喷枪模式”按钮),在椭圆选区内左上方涂抹,使其更亮;选取“选择”→“反选”命令进行反选,然后选用“加深工具”(设置笔刷大小为“40”像素左右,曝光度为“7%”左右,笔尖形状选用“柔角”,在选项栏中点按“启用喷枪模式”按钮)在刚加亮的旁边涂抹相应加深,如图 10-94 所示。按“Ctrl+D”组合键,取消选区,效果如图 10-95 所示。

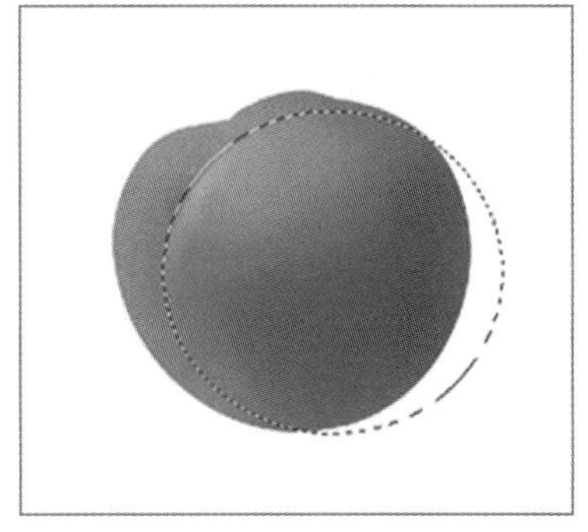
图 10-94 建立选区并减淡、加深

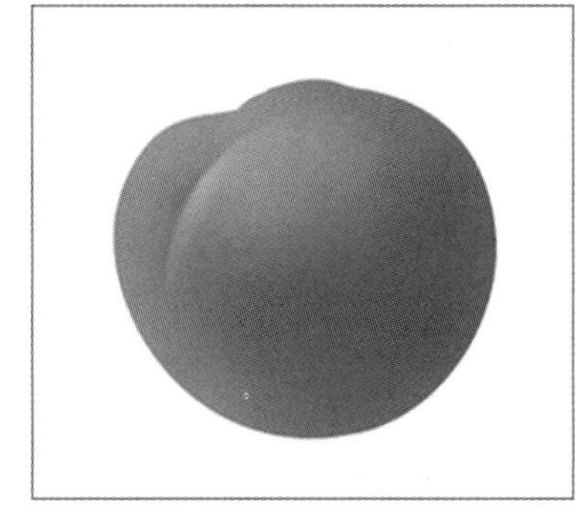
图 10-95 调整后效果

(9)选用“椭圆选框工具”,画一椭圆选区,然后在“路径”控制面板上点按“从选区生成工作路径”按钮,将选区转化为路径,用“直接选择工具”调整路径(注意节点的编辑),所得形状如图 10-96 所示。

(10)在“路径”面板上点按“将路径作为选区载入”按钮,将路径转化为选区,如图 10-97 所示,执行与步骤(8)相同的操作(可适当增添细节描绘,如在暗部用“减淡工具”轻轻涂抹一下,曝光度一定要低,最好为“10%”以下)。按“Ctrl+D”组合键,取消选区,效果如图 10-98 所示。

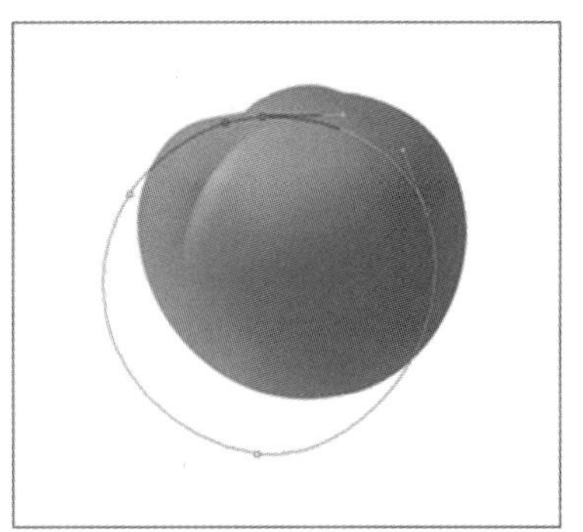
图 10-96 从选区生成工作路径并调整

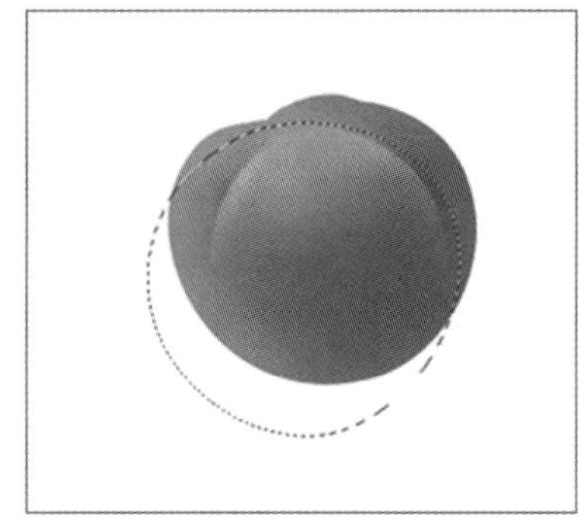
图 10-97 将路径转化为选区

(11)继续用“椭圆选框工具”绘制椭圆选区,如图 10-99 所示,同样用加深、减淡等工具调整暗部与亮部。按“Ctrl+D”组合键,取消选区,效果如图 10-100 所示。

图 10-98 细节调整效果

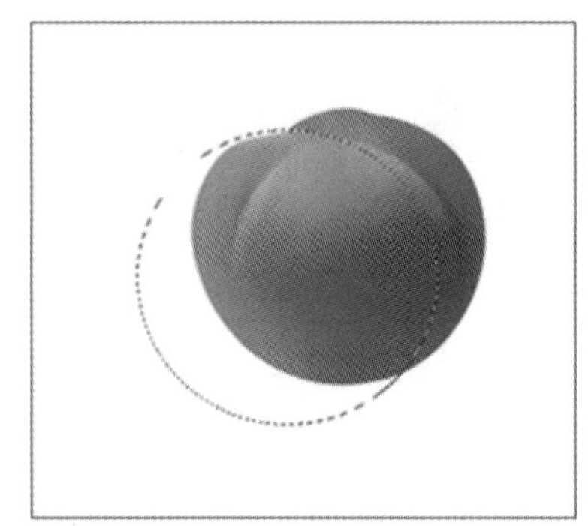
图 10-99 建立选区

(12)点按“图层”面板右下方的“创建新图层”按钮，新建图层，在画面上用“钢笔工具”描绘一形状并转化为选区，设置前景色为深绿色(C=77%，M=45%，Y=100%，K=48%)，按“Alt+Delete”组合键为选区填色，如图10-101所示。

图10-100　暗部与亮部的调整效果

图10-101　填色

(13)使用“缩放工具”或按“Ctrl++”键适当放大画面，选用加深、减淡等工具进行暗部与亮部的调整后，用“钢笔工具”描绘一形状并转化为选区，如图10-102所示。

(14)设置前景色为深绿色(C=77%，M=45%，Y=100%，K=48%)，按“Alt+Delete”组合键为选区填色后用加深、减淡等工具进行暗部与亮部的调整，设置前景色为白色，在最亮的地方用画笔喷绘几次效果会更好，如图10-103所示。

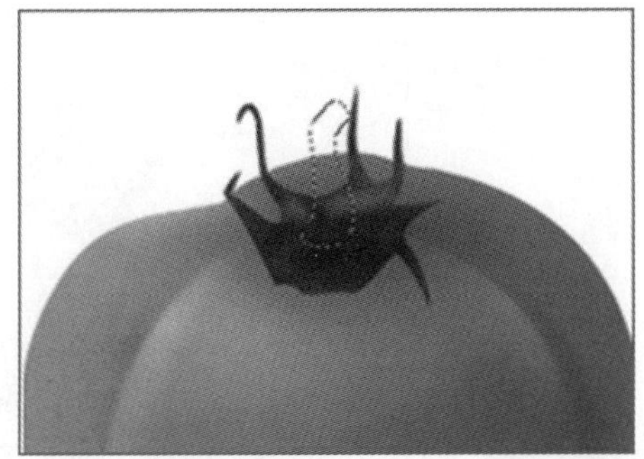

图10-102　建立选区

图10-103　填色

(15)新建图层，用“钢笔工具”描绘一形状并转化为选区，设置前景色为暗红色(C=23%，M=96%，Y=100%，K=16%)，按“Alt+Delete”组合键为选区填色，如图10-104所示。

(16)选用“橡皮擦工具”，工具选项栏设置如图10-105所示(在擦除过程中根据需要应相应调整其“不透明度”和“流量”的参数设置，一般是先参数大后参数小)，用“橡皮擦工具”涂擦刚填色的形体，使其具有从实到虚的变化过程；点按“背景”图层的眼睛按钮隐藏“背景”层，然后点按“图层”控制面板右上角的三角形按钮，在弹出菜单中选中“合并可见图层”命令，合并除背景层以外的所有图层。当前效果如图10-106所示。

图10-104　填色

图10-105　“橡皮擦工具”选项栏设置

图 10-106　细节调整后效果

图 10-107　亮部调整效果

(17)在西红柿的上面为亮部建立选区,设置前景色为白色,用"画笔工具"(设置其"不透明度"参数为"10%"左右,笔尖形状选用"柔角",笔刷大小为"80"像素左右,点按"启用喷枪模式"按钮)喷绘,效果如图10-107所示。

(18)点按并拖动"图层1"到"图层"控制面板的"创建新图层"按钮上,复制"图层1",得"图层1拷贝",适当调整位置,如图10-108所示。

(19)选择"编辑"→"变换"→"垂直翻转"命令将刚复制的西红柿翻转,再按"Ctrl+T"键进行缩放(主要是将高度降低),如图10-109所示。

图 10-108　复制图层并调整

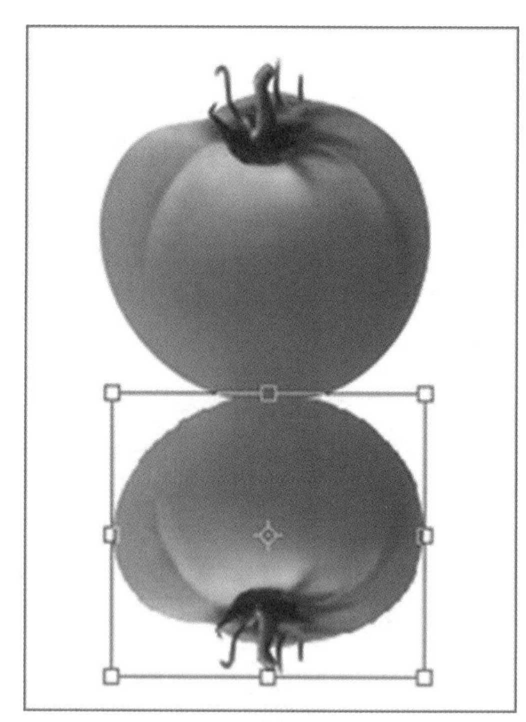

图 10-109　垂直翻转并缩放

(20)按 Enter 键确定前面调整后,在"图层"面板上点按"添加图层蒙版"按钮,选择工具箱中的"渐变工具",在"渐变工具"的选项栏中单击渐变设置按钮,在弹出对话框中选择"前景色到背景色渐变"(前景色为黑色,背景色为白色),从上到下拉出渐变色,制作倒影效果,如图10-110所示。

(21)进行整体调整,完成效果如图10-111所示。

图 10-110 渐变倒影效果

图 10-111 完成效果

10.7 综合项目实训 7——制作奶茶吧菜单

效果说明

本实训案例介绍奶茶吧菜单的制作。首先利用“矩形工具”绘制矩形，再使用“横排文字工具”输入文字进行说明，然后置入图片素材进行说明，并多次重复此操作进行制作。完成后的效果如图 10-112 所示。

图 10-112 奶茶吧菜单制作效果

制作步骤

（1）按“Ctrl＋N”键新建文件，设置“宽度”为“380 毫米”，“高度”为“285 毫米”，“分辨率”为“300 像素/英寸”，“背景内容”为“白色”，如图 10-113 所示。

（2）按“Ctrl＋R”组合键添加标尺，如图 10-114 所示；选择“视图”菜单→“新建参考线”命令，打开“新建参考线”对话框，在“取向”中选中“垂直”单选项，在“位置”处设置“10 厘米”，如图 10-115 所示。重复此新建垂直参考线操作，“位置”设为“19 厘米”。

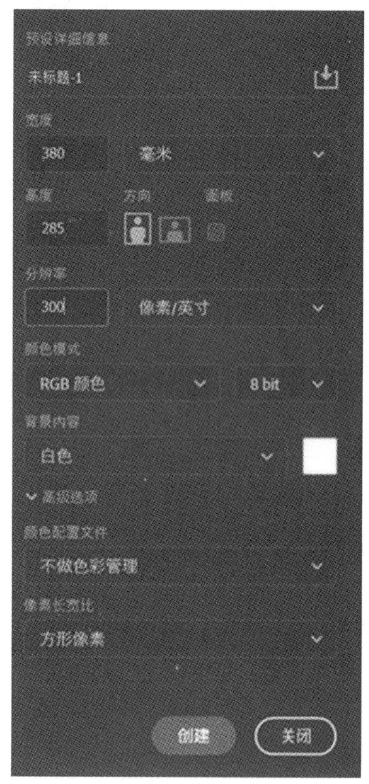

图 10-113　新建文件设置

图 10-114　添加标尺

（3）选择“视图”→“新建参考线”命令，打开“新建参考线”对话框，在“取向”中选中“水平”单选项，分别将“位置”设置为“1 厘米”“3.5 厘米”“5.5 厘米”“24 厘米”“25.5 厘米”“26.3 厘米”“27 厘米”，如图 10-116 所示。

（4）选择“矩形工具”，在工具选项栏中将工具模式设置为“形状图层”，填充颜色 R、G、B 的值分别为 30、25、20，“描边”设置为无颜色，然后在工作窗口绘制矩形，如图 10-117 所示。

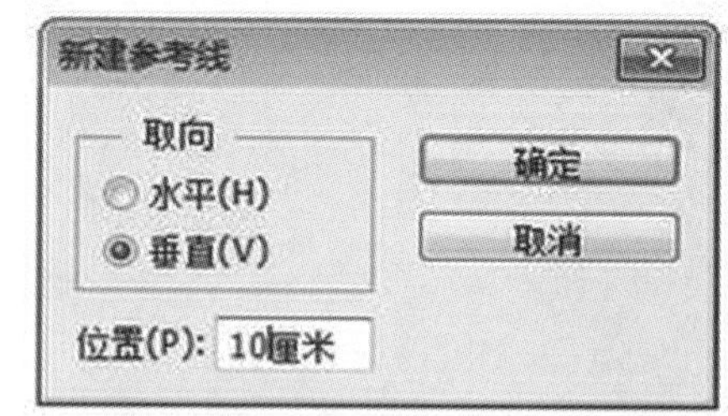

图 10-115　“新建参考线”对话框设置

（5）选择“横排文字工具”，在工具选项栏中将字体设置为“创艺简老宋”，字体大小设置为“30 点”，字体颜色设置为白色，在工作窗口中分别输入“呀”“吧”，如图 10-118 所示。

（6）选用“横排文字工具”，设置字体大小为“35 点”，其余不变，在场景中输入“奶茶”。

（7）使用“横排文字工具”，将字体设置为“华文行楷”，字体大小为“20 点”，字体颜色设置为白色，在工作窗口中输入“Milky Tea”；再将字体设置为“Complex”，大小设置为“30 点”，字体颜色设置为白色，在场景中输入“Y”，如图 10-119 所示。

图 10-116　添加参考线

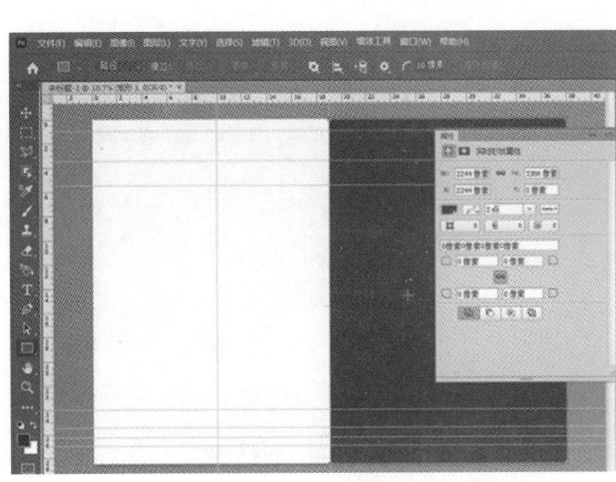

图 10-117　绘制矩形

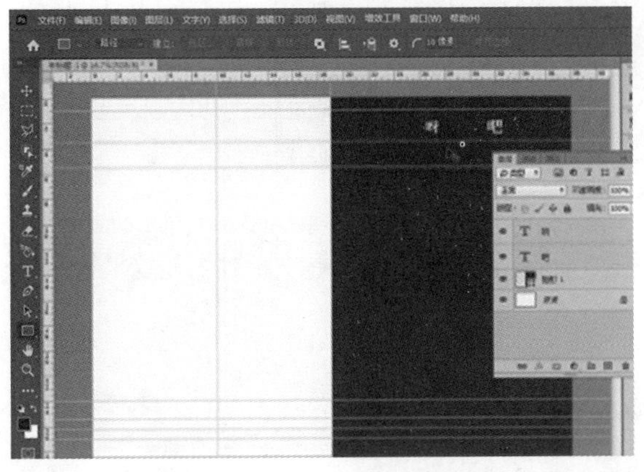

图 10-118　输入文字“呀”“吧”

图 10-119　输入文字

(8)在“图层”面板中，单击“创建新组”按钮，并将刚制作的文字图层拖曳到新建组中，双击新建组名称将其重命名为“呀奶茶吧”，如图 10-120 所示。

(9)选用“横排文字工具”，在工具选项栏中将字体设置为“方正书宋简体”，大小设置为“36 点”，字体颜色设置为白色，输入“Bubble Tea”，如图 10-121 所示。

图 10-120　创建组

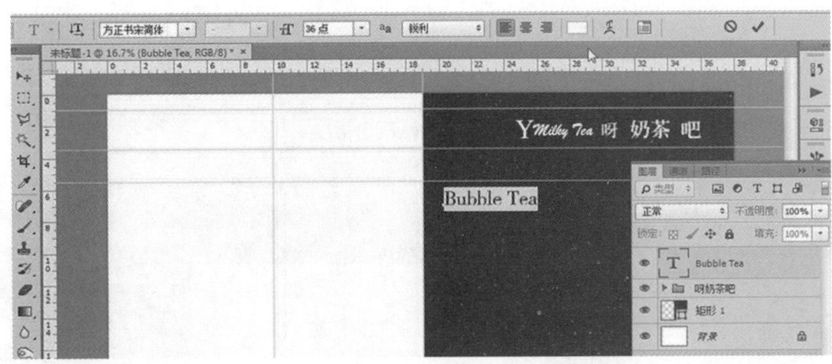

图 10-121　输入文字

(10)使用“横排文字工具”，字体设置为“方正粗倩简体”，大小设置为“24 点”，字体颜色设置为黄色(R=255,G=255,B=0)，输入文字“珍珠奶茶”，如图 10-122 所示。

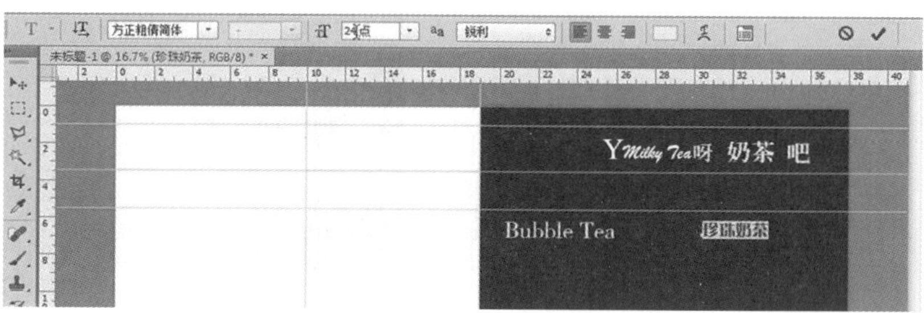

图 10-122　输入文字“珍珠奶茶”

(11)选择“文件”→“打开”命令，打开素材文件图像，将图像拖至场景中，并按“Ctrl+T”组合键，将素材调整到适当大小和位置，如图 10-123 所示。

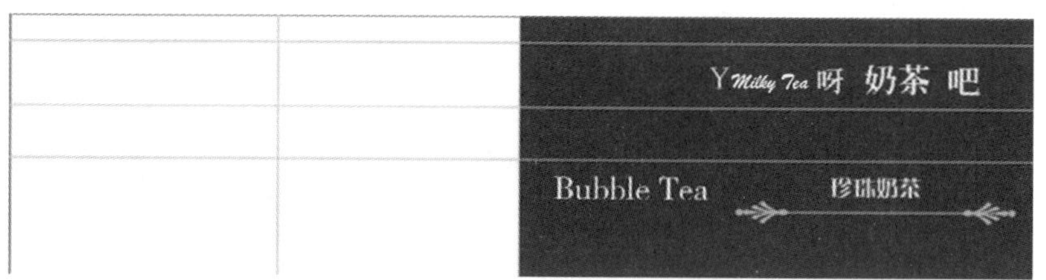

图 10-123　置入素材并调整

(12)选择“横排文字工具”，字体设置为“黑体”，大小设置为“14 点”，字体颜色设置为白色，输入“桂花奶茶”，如图 10-124 所示。

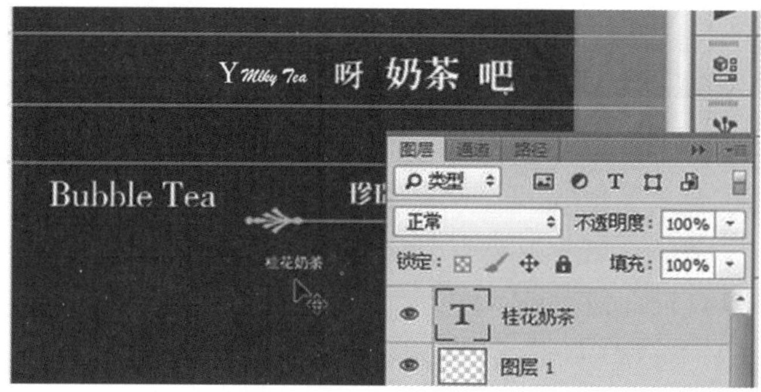

图 10-124　输入文字

(13)选用“横排文字工具”，字体设置为“方正仿宋简体”，大小设置为“14 点”，字体颜色设置为黄色(R=255,G=255,B=0)，输入“18”，如图 10-125 所示。

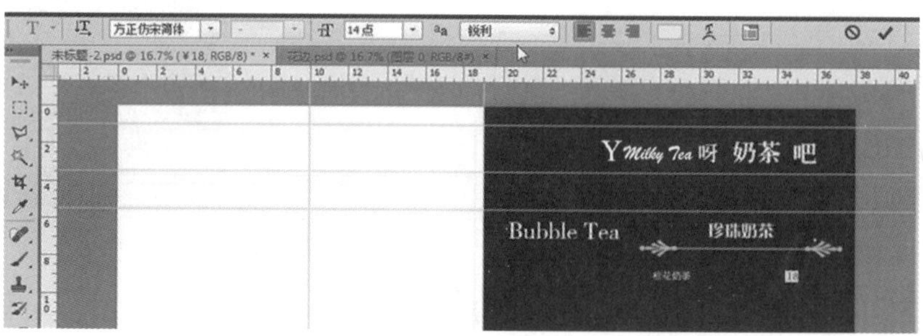

图 10-125　输入文字

(14)使用“横排文字工具”，字体设置为“黑体”，大小设置为“14 点”，字体颜色设置为白色，输入文字“元/杯”，如图 10-126 所示。

(15)使用“横排文字工具”,字体设置为“方正书宋简体”,大小设置为“10 点”,字体颜色设置为黄色(R=244,G=214,B=32),输入文字,如图 10-127 所示。

图 10-126 输入文字

图 10-127 输入文字

(16)使用前面介绍的方法输入其他文字,同时,为了方便可以在“图层”面板中创建组,效果如图 10-128 所示。

(17)选择“文件”→“打开”命令,打开素材文件图像,将图像拖至文件中,并按“Ctrl+T”组合键将素材调整到适当大小和位置,如图 10-129 所示。

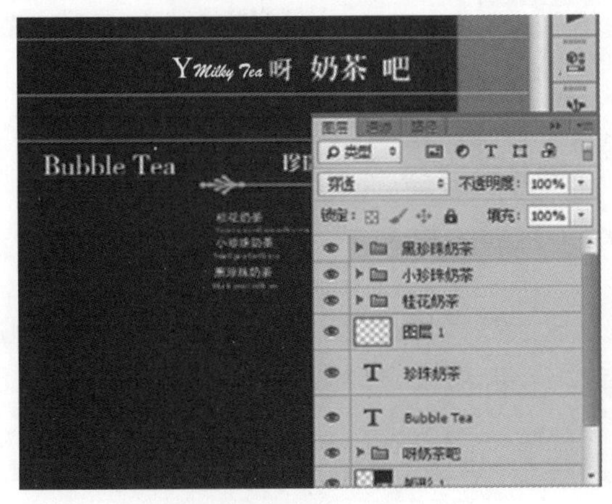

图 10-128 创建组

图 10-129 置入素材

(18)选择“矩形工具”,在场景中绘制三个矩形,其自上而下的颜色 R、G、B 值分别为“248、233、166”“43、41、79”“255、255、255”,如图 10-130 所示。

(19)选择“横排文字工具”,字体设置为“黑体”,大小设置为“15 点”,字体颜色设置为白色,输入文字,如图 10-131 所示。

图 10-130　绘制矩形

图 10-131　输入文字

(20)在“图层”面板中新建组，并重命名为“珍珠奶茶”，然后将“黑珍珠奶茶”组、“小珍珠奶茶”组及“桂花奶茶”组放置在“珍珠奶茶”组中，如图 10-132 所示。

(21)选择“矩形工具”，在工具选项栏中将工具模式设置为“形状图层”，填充色为深色(R＝33，G＝23，B＝17)，绘制矩形，如图 10-133 所示。

图 10-132　添加组

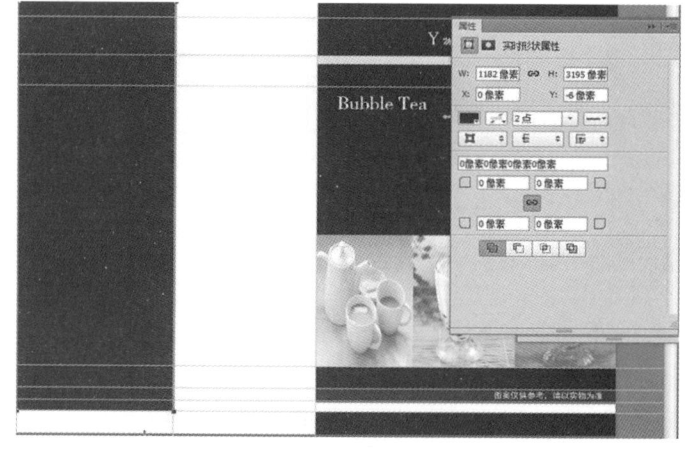

图 10-133　绘制深色矩形

(22)选用“矩形工具”，将填充颜色设置为浅黄色(R＝252，G＝246，B＝225)，在场景中进行绘制，如图 10-134 所示。

(23)在“图层”面板中，将“珍珠奶茶”组进行复制，并将复制得到的组重新命名为“水果奶茶”。对内容进行重新制作，如图 10-135 所示。

(24)选择“文件”→“打开”命令，打开素材文件图像，将图像拖入文件中，并按“Ctrl＋T”组合键将素材调整到适当大小和位置，如图 10-136 所示。在“图层”面板中，确认“图层 5”处于选中状态，将其混合模式设置为“线性加深”。

(25)选择“矩形工具”，在场景中绘制一个矩形；选择“矩形工具”，其填充色设置为暗黄色(R＝189，G＝171，B＝8)，绘制一矩形，如图 10-137 所示。

(26)选择“文件”→“打开”命令，打开素材文件图像，将图像拖至场景中，并按“Ctrl＋T”组合键将素材调整到适当大小和位置，如图 10-138 所示。

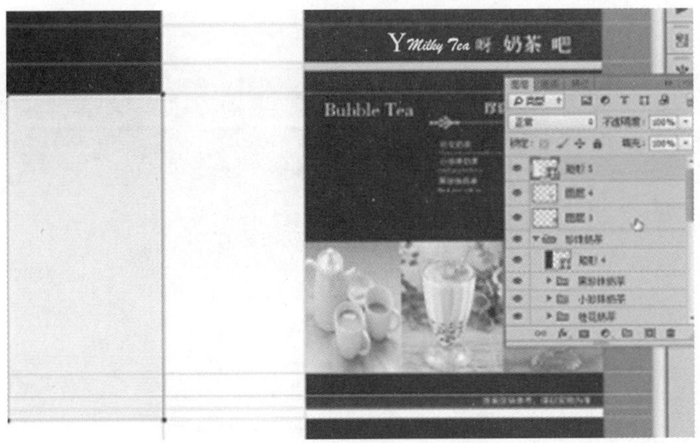

图 10-134　绘制浅黄色矩形

图 10-135　制作“水果奶茶”内容

图 10-136　置入素材

图 10-137　绘制矩形

图 10-138　置入素材

图 10-139　添加蒙版效果

(27)在“图层”面板中选择“图层 6”并为其添加蒙版；选择“渐变工具”，在工具选项栏中选择由黑到白渐变，并在文件中由下到上拖动鼠标，效果如图 10-139 所示。

(28)使用“横排文字工具”，输入文字，如图 10-140 所示。

(29)选择“矩形工具”，在文件界面中绘制矩形，如图 10-141 所示。

图 10-140　输入文字

图 10-141　绘制矩形

(30)在“图层”面板中,将图层组“呀奶茶吧”复制,得到“呀奶茶吧 拷贝”,并移动适当的位置,如图 10-142 所示。

图 10-142　复制图层组并调整

10.8
综合项目实训 8——包装效果图

效果说明

本实训案例练习绘制的是袋式包装,它的效果图制作相对而言比较简单,大致形状为矩形;但它的变化不但受到包装材料折叠关系的影响,而且随机性大,在表现效果图时,一定要耐心、仔细地去表现其细节,同时也要注意整体效果的把握。制作出的袋式包装效果图如图 10-143 所示。

图 10-143　包装效果图

制作步骤

(1)按“Ctrl+N”新建文件,弹出对话框中设置如图 10-144 所示,点按“创建”后创建新文件。

(2)设置前景色为深色(C=93%,M=87%,Y=50%,K=67%),背景色为浅蓝色(C=39%,M=0,Y=8%,K=0);选择“渐变工具”,点击“渐变工具”的选项栏中渐变设置按钮,在弹出对话框中选择“前景色到背景色渐变”,如图10-145所示;然后在文件中从左下角往右上角拉出渐变色,效果如图10-146所示。

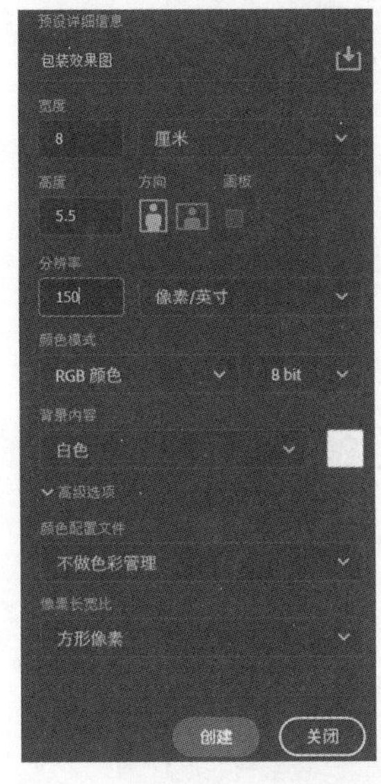

图 10-144 新建文件设置

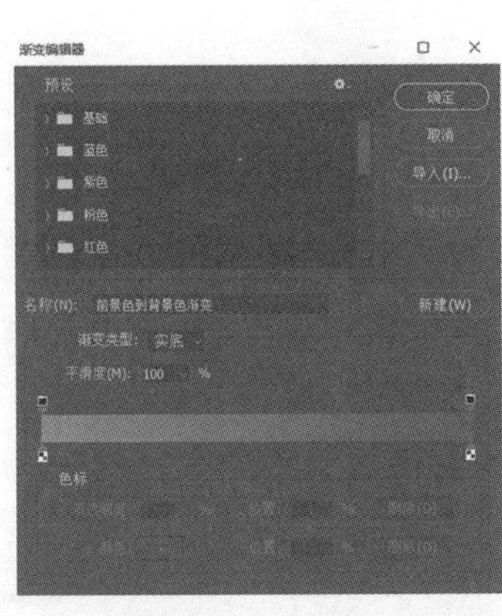

图 10-145 渐变设置

图 10-146 渐变效果

(3)选用“钢笔工具”描绘一包装形状路径,并用“直接选择工具”调整弧度(注意节点的编辑),如图10-147所示。

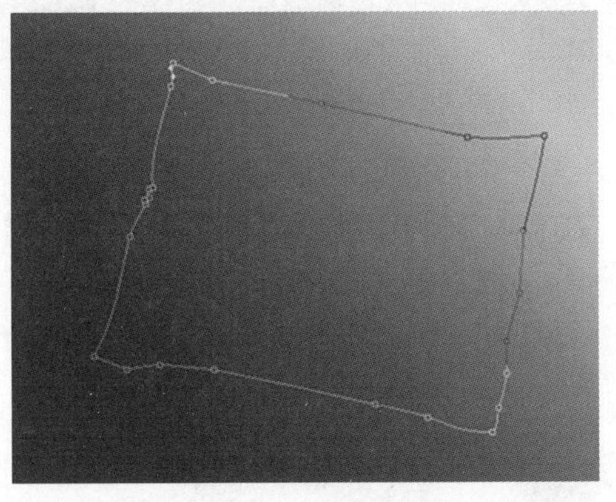

图 10-147 绘制路径

图 10-148 填充白色

(4)点按“图层”面板右下方的新建图层按钮,新建图层名为“图层1”;在“路径”面板上点按“将路径作为选区载入”按钮,将路径转化为选区;设置前景色为白色,按“Alt+Delete”键填色,如图10-148所示。

(5)新建“图层2”,用“钢笔工具”描绘形状,并用“直接选择工具”调整弧度(注意节点的编辑),然后将路径转化为选区,设置前景色为黄绿色(C=17%,M=0,Y=99%,K=0),按“Alt+Delete”键填色,效果如图10-149所示。

(6)新建“图层3”,用“钢笔工具”描绘形状,并用“直接选择工具”调整弧度(注意节点的编辑),然后将路径转化为选区,设置前景色为绿色(C=48%,M=0,Y=99%,K=0),按“Alt+Delete”键填色,效果如图10-150所示。

(7)新建“图层4”,用“钢笔工具”描绘形状,并转化为选区,设置前景色为墨绿色(C=93%,M=32%,Y

=100%,K=22%),按“Alt+Delete”键填色,如图 10-151 所示。

(8)点按“背景”图层的眼睛按钮隐藏“背景”层,然后点按“图层”面板右上角的三角形,在弹出菜单中选中“合并可见图层”命令,合并“背景”层以外的所有图层,如图 10-152 所示。

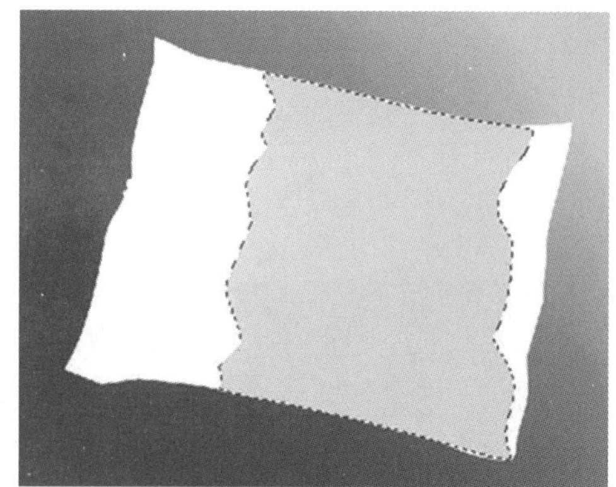

图 10-149 填充黄绿色

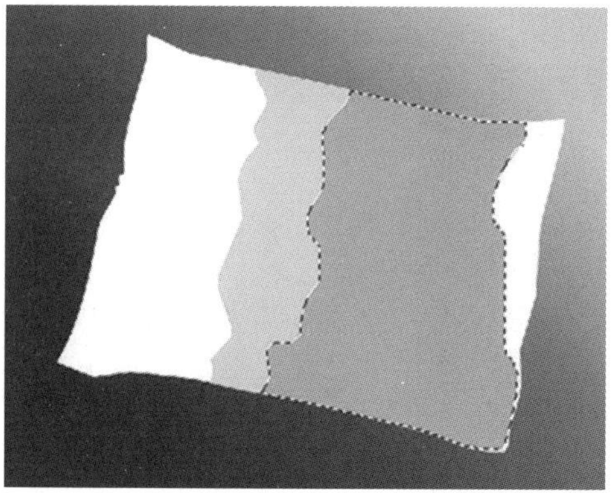

图 10-150 填充绿色

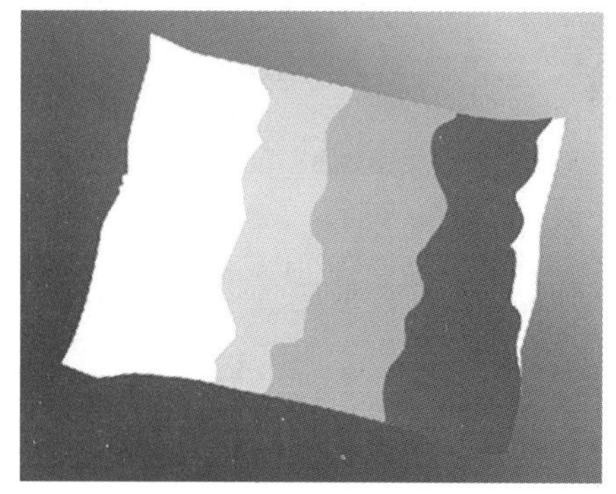

图 10-151 填充墨绿色

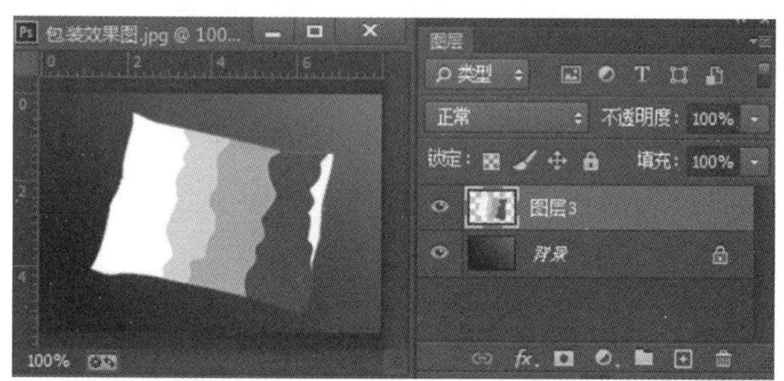

图 10-152 合并可见图层

(9)选用“钢笔工具”描绘形状,并转化为选区,选取“选择”→“修改”→“羽化”命令,在弹出的“羽化选区”对话框中设置选项“羽化半径”为“5 像素”左右;设置前景色为灰色,选择工具箱中的“画笔工具”,画笔“流量”设为“50%”左右(根据需要调整大小),选择适当大小的笔刷(“50”像素左右)进行涂抹,如图 10-153 所示。

(10)选用“钢笔工具”描绘形状,转化为选区后进行羽化,设置前景色为灰色,选择“画笔工具”进行涂抹,在一些地方可用“加深工具”和“减淡工具”调整明暗,效果如图 10-154 所示。

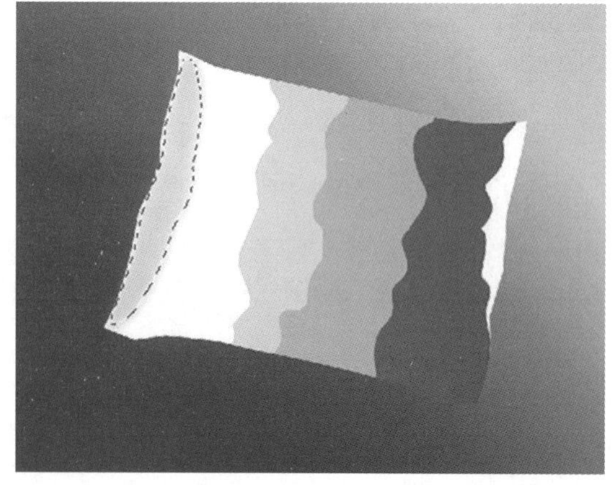

图 10-153 建立选区、羽化并涂抹

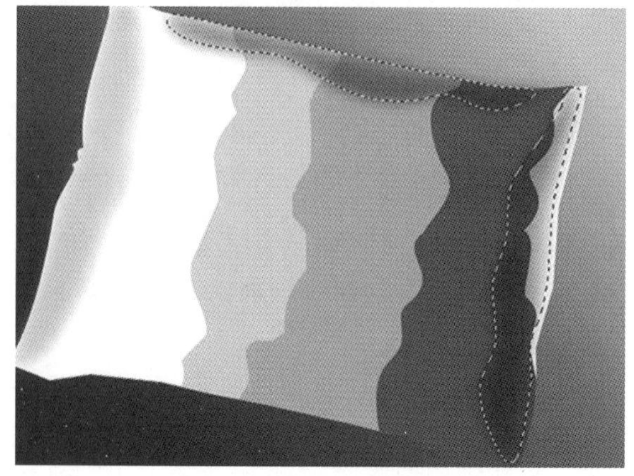

图 10-154 调整明暗效果

(11)用“钢笔工具”描绘形状，转化为选区后进行羽化，设置前景色为灰色，选择“画笔工具”进行涂抹，在一些地方可用“加深工具”和“减淡工具”调整明暗，效果如图 10-155 所示。

(12)按“Ctrl+D”组合键，取消选区，用“加深工具”“海绵工具”“减淡工具”“模糊工具”等根据需要进行调整，效果如图 10-156 所示。

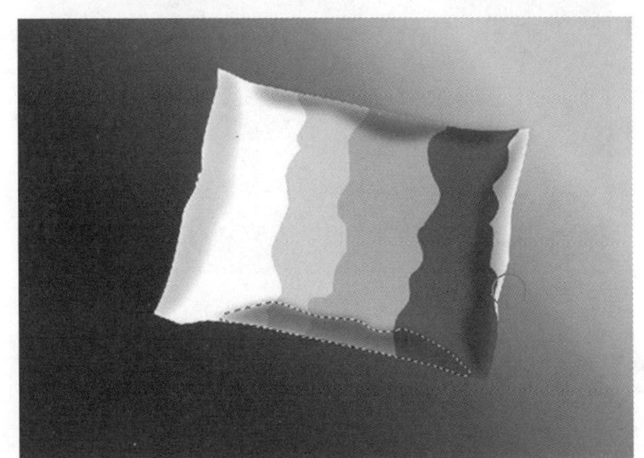

图 10-155 调整明暗

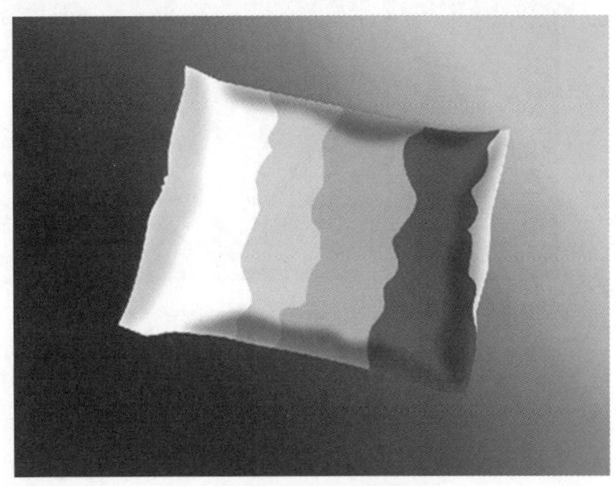

图 10-156 调整效果

(13)打开素材文件图像，如图 10-157 所示。

(14)使用“移动工具”将素材图像中的葡萄拖入刚才操作的包装文件中，适当删减、调整大小、旋转等，并将图层混合模式改为“正片叠底”，效果如图 10-158 所示。

图 10-157 素材图片

图 10-158 拖入素材图片并调整

(15)将前景色设置为白色，选择文字工具输入文字“葡萄”，字体为“广告体”(如果没有安装此字体，可选用“黑体”，然后变形)，根据需要设置文字大小，按住 Ctrl 键同时点击文字层为文字层建立选区。在“图层”控制面板中将文字层拖至“图层”面板最下方的“删除图层”按钮上删除文字，将选区转换为路径并调整好形状。新建“图层 2”，按“Alt+Delete”键填充白色，给文字制作立体效果，然后选择“编辑”→“变换”→“透视”命令对其进行透视变形，效果如图 10-159 所示。

(16)设置前景色为深绿色(C=93%，M=32%，Y=100%，K=22%)，选用“钢笔工具”描绘形状，转化为选区后按“Alt+Delete”键填色，如图 10-160 所示。

图 10-159　添加文字

图 10-160　绘制图形并填色

(17)选择文字工具,字体设置为“黑体”,根据需要设置文字大小,输入文字“最新上市”,并按“Ctrl＋T”键旋转文字,如图 10-161 所示。

(18)点按文字工具选项栏上的“创建文字变形”按钮,在弹出的“变形文字”对话框中进行选项设置,如图 10-162 所示。

图 10-161　输入文字

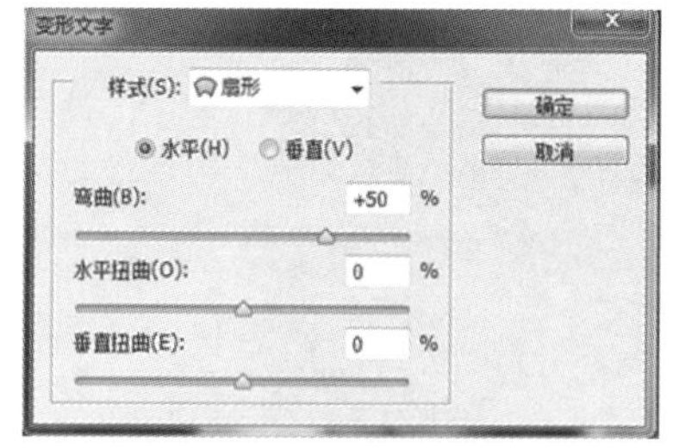

图 10-162　变形文字选项设置

(19)点按“确定”按钮后,所得效果如图 10-163 所示。

图 10-163　完成效果

10.9
综合项目实训 9——UI 界面制作

效果说明

本实训案例将制作图 10-164 所示的 UI 界面。本实训案例中主要用到形状工具以及“钢笔工具”“标尺”“参考线”“色相/饱和度”“可选颜色”“色彩平衡”“对齐”等命令操作完成。

图 10-164 UI 界面制作效果

制作步骤

1. 软件设置

（1）修改软件设置。在制作 UI 界面前，要对软件进行相应的设置：勾选“视图”菜单下的“标尺”“对齐”选项；执行“视图”→“显示”，勾选“网格”和“智能参考线”，如图 10-165 所示；在“对齐到”选项下，勾选“参考线”，如图 10-166 所示。这些设置能够在操作对齐、居中等 UI 界面制作常用命令时自动提供像素级别的对齐和贴边，提高工作效率。

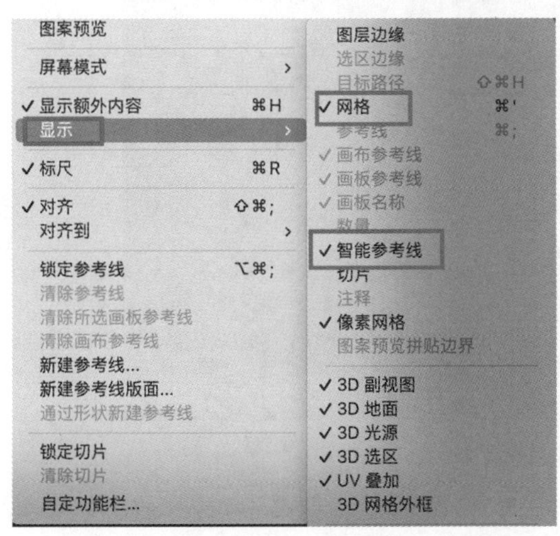

图 10-165 显示设置

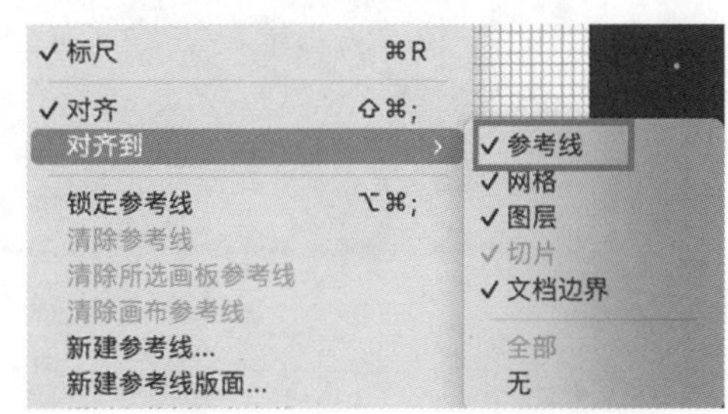

图 10-166 对齐设置

(2)更改软件的“首选项”设置。执行“编辑”→“首选项”→“常规”，在弹出的界面中，选择“单位与标尺”，设置标尺单位为“像素”，文字单位为“点”，如图 10-167 所示。在 UI 界面设计中，所有的元素都是以像素为单位的，“首选项”的设置会使软件在操作时所有的默认单位都是像素，避免出现尺寸问题。

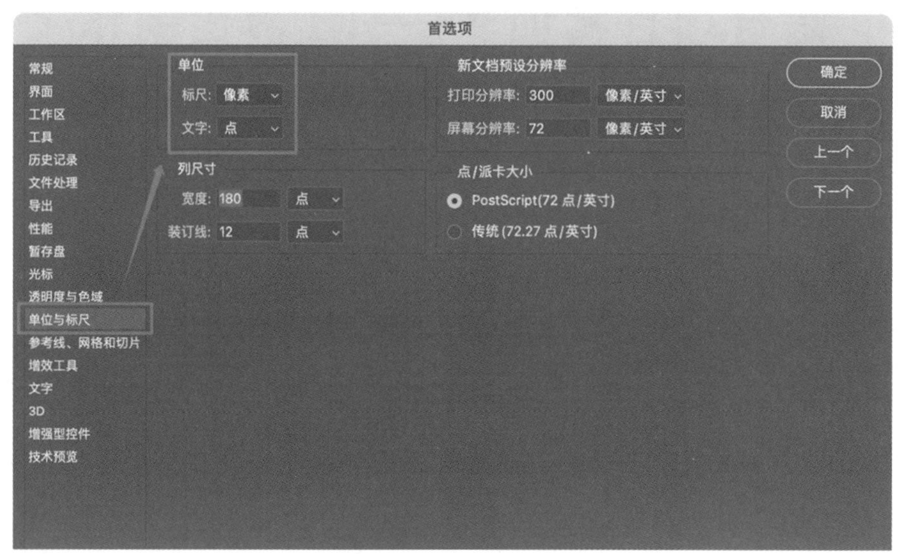

图 10-167 “首选项”设置

2. 版面和参考线设置

在正式制作前，我们需要整体规划 UI 界面的尺寸和版面，以使界面的整体效果统一。

(1)按“Ctrl+N”组合键新建一个文件，弹出的对话框中设置如图 10-168 所示，单击“创建”按钮，创建新文件。此处以 iPhone 设备为例。常规使用的 UI 界面尺寸为 750 像素×1334 像素，如果有特定的界面尺寸需求，按照需求修改尺寸即可。

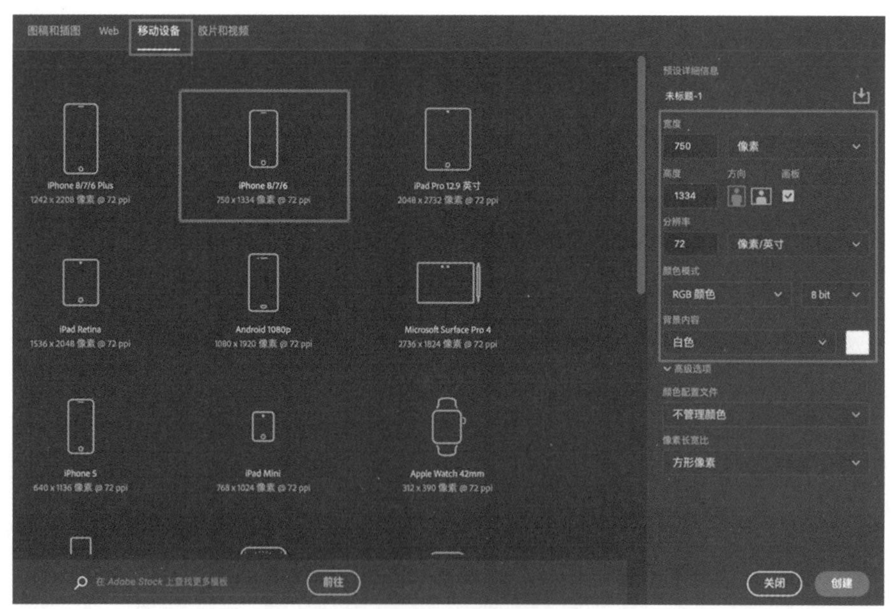

图 10-168 新建文件设置

(2)创建后会生成画板，在工具栏中选择“画板工具”，继续在旁边绘制一个 750 像素×1334 像素的文件，点击画板旁的“+”号，生成尺寸相同的画板，如图 10-169 所示。在“图层”面板上可以修改画板的名称。

图 10-169 画板复制

温馨提示：用 Photoshop 制作 UI 界面的时候，使用这种办法，可以在同一个文件中预览所有页面，便于查看整体效果；也可以在不同页面中方便地使用重复元素，提高工作效率。

3. 规划参考线

（1）750 像素×1334 像素的 UI 界面，对应的状态栏、导航栏和底部标签的尺寸标准与界面分区如表 10-1 和图 10-170 所示。

表 10-1 不同 UI 界面对应的尺寸标准

iPhone 型号	画板尺寸/（像素×像素）	分辨率/（像素/英寸）	状态栏高度/像素	导航栏高度/像素	标签栏高度/像素
iPhone XS Max	1242×2688	458	132	132	147
iPhone X/XS	1125×2436	458	132	132	147
iPhone XR	828×1792	326	88	88	98
iPhone 6/6S Plus、iPhone 7 Plus、iPhone 8 Plus	1242×2208	401	60	132	147
iPhone 6/6S、iPhone 7	750×1334	326	40	88	98
iPhone 5/5C/5S	640×1136	326	40	88	98
iPhone 4/4S	640×960	326	40	88	98

温馨提示：不同的 UI 界面有不同的尺寸和对应规范，应确定相应的规范才能开始制作。

（2）根据尺寸标准在水平方向上新建三条参考线，从上到下“位置”数值分别为 40 像素、128 像素、1236 像素；垂直方向新建四条参考线，从左到右“位置”数值分别为 16 像素、30 像素、720 像素、736 像素。效果如图 10-171 所示。在菜单栏中选择“视图”→“新建参考线”，在弹出面板上选择方向并填写“位置”数值即可创建参考线，如图 10-172 所示。

温馨提示：也可以在菜单栏中选择“视图”→“新建参考线版面”，取消勾选“列”“行数”，设置相应的“边距”，一次可以新建四条参考线，如图 10-173 所示。使用快捷键“Ctrl＋H”可以显示/隐藏参考线。

图 10-170　界面分区

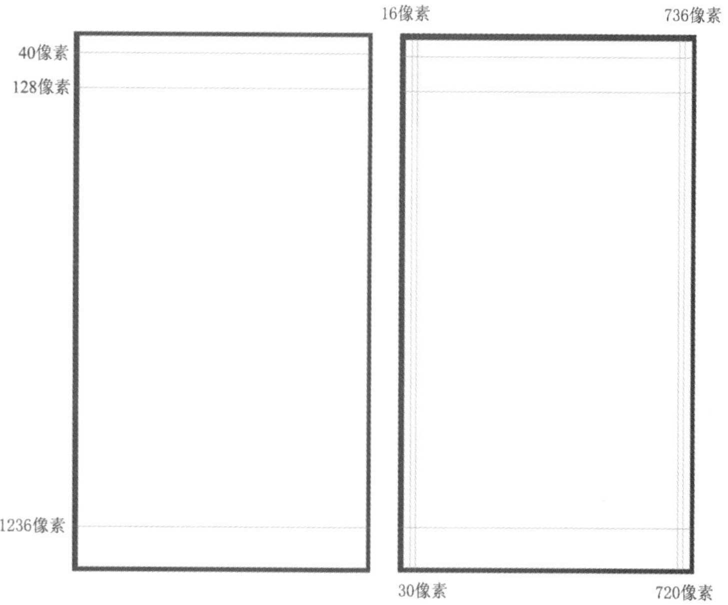

图 10-171　参考线设置

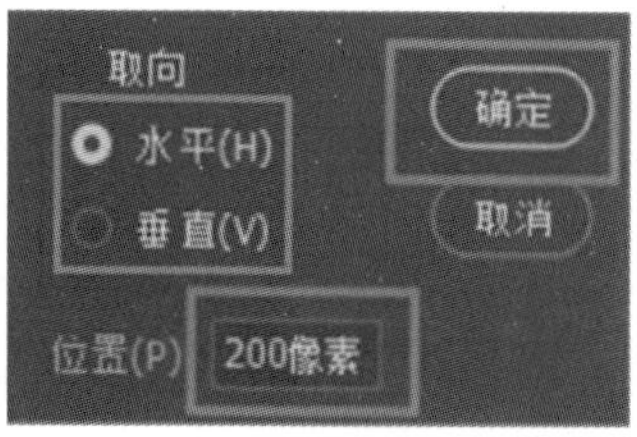

取向
水平(H)
垂直(V)
确定
取消
位置(P) 200像素

图 10-172　新建参考线设置面板

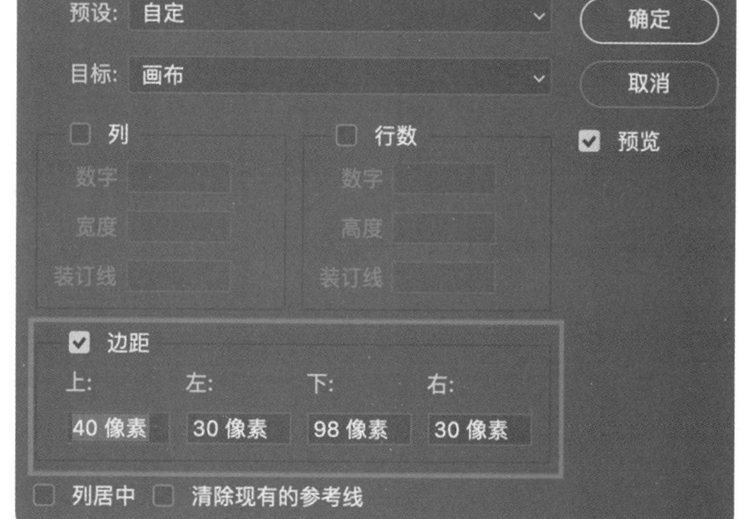

图 10-173　新建参考线版面

(3)垂直方向的参考线是为了限定元素左右的边距，界面中的所有元素，居左、居右都必须对齐这两条参考线。根据内容的需要，可以设定边距为 20～30 像素不等，本案例中使用了 30 像素的边距。状态栏的图标和文字属于系统固定的组件，不受该参考线的限制，在实际操作中有固定的模板，不需要进行设置。本案例中为方便预览效果设置左右留白宽度为 16 像素。

画面的主色调以及字体、字号、字体颜色等规范如图 10-174、图 10-175 所示，界面中用到的主色调和文字都以此为准。

图 10-174 主色调

图 10-175 字体规范

4."首页"绘制

UI 界面的制作一般从首页开始，因为首页是所有 App 页面中最重要的，字体、字号、图标、色彩等规范也都是在首页上展示得最为全面，首页的布局可以作为其他页面的参考。

(1)绘制一个 750 像素×40 像素的矩形，与画板居中顶对齐，把状态栏中的时间、信号、电量等图标放在相应的位置，所有元素与矩形水平居中，左右两边分别留出 16 像素的边距，如图 10-176 所示。对齐后该矩形可以删掉，锁定状态栏的图标，在后续制作中无须移动它们的位置。再绘制一个 750 像素×128 像素的矩形，设置渐变叠加填充，颜色从 # fa8f40 到 # fc5c65，参数如图 10-177 所示；"投影"参数如图 10-178 所示。

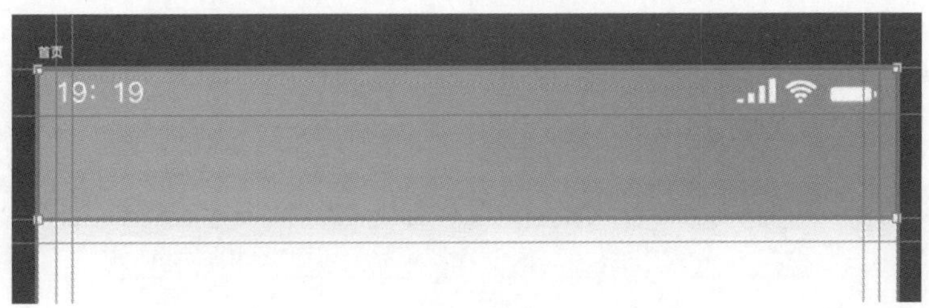

图 10-176 状态栏和导航栏的效果

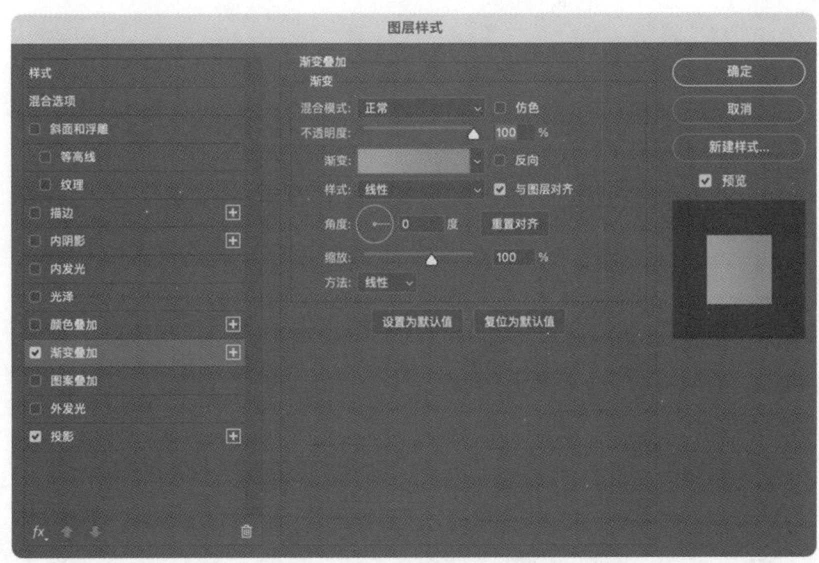

图 10-177 "渐变叠加"参数

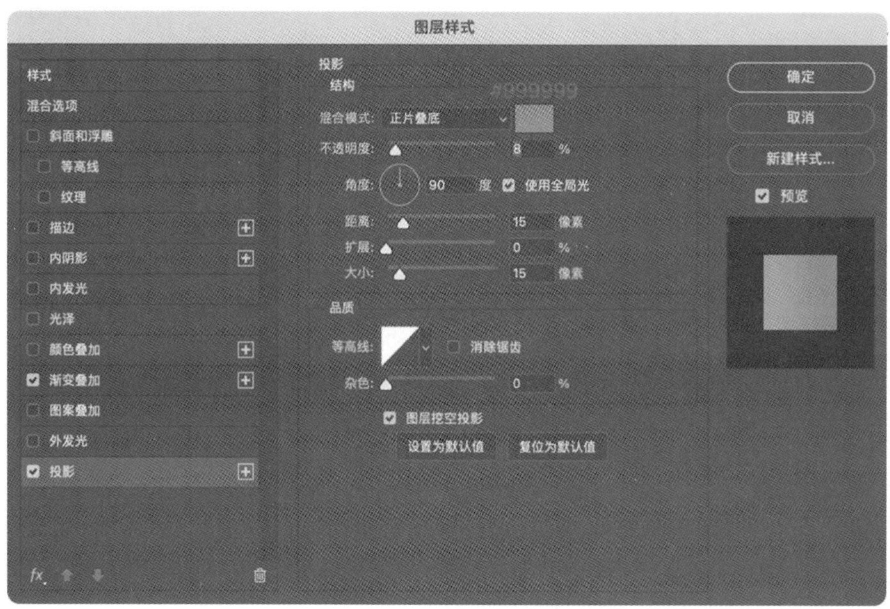

图 10-178 “投影”参数

(2)将“语音搜索”“扫一扫”功能图标分别对齐距左、右边 30 像素的参考线，图标高度大小选择 44 像素，如图 10-179 所示。

图 10-179 功能图标对齐并调整高度

(3)绘制 560 像素×56 像素的圆角矩形，使左右两端呈现半圆形，填充白色(#ffffff)，“不透明度”设置为“30%”，与“语音搜索”“扫一扫”功能图标一样水平居中，如图 10-180 所示。

图 10-180 圆角矩形水平居中

(4)将放大镜图标和文字放置在圆角矩形内部，填充白色，图标高度大小设为 36 像素，字号设为 32 点，“不透明度”均为“50%”，完成导航栏的制作，如图 10-181 所示。

图 10-181 导航栏制作完成

(5)新建水平方向位置为 148 像素的参考线,绘制一个 690 像素×300 像素的圆角矩形,圆角半径设为 30 像素,在页面上水平居中,和上面的图形有 20 像素的间距。打开素材图片,并将其拖入文件中,执行"创建剪贴蒙版"命令,隐藏超出圆角矩形的部分,效果如图 10-182 所示。

图 10-182 创建剪贴蒙版效果

(6)绘制一个 690 像素×200 像素的圆角矩形,圆角半径设为 30 像素,在页面上水平居中,填充白色,和上面的图形有 40 像素的间距,如图 10-183 所示。为该圆角矩形添加"投影"图层样式,参数设置如图 10-184 所示。

图 10-183 绘制圆角矩形

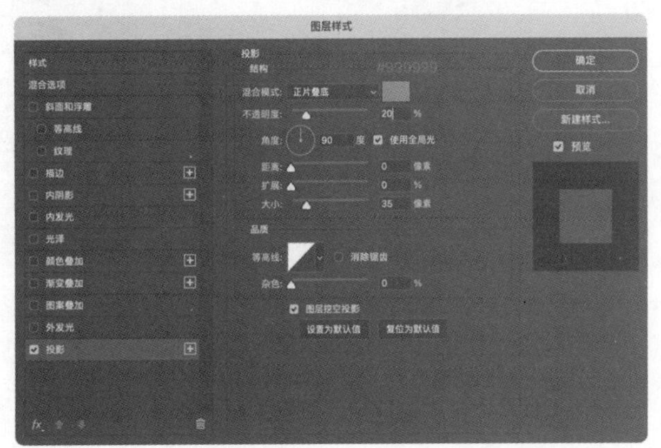

图 10-184 "投影"设置

(7)将"绘画""作品""背包""排行""更多"五个图标添加到文件中,图标大小为 96 像素×96 像素,文字字号为 24 点,颜色为#666666;文字和对应的图标居中对齐,间隔 8 像素,左右两侧图标距离圆角矩形边缘 24 像素。五个图标和对应文字整体水平居中分布,即图标和文字作为一个整体,在第(6)步绘制的圆角矩形上水平居中,效果如图 10-185 所示。

图 10-185 添加图标和文字

图 10-186 创建剪贴蒙版效果

(8)新建一个 240 像素×425 像素的圆角矩形,圆角半径设为 30 像素,与页面左边线相距 30 像素,和上面图形的间距为 40 像素。打开素材图像,并将其拖入文件中,执行"创建剪贴蒙版"命令,隐藏超出圆角矩形的部分,效果如图 10-186 所示。

(9)用同样的方法绘制四个 200 像素×200 像素的圆角正方形,圆角半径均为 30 像素,打开素材图像,并将其拖入文件中。将四个圆角正方形和上一步绘制的圆角矩形作为一组,这五个图形内部的间距均为 25 像素,如图 10-187 所示,左右与页面全局边距(30 像素)一致,上下分别留出 40 像素的间距,如图 10-188 所示。

图 10-187　五个图形成一组

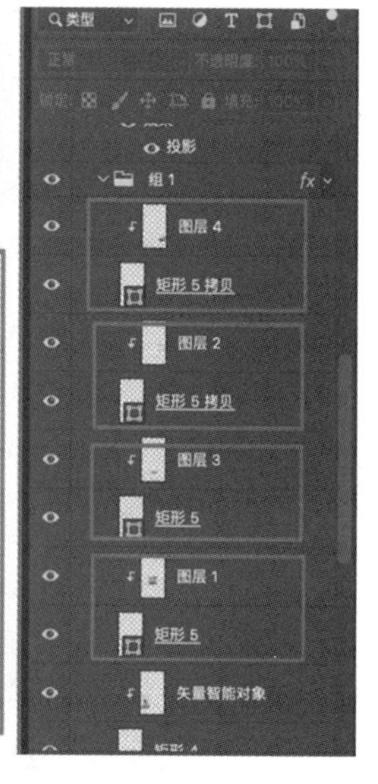

图 10-188　间距数值参考(单位:像素)

(10)UI 界面设计中,首页的版面可以分为几个大组,在组与组之间要统一边距和间距,形成大的视觉段落,如图 10-189 所示,然后在组的内部根据元素的数量和分布方式,确定相应的间距;不同的组内部间距可以不一致。

图 10-189　组间距

(11)制作底部菜单。绘制一个 750 像素×98 像素的矩形,填充白色,将矩形左上和右上两个角设置为圆角,半径为 30 像素,添加“外发光”效果,参数如图 10-190 所示,效果如图 10-191 所示。

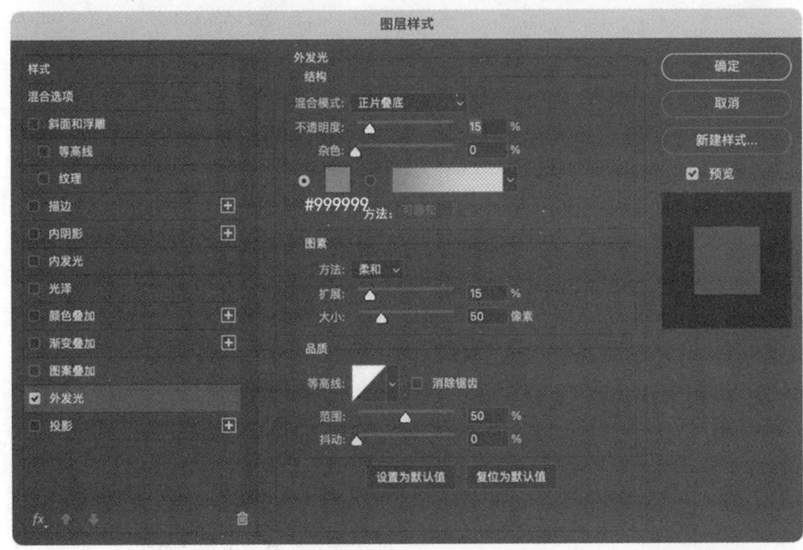

图 10-190　“外发光”设置

图 10-191　外发光效果

(12)绘制一个直径为 92 像素的圆形,添加“渐变叠加”和“投影”效果,参数如图 10-192 和图 10-193 所示,居中放置“+”号图标,效果如图 10-194 所示。

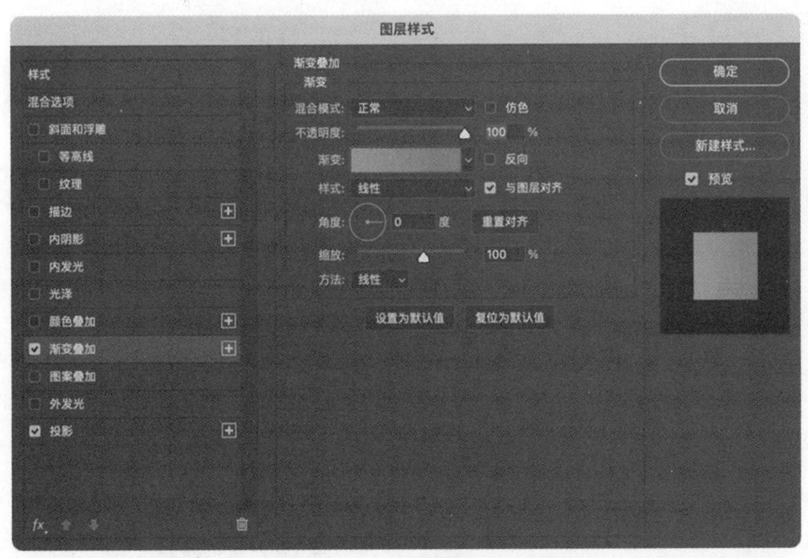

图 10-192　“渐变叠加”参数设置

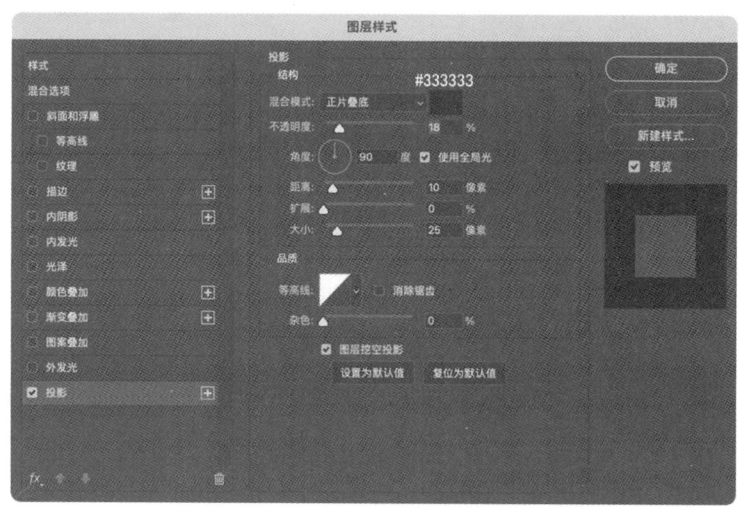

图 10-193 “投影”参数设置

图 10-194 添加图标效果

(13)底部菜单有“首页”“消息”“发现”“我的”四个图标，大小为 44 像素×44 像素，字号为 20 点，颜色为＃999999。文字与图标垂直居中对齐，与页面全局下边间距为 4 像素，整体和底部矩形水平居中对齐，如图 10-195 所示。

图 10-195 添加底部图标与文字效果

(14)底部图标有两种状态，即选中和未选中，给选中的图标和文字添加画面主色调的渐变叠加，使它们有别于其他图标和文字，如图 10-196 所示。

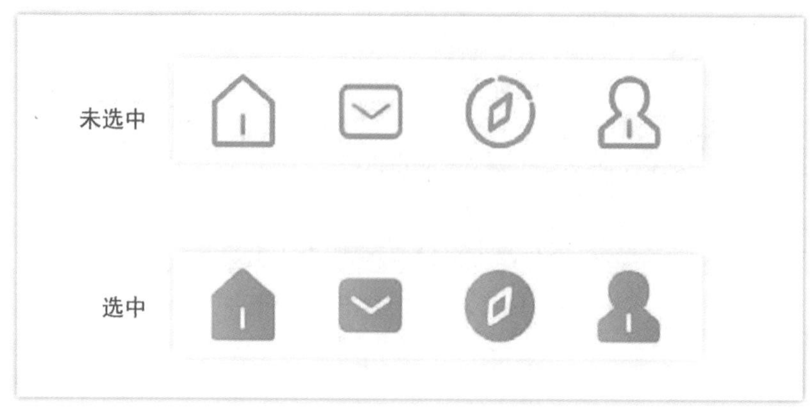

图 10-196 底部图标的选中与未选中显示

“首页”完成后的效果如图 10-197 所示。

5. 登录页面绘制

(1)在画板的右上角使用“钢笔工具”绘制两个路径，上面的图形填充 App 主色调的渐变，下面的图形填充颜色＃ffb96c，添加文字，“HELLO”文字大小为 100 点，颜色为＃333333，下面小字大小为 32 点，颜色为＃999999。效果如图 10-198 所示。

图 10-197　“首页”效果图

图 10-198　添加图形和文字

温馨提示：登录页面是 App 的前置页面，没有状态栏、顶部导航栏等组件，界面设计比较自由，但色彩和风格需要和其他页面保持一致。

(2)绘制用户名和密码的输入框。绘制两个圆角矩形，大小为 480 像素×96 像素，填充白色，添加“投影”效果，将两个图形在页面上居中对齐，放在合适的位置，如图 10-199 所示。

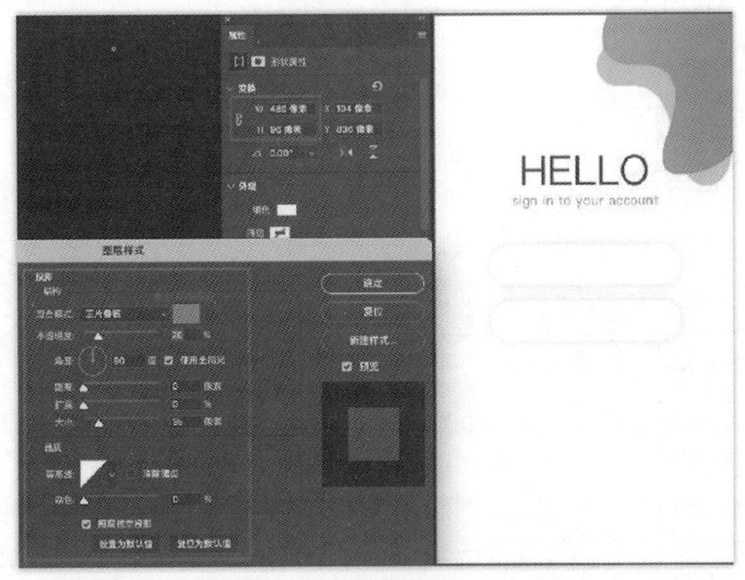

图 10-199　绘制并调整输入框图形

温馨提示：当我们需要两端为半圆的圆角矩形时，只需要将圆角矩形的圆角半径设置得比较大，如 100 像素，软件就会自动匹配一个合适的半圆直径。前提是设置值要超过这个矩形的匹配值。当我们不确定的时候，尽可能设置得大一些。

(3)在圆角矩形框内添加图标和文字。图标大小设为44像素×44像素，颜色为#999999；文字大小为32点，颜色为#999999。此处为提示文字，要将文字"不透明度"调为"50%"。效果如图10-200所示。

图10-200　添加图标和文字

(4)添加其他文字，字号统一为24点，设计为灰色的文字颜色可设为#999999，设计为红色的文字颜色可设为#fc5c65。把文字放置在相应的位置，将底部提示"同意《服务协议》和《隐私政策》"的"不透明度"调整为"50%"，如图10-201所示。

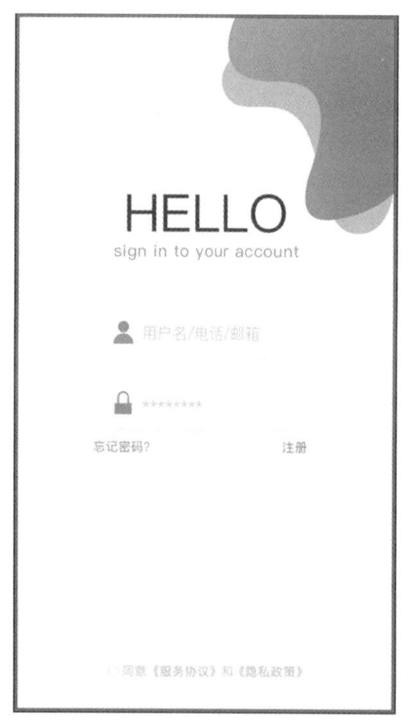

图10-201　添加其他文字

图10-202　"登录"按钮

(5)绘制"登录"按钮。绘制矩形，大小为480像素×88像素，填充主色调渐变，"登录"文字大小为36点，白色，投影的设置和前面的输入框设置相同，效果如图10-202所示。

利用同样的方法制作"发现"和"我的"两个界面。完成了四个UI界面的全部内容后，点选"文件"→"导出为"，在弹出的对话框中选中这四个页面，根据开发团队的需求，在上方"大小"处可以选择以相应倍数进行导出，如图10-203所示，"1x"即为1倍图，"2x"为2倍图，依次类推。

图 10-203 “导出为”设置

10.10
综合项目实训 10——噪点插画绘制

效果说明

本实训案例将制作图 10-204 所示的噪点插画效果。本实训案例中主要用到“钢笔工具”“描边”“创建剪贴蒙版”“画笔工具”以及形状工具、填充、混合模式设置等命令操作。

图 10-204 噪点插画绘制效果

画面分析

我们把案例中的插画拆解为三个组成部分，如图 10-205 所示，即背景＋草地＋主体，三个部分中的每一种事物又可以单独作为一个图层，因此，按顺序分别绘制所需元素，再把它们组合起来即可。

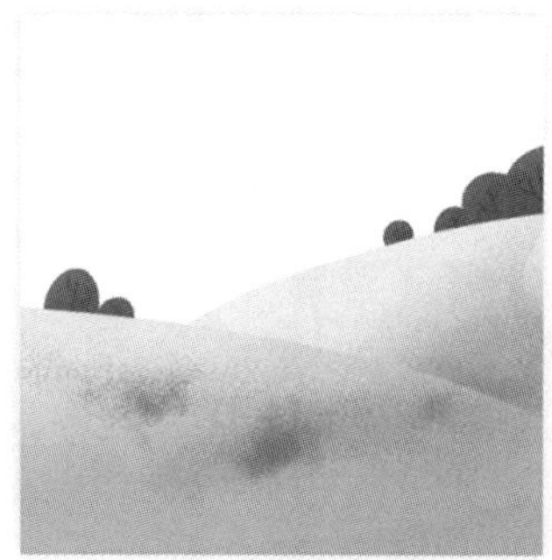

图 10-205　背景＋草地＋主体

噪点插画中的噪点是利用 Photoshop 软件“画笔工具”中自带的“喷枪硬边低密度粒状”画笔，配合数位板，通过“画笔预设”选取器中的参数设置绘制而成，在视觉上可营造出相对丰富的层次感，是目前比较流行的插画风格之一，广泛运用在平面海报、包装、新媒体广告等领域。

制作步骤

(1)按“Ctrl＋N”组合键新建一个文件，弹出的对话框中设置如图 10-206 所示，单击“创建”按钮，创建新文件。

(2)双击“背景”图层，弹出对话框，如图 10-207 所示，设置后其转换成普通图层。默认的背景图层属于 Photoshop 中的特殊图层，永远位于图层的底层，要对其进行编辑，就必须将其转换成普通图层。这一操作是不可逆的，普通图层不能转换成背景图层。

图 10-206　新建文件设置

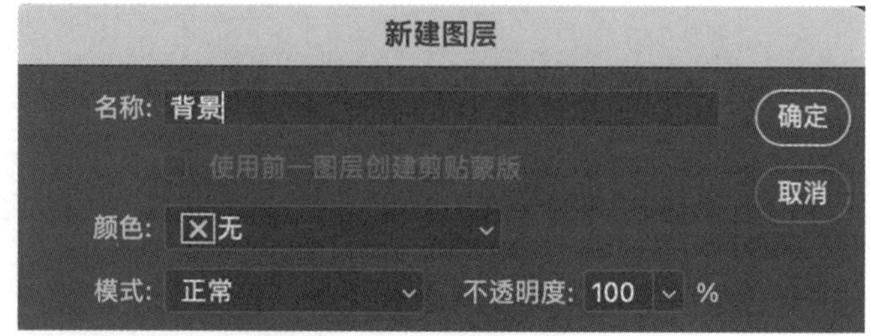

图 10-207　图层转换

(3)使用“渐变工具”，在垂直方向上为背景填充颜色为＃d3f6fb 到＃ffffff 的线性渐变(按住 Shift 键同时拖动鼠标，可以固定为垂直方向)。新建一个图层，使用“钢笔工具”在天空中绘制几缕云彩，填充白色，如图 10-208 所示。在绘制的开始阶段，每一个元素都单独使用一个图层，且不要将形状或者路径栅格化，这样有利于后期的修改调整。

(4)新建一个图层,命名为"太阳",使用形状工具绘制一个圆形,填充颜色为#cf644e。然后新建一个图层,将鼠标放在"太阳"图层的缩览图上,同时按住 Ctrl 键,鼠标下方出现一个虚线方框,此时点击缩览图,就可以载入"太阳"图层的选区。载入选区成功后,在新建的图层上绘制深色和浅色的噪点,此时绘制范围就会被限制在选区内。

将绘制完成的噪点图层"不透明度"修改为"60%",就能在纯色背景上制造出有层次感的肌理。本案例中的噪点都是采用这种方法进行绘制的,具体的参数设置根据物体的形状和大小有所不同。

绘制的太阳如图 10-209 所示。

图 10-208 填色

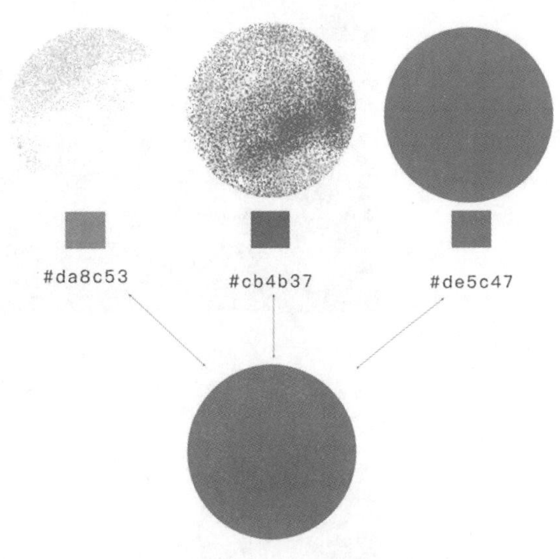

图 10-209 绘制的太阳

温馨提示:如果不载入选区,直接在新建的图层上绘制噪点,绘制完毕后将噪点图层执行"创建剪贴蒙版"命令,也可以达到一样的效果。深色噪点和浅色噪点最好在不同的图层上绘制,方便后续调整修改。

(5)噪点绘制。选择工具栏中的"画笔工具",选项栏会出现图 10-210 所示的图标,点击画笔旁边的下拉按钮,在下拉菜单栏中找到"旧版画笔",选择其中的"喷枪硬边低密度粒状"画笔。在菜单栏上点击"画笔预设"按钮,调出画笔预设面板,在面板中可以设置笔刷等的参数,以达到合适的效果,如图 10-211 所示。

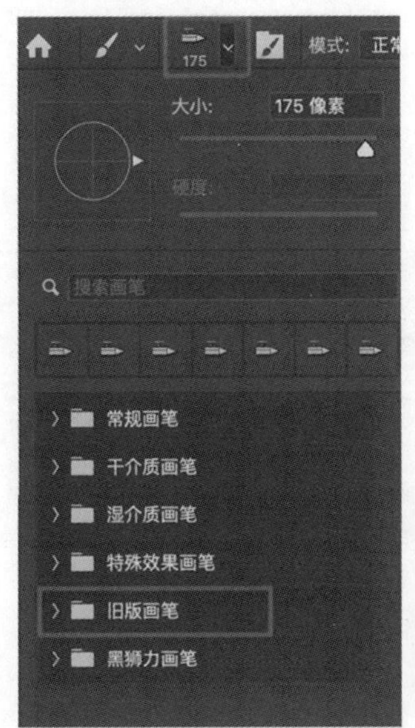

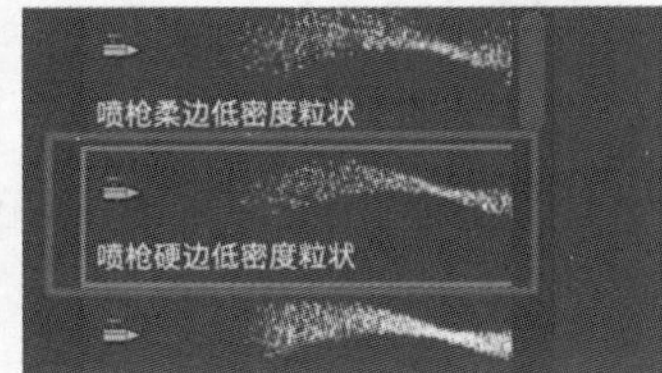

图 10-210 选择画笔

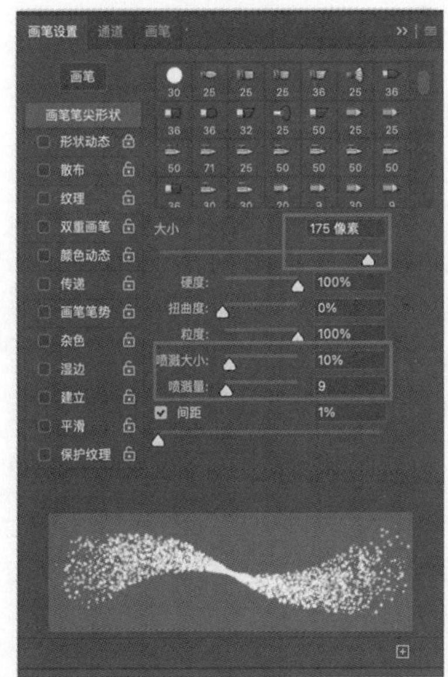

图 10-211 画笔设置

（6）使用“钢笔工具”绘制第一层山的轮廓，添加图层样式“渐变叠加”，颜色为＃99d8de—＃7dc3e4—＃99d8de，如图 10-212 所示；绘制第二层山的轮廓，填充＃91e4e6。把山和背景结合在一起，调整到合适的位置，如图 10-213 所示。

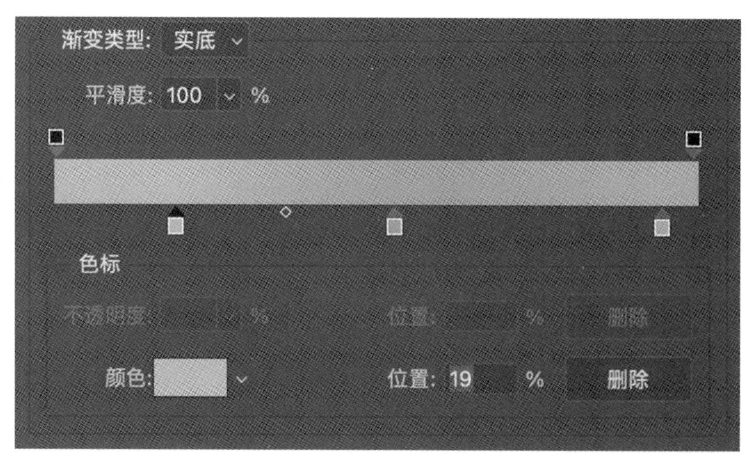

图 10-212　渐变设置

图 10-213　绘制山并结合背景

（7）给山顶画上雪，完成后如图 10-214 所示。

（8）使用步骤（5）的方法，给山体绘制噪点。山体的噪点颜色应选择比山体略深一些的，绘制完成后可适当调节图层的“不透明度”。本案例的色彩设置如图 10-215 所示。山体的噪点从山被遮挡的地方往外画，逐步减弱。

图 10-214　山顶画雪

山体颜色
#99d8de—#7dc3e4—#99d8de
噪点颜色
#66b3bd、#79c4cd

山体颜色#91e4e6
噪点颜色#8fd1d4

图 10-215　山体颜色

(9)用“钢笔工具”绘制草地,填充线性渐变(颜色为从＃d0fbc4 到＃8dc976),如图 10-216 所示。渐变要考虑到光照的方向,从左上往右下拉。继续用“钢笔工具”绘制前面的草地,填充线性渐变(颜色为从＃c9f79f 到＃92cc70),如图 10-217 所示。根据透视规律,前面的草地近,整体颜色偏暖;后面的草地远,受背景的影响,颜色偏冷。

图 10-216 草地绘制

图 10-217 绘制前面的草地

(10)沿草地的边缘,给图形加上噪点。和太阳一样,草地的噪点也应选择深、浅两种颜色,如图 10-218 所示。可以使用“画笔工具”的柔边笔刷,给后面的草地添加一些黄色,再给噪点图层适当调节“不透明度”,以能看到噪点但不十分起眼的效果为佳。

噪点的颜色以物体的固有色为基准,在亮部选择明度略高的色彩,暗部选择比固有色略暗的色彩,这样就可以营造出丰富的层次感。本案例噪点色效果如图 10-219 所示。

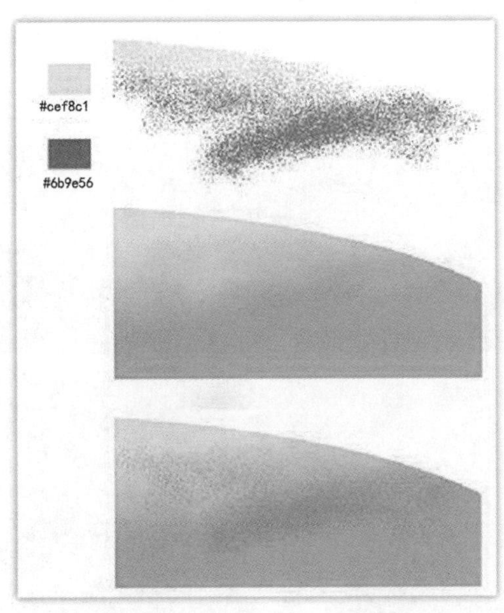

图 10-218 噪点色设置

(11)给草地和山的交界处添加一些灌木丛,调节气氛。灌木丛的颜色为＃356e36,浅色噪点颜色为＃3f8041,深色噪点颜色为＃245127,树干颜色为＃245127,如图 10-220 所示。

(12)绘制前景草地。使用“钢笔工具”将前景草地分图层进行绘制并制作噪点,噪点颜色的明度要区别于固有色,色相上也可以使用近似色,如图 10-221 所示。

图 10-219 噪点色效果

图 10-220 添加灌木丛

(13)给草地加上细节。使用形状工具和“钢笔工具”,绘制灌木丛,使用“画笔工具”添加噪点,如图 10-222 所示。

图 10-221 前景草地绘制

图 10-222 草地细节添加

(14)可以使用数位板配合“画笔工具”继续增加细节,注意分图层以便后续调整修改。使用数位板绘制时,一般使用“旧版画笔”中的“硬边圆压力不透明度”画笔,在“画笔预设”选取器中要将“控制”选项选择为“钢笔压力”，数位板就会模拟出真实画笔的压力大小，画出不同粗细、轻重的笔画。如勾选“形状动态”选项，画笔会根据下笔压力的大小，模拟出两头尖中间粗的形态，更接近真实笔感，适合勾勒物体边缘或者精细的部分；不勾选“形状动态”，则笔画只受笔尖直径的影响，前后粗细一致。在顶部的菜单栏，还可以设置画笔的“不透明度”和“流量”，达到不同的画笔效果。画笔设置如图 10-223 所示。增加细节效果如图 10-224 所示。

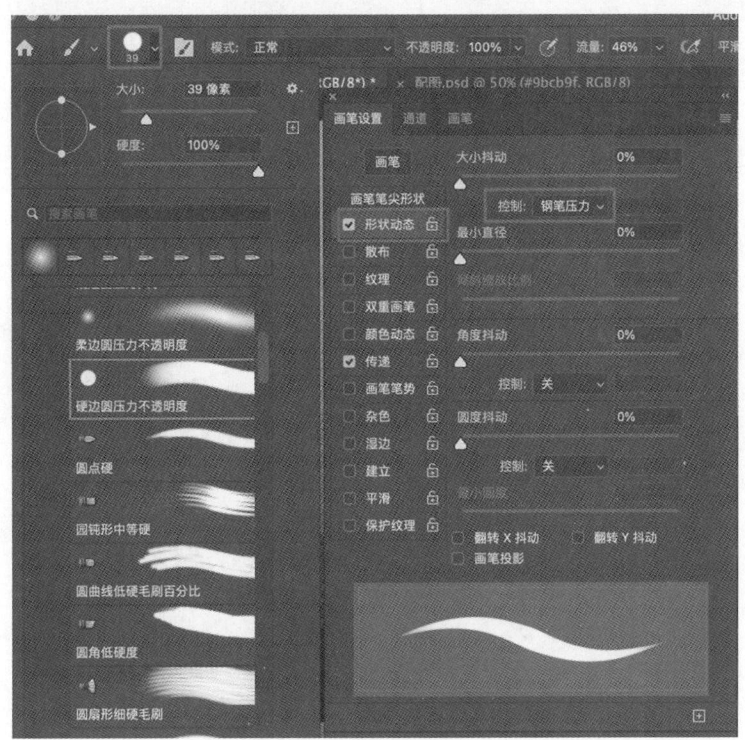

图 10-223　画笔设置

图 10-224　增加细节效果

(15)新建一图层,选择颜色#9f6428,使用“画笔工具”中的“硬边圆压力不透明度”画笔,不勾选“形状动态”,快速涂抹出鼹鼠的身体轮廓。根据画面的风格,鼹鼠的轮廓要清晰、简洁,可以配合使用“橡皮擦工具”修整鼹鼠的轮廓。轮廓完成后,载入选区,使用“画笔工具”的“柔边圆压力不透明度”笔刷,调整画笔“流量”,给鼹鼠身体添加一些红色,提高色彩的丰富程度,如图10-225所示。

(16)新建图层绘制噪点,噪点从右下方到左上方逐渐减淡,可以使用噪点笔刷整体绘制,再通过图层蒙版隐藏多余的部分,完成后将图层“不透明度”改为“60%”,效果如图10-226所示。

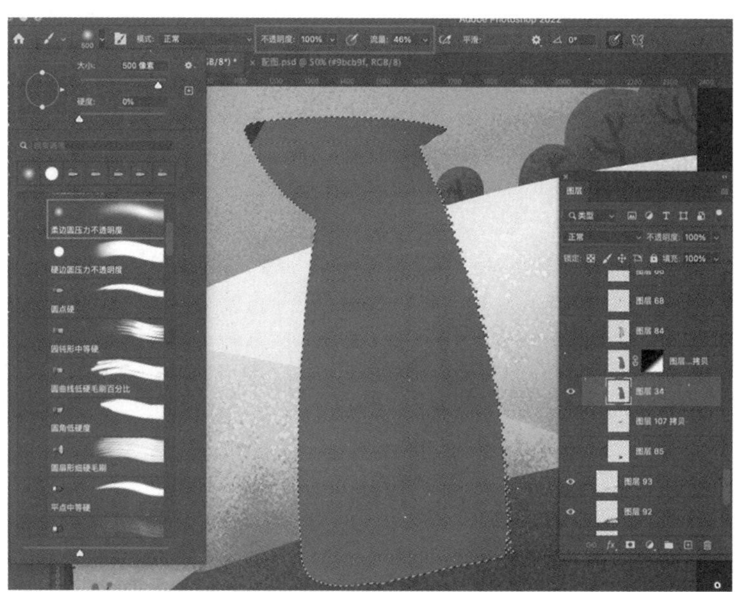

图 10-225　绘制鼹鼠并添加红色

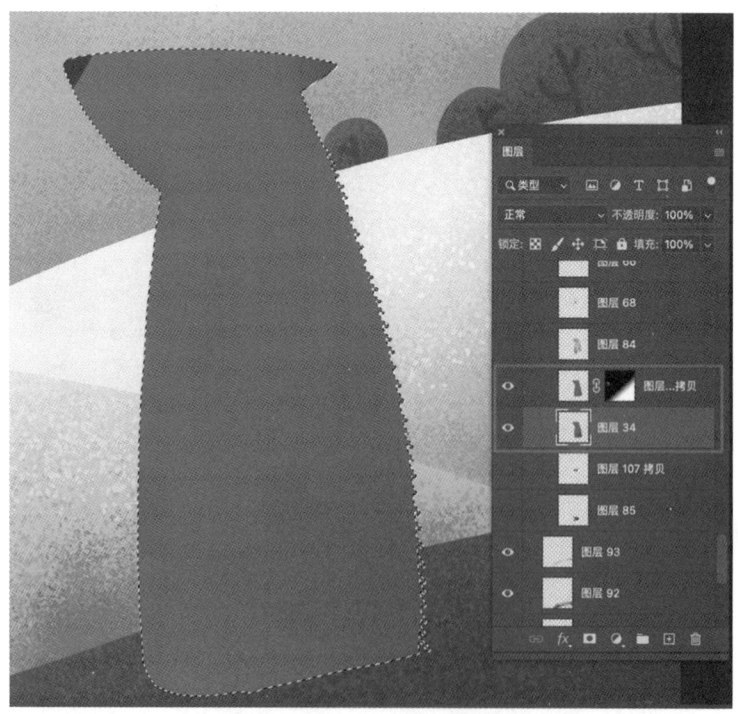

图 10-226　绘制鼹鼠噪点

(17)鼹鼠身体绘制的层次及图层的不透明度设置如图10-227所示,这样做主要是为了让颜色更加统一,完成后的效果如图10-227最右图所示。

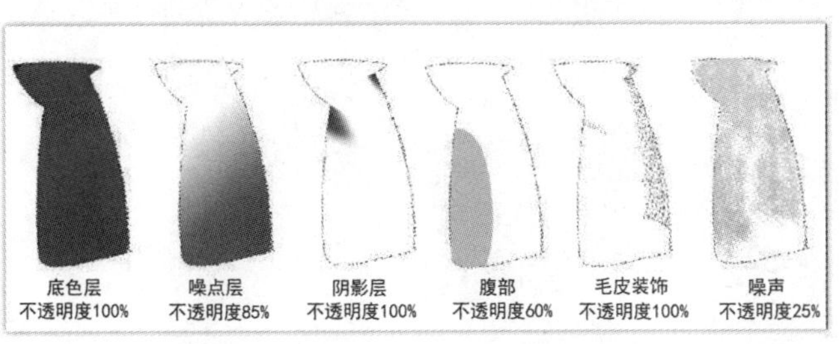

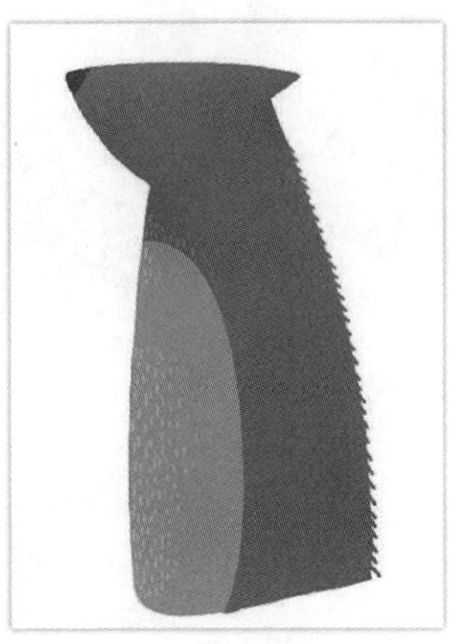

图 10-227 鼹鼠身体绘制

(18)完成鼹鼠的上爪绘制,如图 10-228 所示。

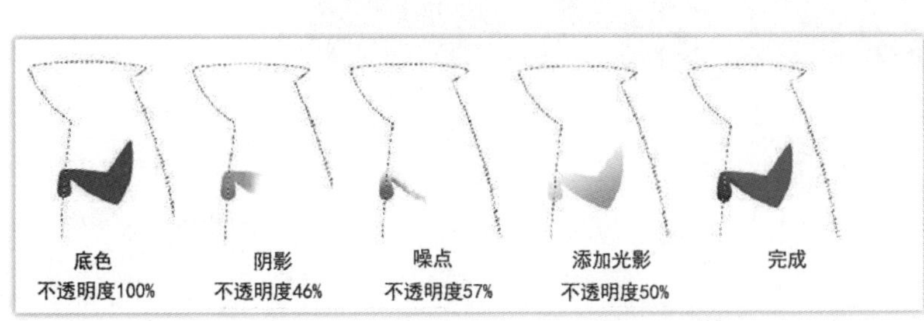

图 10-228 鼹鼠上爪绘制

(19)绘制鼹鼠的脚,添加脚爪的细节,然后把鼹鼠的爪子复制,合并图层,放到身体层的后面,再绘制眼睛等,如图 10-229 所示。

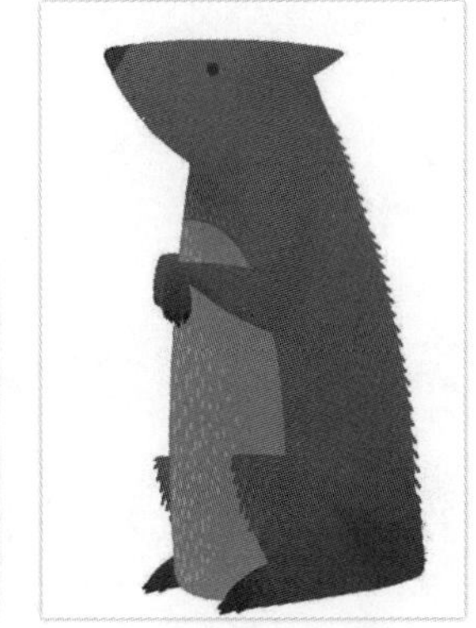

图 10-229 鼹鼠脚及其他部位绘制

(20)使用同样方法,绘制其他鼹鼠,注意位置和图层的顺序,完成效果如图 10-230 所示。

图 10-230　完成效果